"十三五"国家重点图书出版规划项目

国家出版基金项目
NATIONAL PUBLICATION FOUNDATION

中外物理学精品书系

前沿系列·50

# 拉曼光谱学及其在纳米结构中的应用（下册）

## ——纳米结构的拉曼光谱学研究

张树霖 著　许应瑛 译

北京大学出版社
PEKING UNIVERSITY PRESS

图书在版编目(CIP)数据

拉曼光谱学及其在纳米结构中的应用. 下册, 纳米结构的拉曼光谱学研究/张树霖著; 许应瑛译. —北京: 北京大学出版社, 2020.8

ISBN 978-7-301-31423-4

Ⅰ. ①拉… Ⅱ. ①张… ②许… Ⅲ. ①拉曼光谱—应用—纳米材料—结构材料—研究 Ⅳ. ①O433②TB383

中国版本图书馆 CIP 数据核字(2020)第 113257 号

| | |
|---|---|
| 书　　　名 | 拉曼光谱学及其在纳米结构中的应用（下册） <br> LAMAN GUANGPUXUE JIQI ZAI NAMI JIEGOU ZHONG DE YINGYONG (XIACE) |
| 著作责任者 | 张树霖 著　许应瑛 译 |
| 责 任 编 辑 | 尹照原 |
| 标 准 书 号 | ISBN 978-7-301-31423-4 |
| 出 版 发 行 | 北京大学出版社 |
| 地　　　址 | 北京市海淀区成府路 205 号　100871 |
| 网　　　址 | http://www.pup.cn |
| 电 子 信 箱 | zpup@ pup.cn |
| 新 浪 微 博 | @北京大学出版社 |
| 电　　　话 | 邮购部 010-62752015　发行部 010-62750672　编辑部 010-62752021 |
| 印　刷　者 | 北京中科印刷有限公司 |
| 经　销　者 | 新华书店 |
| | 730 毫米×980 毫米　16 开本　18.5 印张　352 千字 <br> 2020 年 8 月第 1 版　2020 年 8 月第 1 次印刷 |
| 定　　　价 | 88.00 元 |

未经许可, 不得以任何方式复制或抄袭本书之部分或全部内容。
**版权所有, 侵权必究**
举报电话: 010-62752024　电子信箱: fd@pup.pku.edu.cn
图书如有印装质量问题, 请与出版部联系, 电话: 010-62756370

# "中外物理学精品书系"
## （二期）
## 编委会

主　任：王恩哥

副主任：夏建白

编　委：（按姓氏笔画排序，标＊号者为执行编委）

|  |  |  |  |  |
|---|---|---|---|---|
| 丁　洪 | 王力军 | 王孝群 | 王　牧 | 王雪华 |
| 王鼎盛 | 石　兢 | 田光善 | 冯世平 | 邢定钰 |
| 朱邦芬 | 朱　星 | 向　涛 | 刘　川* | 汤　超 |
| 许宁生 | 许京军 | 李茂枝 | 李建新 | 李新征* |
| 李儒新 | 吴　飙 | 汪卫华 | 张立新 | 张振宇 |
| 张　酣* | 张富春 | 陈志坚* | 武向平 | 林海青 |
| 欧阳钟灿 | 罗民兴 | 周月梅* | 郑春开 | 赵光达 |
| 钟建新 | 聂玉昕 | 徐仁新* | 徐红星 | 郭　卫 |
| 资　剑 | 龚新高 | 龚旗煌 | 崔　田 | 阎守胜 |
| 谢心澄 | 解士杰 | 解思深 | 樊铁栓* | 潘建伟 |

秘　书：陈小红

# 序　　言

物理学是研究物质、能量以及它们之间相互作用的科学。她不仅是化学、生命、材料、信息、能源和环境等相关学科的基础，同时还与许多新兴学科和交叉学科的前沿紧密相关。在科技发展日新月异和国际竞争日趋激烈的今天，物理学不再囿于基础科学和技术应用研究的范畴，而是在国家发展与人类进步的历史进程中发挥着越来越关键的作用。

我们欣喜地看到，改革开放四十年来，随着中国政治、经济、科技、教育等各项事业的蓬勃发展，我国物理学取得了跨越式的进步，成长出一批具有国际影响力的学者，做出了很多为世界所瞩目的研究成果。今日的中国物理，正在经历一个历史上少有的黄金时代。

在我国物理学科快速发展的背景下，近年来物理学相关书籍也呈现百花齐放的良好态势，在知识传承、学术交流、人才培养等方面发挥着无可替代的作用。然而从另一方面看，尽管国内各出版社相继推出了一些质量很高的物理教材和图书，但系统总结物理学各门类知识和发展，深入浅出地介绍其与现代科学技术之间的渊源，并针对不同层次的读者提供有价值的学习和研究参考，仍是我国科学传播与出版领域面临的一个富有挑战性的课题。

为积极推动我国物理学研究、加快相关学科的建设与发展，特别是集中展现近年来中国物理学者的研究水平和成果，北京大学出版社在国家出版基金的支持下于2009年推出了"中外物理学精品书系"，并于2018年启动了书系的二期项目，试图对以上难题进行大胆的探索。书系编委会集结了数十位来自内地和香港顶尖高校及科研院所的知名学者。他们都是目前各领域十分活跃的知名专家，从而确保了整套丛书的权威性和前瞻性。

这套书系内容丰富、涵盖面广、可读性强，其中既有对我国物理学发展的梳理和总结，也有对国际物理学前沿的全面展示。可以说，"中外物理学精品书系"力图完整呈现近现代世界和中国物理科学发展的全貌，是一套目前国内为数不多的兼具学术价值和阅读乐趣的经典物理丛书。

"中外物理学精品书系"的另一个突出特点是，在把西方物理的精华要义"请进来"的同时，也将我国近现代物理的优秀成果"送出去"。物理学在世界范围内的重要性不言而喻。引进和翻译世界物理的经典著作和前沿动态，可以满足当前国内物理教学和科研工作的迫切需求。与此同时，我国的物理学研究数十年来取得了长足发展，一大批具有较高学术价值的著作相继问世。这套丛书首次成规模地将中国物理学者的优秀论著以英文版的形式直接推向国际相关研究的主流领域，使世界对中国物理学的过去和现状有更多、更深入的了解，不仅充分展示出中国物理学研究和积累的"硬实力"，也向世界主动传播我国科技文化领域不断创新发展的"软实力"，对全面提升中国科学教育领域的国际形象起到一定的促进作用。

习近平总书记在2018年两院院士大会开幕会上的讲话强调，"中国要强盛、要复兴，就一定要大力发展科学技术，努力成为世界主要科学中心和创新高地"。中国未来的发展在于创新，而基础研究正是一切创新的根本和源泉。我相信，在第一期的基础上，第二期"中外物理学精品书系"会努力做得更好，不仅可以使所有热爱和研究物理学的人们从中获取思想的启迪、智力的挑战和阅读的乐趣，也将进一步推动其他相关基础科学更好更快地发展，为我国的科技创新和社会进步做出应有的贡献。

"中外物理学精品书系"编委会主任

中国科学院院士，北京大学教授

**王恩哥**

2018年7月于燕园

# 内 容 简 介

本书译自张树霖教授应 Wiley 出版社邀请撰写并于 2012 年出版的 *Raman Spectroscopy and Its Application in Nanostructures* 一书。在原著中,作者结合理论和实验成果,提供和目前的拉曼光谱、纳米结构和纳米结构拉曼光谱相关的基本知识,让读者可以较快地到达科学和技术的前沿水平。为更好适应不同基础读者的需要,本书将原著的上、下两卷分开编译出版,分别着重于拉曼光谱学的基础和纳米结构的拉曼光谱研究。上册主要集中阐述了拉曼光谱学的基本原理,已于 2017 年出版;而下册主要介绍了纳米结构的拉曼光谱的研究。下面介绍一下下册的主要内容:

第六章简要概述纳米结构的一般概念;在第七章里简明地阐述了固体拉曼散射的理论基础。这两章旨在给拉曼光谱或纳米结构领域非专业学者进行必要知识的概览。第八章,基于固体拉曼散射理论,对纳米结构的拉曼光谱的有限尺寸的影响进行了探讨,介绍了相关的有代表性的纳米结构拉曼光谱的宏观和微观理论模型。

第九章至第十一章描述了在不同的实验条件下纳米结构的拉曼光谱。第九章致力于描述不同样品在固定的激发波长、偏振和弱功率光照实验条件得到的一阶(单声子)、高阶(多声子)斯托克斯和反斯托克斯拉曼光谱,所有这些条件得到的谱就是所谓的"纳米结构的常规拉曼光谱"。在第十章,对样品条件不变但是激发波长、偏振性质和功率变化的拉曼光谱的特征进行了描述。第十一章介绍了由于制备和外部条件不同所导致的纳米结构样本的大小、形状、成分和微结构等发生变化,而对应的拉曼光谱特性的变化。

在第十二章里,讨论了光学声子的特性和极性半导体中电子-声子相互作用不同于其他声子的情况,并探讨了上述异常现象的根源和本质。

发现拉曼散射的拉曼本人并不是基于理论预期而是直接从实验观察开始工作的,所以本书将更多地强调依赖于经验的实验工作。希望本书的出版能够满足初步进入研究拉曼和研究纳米结构的交叉领域的学者们的需求,对目前的拉曼光谱、纳米结构,以及纳米结构的拉曼光谱相关的基本知识有一个较为全面的了解。

# 前　言

## 一、撰　著　背　景

在过去的20多年中,新的纳米结构不断出现,相应的拉曼光谱研究也紧随着展开。利用普通拉曼光谱实验测量的纳米结构样品尺寸最大只有1000nm,然而,拉曼散射光来自物质中与原子和分子相关的对象,例如分子中的化学键和固体中的声子、电子、磁振子、极化子等元激发。因此,拉曼光谱的研究对象是在原子和分子水平上的,这意味着纳米结构的拉曼光谱研究并没有受到样本的纳米尺度的影响,纳米材料的显微结构和内部运动的信息用拉曼光谱很容易直接得到,这也是拉曼光谱对纳米结构研究的优势。另一方面,由于拉曼光谱技术的不断进步,它的检测灵敏度提高了一百万倍以上,空间分辨率可以达到几纳米,导致"历史"的拉曼仪器成为当今"流行"的实验仪器而被广泛使用。

由于上述两方面原因,越来越多的非拉曼光谱学,特别是纳米材料领域的学者加入拉曼光谱研究队伍中来。同时,当今对纳米结构的研究热情,也使原先拉曼光谱领域的许多学者加入纳米结构拉曼光谱学研究的行列中。这两个群体往往分别缺乏拉曼光谱和纳米结构的知识。加之,这两个群体也希望了解纳米结构拉曼光谱的基本特征、发展和最新状态。显然,这就需要有一本书,它能够提供目前的拉曼光谱、纳米结构和纳米结构拉曼光谱相关的基本知识,这样人们就可以在"前人的肩膀"上较快地到达科学和技术的前沿。本书的出版就是希望它满足上述需求。

20世纪70年代后期,我开始了拉曼光谱学的研究工作。由于当时有限的科研经费,我的研究工作始于在一个过时的棱镜光谱仪基础上开发激光拉曼光谱仪器。结果,它被成功地研制出来。开发成功一方面标志着中国的实验室有了第一台激光拉曼光谱仪,同时也使我得到了第一手的实验技术。这使得后来我能够通过以自制的元件取代进口商业大型拉曼光谱仪的光学元件,如样品光路和原有的数据采集和处理系统,来改造这类进口拉曼光谱仪,提高其性能,例如,可以在 $3\sim120\text{cm}^{-1}$ 的既极低波数又宽光谱范围内测量拉曼光谱。这些成果也为后来高水平的纳米结构拉曼光谱研究打下了一个良好的技术基础。1985年,我作为伊利诺伊大学香槟分校克莱因研究组的访问学者和美国能源部材料研究实验室的客座副教授,把我的研究工作转向了超晶格的拉曼光谱学研究,这也标志着我开始了纳米结构的拉曼光谱学研究工作。在 20 世纪的最后几十年,我一直没有离开这个领域,因此我看到了许多里程碑式的纳米结构的诞生,如多孔硅、碳纳米管、纳米金刚石颗粒、极性半导体 SiC 纳米棒、纳米 ZnO 等,并在纳米结构拉曼光谱领域留下了我的足迹。当拉曼光谱仪器逐渐流行时,越来越多的人加入拉曼光谱研究的行列,同时也迫切想学习和了解拉曼光谱学的基本原理。因此,从 20 世纪 90 年代开始,我经常被邀请去各学术单位做演讲。例如,1998 年之后,两年一届的国际拉曼光谱学大会邀请我就我的纳米半导体拉曼光谱学成果做了六次邀请报告。此外,我还应邀做了一些评述性的学术报告。在上述工作基础上,2008 年我出版了一本关于拉曼光谱和纳米半导体的中文书《拉曼光谱学与低维纳米半导体》,2009 年我应邀在中国科学院研究生院讲授了一学期"拉曼光谱学基础"的研究生课程。上述工作基础使我能够接受威利(Wiley)出版社基于其他科学家推荐的邀请,写出这本《拉曼光谱学及其在纳米结构中的应用》的书,奉献给该领域的新老同事。

## 二、内容亮点

从历史上看,拉曼光谱首先是一门实验科学。发现拉曼散射的拉曼(C. V. Raman)并不是基于理论预期而是直接从实验观察开始工作的。这本书将更多地强调依赖于经验的实验工作。实验结果反映观测到的现象,而理论可以揭示现象的本质。科学研究应该完成揭示自然现象本质的任务。因此,拉曼散射的原理和实验现象的分析将从理论上进行介绍。此外,仪器的发展和实验技术的改进在很大程度上取决于对拉曼散射和拉曼仪器原理的深度了解,这也必然涉及相关的理论问题。因此,在这本书中,我们将同时考虑实验和理论两个方面。考虑到一些读者不是理论科学家,本书的理论解释着重于揭示问题的实质,而不是复杂的理论计算。

这本书分上、下两册,上册主要内容是拉曼光谱学基础,下册主要内容是纳米结构的拉曼光谱学研究。

### 1. 上册

在第一章中,描述了光谱的一般概念,重点在对物质受辐照产生的散射和拉曼散射光谱基本特征的描述,之后是拉曼散射的发现和拉曼光谱发展历史的简短叙述。第二章首先用简图来说明散射实验,然后介绍了散射的基本物理量,即散射截面、微分截面、跃迁概率。这一章的最后两节分别从宏观和微观角度介绍了光散射理论，并在此基础上说明了拉曼光谱基本特征的起源和本质。

第三章的很大一部分涉及实验技术，其内容主要是在我的实验室工作基础上写的。这本书将主要针对尚不具有专业拉曼实验基础的拉曼光谱领域的新读者，有关实验技术的描述将不吝笔墨地尽可能较具体和详尽。首先，本章叙述拉曼光谱测量概论，包括观察到的拉曼光谱特征和微分散射截面之间的关系，以及关键的测量技术。然后，本章通过构建光谱仪的部件来介绍实验装置，以常用的光栅光谱仪为例，介绍仪器的各个组成部分的功能和技术要求。在描述拉曼光谱仪的主要性能参数后，本章将介绍测量技术，其中将特别介绍光学元件对激发光强度、偏振和波长色散的关系以及相应的校正技术，而这些内容在许多著作中是常常被忽略的。测量技术的重点在于仪器参数的选择和调节。对于拉曼光谱的数据记录的处理将辅以一些实际的例子进行介绍。数据处理是从原始光谱获得正确的结果和执行正确的频谱分析与研究的一个必要步骤，特别是在弱光谱信号的情况下。本章倒数第二节将介绍振动拉曼光谱的一个典型的例子：$CCl_4$的拉曼光谱。本章在最后一节中介绍了非光栅光谱仪和傅里叶变换光学系统。

随着科学和技术的发展，拉曼光谱的技术和应用也随之发展，并产生了许多新的分支，大大拓展了拉曼光谱的应用。第四章从光谱学的角度介绍了这些新的分支。第五章着重从应用的角度介绍拉曼光谱学的新分支。

## 2. 下册

显然，对于纳米结构的拉曼光谱学研究，我们首先需要了解纳米结构，因此，本书下册的第六章致力于描述纳米结构。首先，我们指出，从严格的科学观点看，纳米结构应通过使用所谓的"特征长度"来定义。之后，本章介绍了纳米材料的一些重要性质，包括两个对拉曼光谱有重要影响的基本特性：有限的尺度和巨大的比表面。本章也对纳米结构产生和研究的历史做了简述。从历史发展的角度和结构特点出发，我们将二维层状结构（超晶格和多量子阱）和一维、零维结构（纳米线、纳米管、纳米点等）分为两类。此外，极性和非极性半导体纳米材料的拉曼光谱是非常不同的。相应地，本章对拉曼光谱学的研究和应用将根据以上两类分别进行讨论。

仅仅介绍基于尺度无限大系统导出的拉曼光谱学基础是不够的，因为它并不完全适合尺度有限的纳米结构。也就是说，纳米结构的拉曼光谱特征及散射理论会不同于那些无限尺度结构的理论。本书讨论的纳米结构是具有纳米尺度的固体，因此，第七章首先阐明固体拉曼散射的理论基础。阐述将很简短，但给出了大量读者可以参考的教科书。第八章基于固体拉曼散射理论,对纳米结构的拉曼光谱的有限尺寸的影响进行了探讨,介绍了相关的有代表性的纳米结构拉曼光谱的宏观和微观理论模型。由于纳米结构内的原子数量大大减少,近年来在理论物理和理论化学中的严格量子力学计算有重大发展,对此,我们以"纳米结构的拉曼光谱第一原理(从头计算)"为题做了简单介绍。

第九章至第十一章描述了在不同的实验条件下纳米结构的拉曼光谱。第九章致力于描述不同样品在固定的激发波长、偏振和弱功率光照实验条件得到的一阶(单声子)、高阶(多声子)斯托克斯和反斯托克斯拉曼光谱,所有这些条件得到的谱就是所谓的"纳米结构的常规拉曼光谱"。它们也就是所谓的本征拉曼光谱或指纹拉曼光谱,是科学研究和分析应用的基础光谱。第十章对样品条件不变但是激发波长、偏振性质和功率变化的拉曼光谱的特征进行了描述。激发波长的变化常常导致所谓的共振拉曼光谱,而激光功率的变化往往可用来获取变温拉曼光谱。第十一章介绍了由制备和外部条件不同引起的纳米结构样本的大小、形状、成分和微结构等的变化导致的拉曼光谱特性的变化。

在第九章至第十一章,我们介绍了一些近年来观察到的纳米结构的一些特殊的拉曼光谱结果,其中之一就是,有限尺寸效应在极性纳米半导体材料拉曼光谱上导致了非常有兴趣的异常:光学声子的拉曼频率不随纳米样品的尺寸大小变化。在第十二章,我们基于光学声子的特性和极性半导体中电子-声子相互作用不同于其他声子的情况,探讨了上述异常现象的根源和性质。通过实验观测和理论计算的互相验证,我们证明这一反常现象来源于极性纳米半导体独有的光学声子所具有的弗勒利希长程库仑电子-声子相互作用。本章还指出这一异常现象的本质是平移对称性的破坏,这一点已由极性纳米晶半导体的光学声子显示非晶特性的拉曼光谱所证实。以上研究结果还表明,体材料和纳米材料的平移对称性的衡量标准不同:对于各种物质的体材料它们是一样的,而对于纳米结构中的不同物理对象可以是各不相同的。

# 目　录

**第六章　纳米结构的一般知识** ……………………………………… (1)
　§6.1　纳米结构,特征长度和维度 ……………………………… (1)
　§6.2　纳米材料 ………………………………………………… (2)
　§6.3　纳米结构的性质 ………………………………………… (4)
　§6.4　有限尺寸与比表面积 …………………………………… (6)
　§6.5　纳米结构的研究 ………………………………………… (9)
　参考文献 …………………………………………………………… (11)

**第七章　固体拉曼散射的理论基础** …………………………………… (12)
　§7.1　晶格动力学的一般知识 ………………………………… (13)
　§7.2　晶格动力学的微观模型 ………………………………… (24)
　§7.3　晶格动力学的宏观模型 ………………………………… (33)
　§7.4　非晶物质的晶格动力学 ………………………………… (39)
　§7.5　固体的拉曼散射理论 …………………………………… (40)
　参考文献 …………………………………………………………… (54)

**第八章　纳米结构拉曼散射的理论基础** ……………………………… (57)
　§8.1　超晶格 ……………………………………………………… (57)
　§8.2　纳米结构材料(NMs) ……………………………………… (72)
　§8.3　微晶(MC)模型 …………………………………………… (89)
　§8.4　纳米结构拉曼谱的非晶特征和声子态密度(PDOS)的表达 … (102)
　§8.5　纳米结构拉曼谱的第一性原理(从头计算) …………… (103)
　参考文献 …………………………………………………………… (111)

**第九章　纳米结构的常规拉曼光谱** …………………………………… (116)
　§9.1　半导体超晶格的特征拉曼谱 …………………………… (116)
　§9.2　纳米硅的特征拉曼谱 …………………………………… (125)
　§9.3　纳米碳的特征拉曼谱 …………………………………… (132)
　§9.4　极性纳米半导体的特征拉曼谱 ………………………… (144)

§9.5　多声子拉曼谱 ……………………………………………… (150)
§9.6　反斯托克斯拉曼谱 ………………………………………… (159)
参考文献 …………………………………………………………… (164)

### 第十章　与激发光特性相关的纳米结构拉曼光谱学 ………………… (170)
§10.1　拉曼光谱与激发光波长的关系——共振拉曼谱 ………… (170)
§10.2　与激发光偏振相关的拉曼光谱 …………………………… (181)
§10.3　与激发激光强度相关的拉曼光谱 ………………………… (187)
参考文献 …………………………………………………………… (201)

### 第十一章　与纳米结构样品特性相关的拉曼光谱 ……………………… (204)
§11.1　纳米结构中样品尺寸对拉曼光谱的影响 ………………… (204)
§11.2　纳米结构样品的形状对拉曼光谱的影响 ………………… (218)
§11.3　纳米结构中样品组分和微结构对拉曼谱的影响 ………… (222)
参考文献 …………………………………………………………… (226)

### 第十二章　纳米结构拉曼光谱学中的电声子相互作用 ………………… (229)
§12.1　纳米结构的反常拉曼光谱 ………………………………… (229)
§12.2　没有出现声子有限尺寸效应的原因 ……………………… (230)
§12.3　纳米结构中的弗勒利希相互作用 ………………………… (232)
§12.4　非极性和极性纳米半导体的理论拉曼光谱 ……………… (234)
§12.5　不出现声子有限尺寸效应的纳米晶拉曼光谱的非晶特性和纳米半导体中的平移对称性破缺 ……………………………… (236)
参考文献 …………………………………………………………… (238)

### 附录 ………………………………………………………………………… (240)
附录Ⅰ　电磁波和激光 …………………………………………… (240)
附录Ⅱ　标准光学谱线 …………………………………………… (248)
附录Ⅲ　拉曼张量 ………………………………………………… (252)
附录Ⅳ　晶体的组成、偏振和对称性结构 ……………………… (261)
附录Ⅴ　普通晶体和典型半导体的布里渊区、振动模及其拉曼光谱 ………………………………………………………… (265)
附录Ⅵ　常用物理参数、物理常量和单位 ……………………… (272)
参考文献 …………………………………………………………… (279)

# 第六章 纳米结构的一般知识

## §6.1 纳米结构,特征长度和维度

### 6.1.1 纳米结构

众所周知,宏观尺度(>可见光波长~μm)的物体服从经典物理学定律,而微观尺度(亚原子尺度~0.01nm)的物体由量子物理描述,这表明物体的大小对物体的属性有显著的影响。宏观和微观尺度之间的中间大小的物体,通常命名为纳米结构。于是,纳米结构直接和尺度大小相关,"小尺度"则是纳米结构的基本特征。由于宏观尺度在物理上通常被作为无限大尺度来处理,"小尺度"在物理上也可以视为"有限大小的尺度"。

这样定义的纳米结构仍然具有宏观的几何形状,但一系列的量子力学现象会出现,如分离的电子能级。换句话说,纳米结构是一个介于所谓的宏观和微观世界之间的"介观世界",所以在许多文献中纳米结构也被称为介观结构。

### 6.1.2 特征长度

几何尺因为应用的要求和地区不同,而制定了各自的标准尺。对于纳米结构也有一个判断的尺子,这个判断的尺度叫作"特征长度"。重要的特征长度有相干长度 $L_\varphi$,扩散长度 $L_D$,电子(激发态)玻尔半径 $r_e$,粒子的德布罗意波长 $\lambda_D$。以及电磁波的波长 $\lambda$。

相干长度 $L_\varphi$ 是最基本的特征长度。顾名思义,相干长度就是电子波函数在非弹性散射下保持相干的长度范围:在此长度范围内,一个电子经过非弹性散射仍保留有散射初期的相位的记忆(相干)。相干长度 $L_\varphi$ 又可以写成

$$L_\varphi = (D\tau_\varphi)^{1/2} \tag{6.1}$$

其中 $D$ 是扩散系数,$\tau_\varphi$ 是相干时间。$D$ 在一个三维系统中可表示为

$$D = v_F l/3 \tag{6.2}$$

其中 $v_F$ 是费米速度,$l$ 是弹性散射的平均自由路径。$L_\varphi$ 可看作是散射开始点和结束点之间的直线距离,也就是两个非弹性散射之间的平均直线距离。因此,$L_\varphi$ 必须小于 $l$。例如,普通金属在液氦温度下的 $l$ 约是 $10^{-1}$ cm,而 $L_\varphi$

只有约 $10^{-5}$ cm。

根据不同情况，特征长度的尺寸可以变化。例如，在导带中的电子的德布罗意波长可以是从 10~100nm 不等。又如，氢原子中的电子玻尔半径仅为 0.05nm，而在 GaAs 中的传导电子的玻尔半径大约是 10nm。因此，判断纳米结构的尺度并非一成不变，要根据感兴趣的对象及其周围环境进行具体分析。

### 6.1.3 低维结构

物理上一个宏观物体通常被定义为长宽高均为无限大的理想对象。当然，实际物体的大小始终是有限的。如果物体的大小在三个维度上都比特征长度大得多，这个物体就是宏观的。相应地，如果物体在一个、两个或三个维度上的长度小于特征长度，它就分别被命名为二维、一维或零维结构，统称为低维度结构。

## §6.2 纳 米 材 料

纳米结构和各种科学技术密切相关，例如，病毒集群在某些文献中也被归类为纳米结构。在材料科学和技术中，纳米结构常被称为纳米材料。

纳米材料具有纳米尺度的形态特征，尤其是从纳米尺度所导致的特殊性质。纳米材料是纳米结构的主要应用形式。

### 6.2.1 自然界中的纳米材料

纳米材料广泛存在于自然界，例如，在海洋中的巨量超磁性颗粒聚集，而存在了数千年的胶体和中国墨的原材料都是纳米材料。

### 6.2.2 人工纳米材料

目前令人感兴趣的纳米材料大多是基于现代纳米技术人工制造的。迄今为止，人工纳米材料已经发展成为一个庞大的家族。它们主要包括多层(ML)纳米薄膜、多层梯度(GML)纳米薄膜、纳米笼、纳米线、纳米复合材料、纳米纸、纳米纤维、纳米片、纳米花、纳米泡沫、纳米网、纳米粒子、纳米柱、纳米针膜(nanopin film)、纳米石墨片、纳米环、纳米棒、纳米壳等。有些纳米材料在不同的领域有不同的名称，如在半导体科学技术中，纳米粒子、纳米线和多层纳米薄膜被分别命名为量子点、量子线和量子阱(超晶格)，因为激子、电子或空穴在这些结构里分别被限制在三维、二维和一维空间。图 6.1 显示了一些典型的纳米材料，我们会在下文对它们进行介绍。

第六章　纳米结构的一般知识

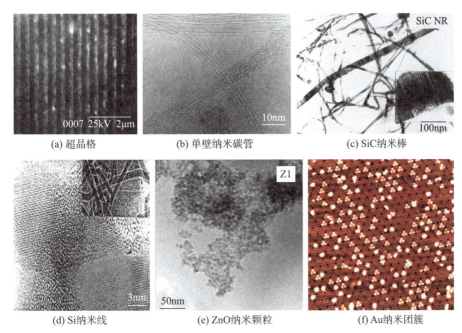

(a) 超晶格　　　(b) 单壁纳米碳管　　　(c) SiC纳米棒

(d) Si纳米线　　(e) ZnO纳米颗粒　　　(f) Au纳米团簇

图 6.1　一些典型纳米材料的电镜照片。转载自张树霖著《拉曼光谱学与低维纳米半导体》,科学出版社,2008

6.2.2.1　量子阱与超晶格

图 6.1(a)是多量子阱(MQW)/超晶格(SL)样品的电子显微照片。图中清晰显示出类似于三明治的交替夹层结构。如果交替夹层的电子带隙不相等,就会形成量子阱:宽带隙和窄带隙的半导体层分别形成势垒层和阱层。电子和空穴分别被局限在阱层和势垒层。平行和垂直于 SL 和 QW 平面层的尺寸分别为无限大以及纳米尺度。电子沿着平行于平面层的方向可自由移动,垂直方向则受限制。因此,超晶格结构是一个典型的两维的纳米材料。

6.2.2.2　在量子阱基础上光刻的量子线和量子点

如果在沿着量子阱层平面中的一个或两个方向上形成线状槽(诸如通过光刻的方法),新的电子势垒将在这些方向形成。于是一个两维的量子阱可以被加工为一维量子线或零维量子点,从而对电子和声子在二维或三维方向上形成束缚。

通过使用不同的生长技术,量子阱可以是方形和正弦形样式。此外,如果超晶格材料的两个交替层通过不同类型的原子(离子)或组件构造,就能形成各种不同类型的超晶格,例如,A/B 型的 Ge/Si 两超晶格,AB/CB 型的 GaAs/AlAs 三超晶格,以及 AB/CD 型的 CdSe/ZnTe 四超晶格。

#### 6.2.2.3 纳米管、纳米棒、纳米线和同轴纳米线

纳米管、纳米棒、纳米线和同轴纳米线都是一维材料。对于线状的纳米材料，如果长宽比不差很多数量级，则命名为纳米棒，否则称之为纳米线。同轴纳米线是在一个芯周围包以纳米管的结构。图 6.1(b)～(d)分别是单壁碳纳米管、SiC 纳米棒和 Si 纳米线的样品的电子显微镜图像。

单壁碳纳米管是由石墨片(石墨烯)的单分子层的卷曲构成。因此，它是一种严格的一维量子结构，因为垂直于管轴方向的自由度被严格地限制了。

#### 6.2.2.4 纳米粒子和团簇

图 6.1(e)和(d)分别为纳米 ZnO 和 Au 团簇的电子显微照片。

团簇有自己的特殊性质，并且通常只由几个原子或分子组成，其大小一般为 1nm 或更小。这意味着它比其他纳米材料小。团簇是一个相对稳定的聚集体，代表了凝聚态材料的初始形式，具有与单个原子和大块固体材料不同的特性。

另外，团簇由一个中心原子与周围包围它的原子所组成。周围原子排列为麦凯(Mackay)二十面体，具有大块固体所没有的五重对称性质。特别是，稳定的团簇形成的必要条件是原子排列遵循独特的"幻数"顺序，这意味着所有同类团簇的大小必定严格相等。

## §6.3 纳米结构的性质

上述讨论表明纳米结构是连接宏观物质与微观分子之间的桥梁。在纳米结构里，很多宏观物质和微观分子的性质都被改变。例如，宏观物体的性质不依赖于物体的大小，而纳米结构的性质往往与尺寸相关。纳米材料的许多与宏观物质不同的独特性质导致它们被广泛地应用并成为当今世界的热门话题。纳米结构的独特性质有许多表现形式，我们将在下文介绍。

### 6.3.1 物理性质的表现

#### 6.3.1.1 相结构

固体可以在室温下变成液体，例如，Au 纳米粒子的熔点很低(2.5nm 大小的粒子大概是 300℃)，远低于 Au 块的熔点(1064℃)[1]。

#### 6.3.1.2 力学性质

小于 50nm 的 Cu 颗粒是非常坚硬的材料，和宏观 Cu 块的可塑性和延

展性都大不相同。金属纳米线比普通金属线要坚固得多[2,3]。

#### 6.3.1.3 光学性质

Cu一旦小到纳米结构,就由通常的不透明物质变为透明的。Si纳米粒子通常是金黄色和灰色,随着体积的增大变为红色的Si块。Au纳米粒子熔解时则呈现深红色到黑色。

#### 6.3.1.4 导电性质

半导体Si在纳米结构时成为导体。

#### 6.3.1.5 磁性质

可在磁性纳米材料中观察到超顺磁性。

### 6.3.2 化学性质的表现

纳米结构化学性质的重要改变在催化剂和电池中得到了应用。

#### 6.3.2.1 催化剂

许多在正常尺度的化学惰性材料,如黄金在纳米尺度就可以作为一种有效的化学催化剂。

#### 6.3.2.2 电池

Li、$Li_2TiO_3$和Ta纳米粒子被应用在锂离子电池中。Si纳米粒子显著扩大了锂离子电池在膨胀/收缩周期时的存储容量。

Si纳米粒子也可用于新形式的太阳能电池。通过多晶Si基板上的Si量子点薄膜沉积,光伏(太阳能)电池的电压输出增益可多达60%。

### 6.3.3 不同纳米材料的晶体学

通过不同生长方法形成的纳米材料,其结晶学性质可以是不同的。

自组织生长的方法需要结合能在生长过程中被最小化,因而用这种方法生长纳米材料的晶体学单胞、晶格常数和对称性类似于对应的宏观材料。

量子阱或超晶格在生长方向的晶格常数和对称性与宏观物体不同。例如,GaAs/AlAs在生长方向的超晶格的晶格常数$L$可写为

$$L = n_1 a_1 + n_2 a_2 \tag{6.3}$$

其中$a_1$和$a_2$分别是GaAs与AlAs的晶格常数,$n_1$和$n_2$分别是GaAs和AlAs超晶格中的单原子层数。从(6.3)式很明显可以看出GaAs/AlAs在生长方向的超晶格的晶格常数与普通GaAs和AlAs的晶格常数很不一样。

6.2.2小节的讨论表明纳米团簇并非普通的固体,它们的晶体结构不同于任何宏观固体的晶体结构。

## §6.4 有限尺寸与比表面积

6.1.1 小节提到,纳米结构的基本特征是它的体积小。在§6.3 中描述了纳米材料所拥有的许多宏观材料所没有的新属性以及建立在这些新属性上的各种奇妙应用。纳米结构的这些新特性主要是源于结构的小尺寸。小尺寸对物体的性质的影响主要是有限尺寸效应(FSE)和比表面积效应。例如,有限尺寸不仅对如能量、质量等物理量的大小有影响,还能对诸如动量守恒定律的一些物理定律产生影响。

### 6.4.1 势阱和量子限制效应

有限尺寸的重要效果是把纳米材料的能量量子化了,也就是产生了所谓的量子限制效应(QCE)。

#### 6.4.1.1 势阱[4]

量子限制效应和材料中的势阱直接相关。为了清楚地阐释什么是QCE,我们举一个一维势阱的例子。三维的势阱在本质上和一维势阱并无任何不同。

#### 6.4.1.2 一维方势阱

如图 6.2(a)所示,一维方势阱的势函数 $V(z)$ 可以写为

$$V(z) = \begin{cases} V_0, & |z| \geqslant a/2, \\ 0, & |z| \leqslant a/2 \end{cases} \tag{6.4}$$

其中 $V_0$ 和 $a$ 分别是方势阱的深度和宽度。

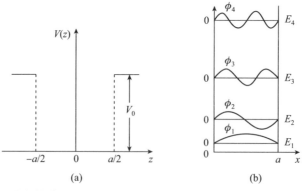

图 6.2 一维方势阱的(a)势函数和(b)能级及相应的波函数。转载自曾谨言著《量子力学:卷 I》(第三版),科学出版社,2006

### 6.4.1.3 一维抛物线(谐振子)势阱

图 6.3(a)显示的是一维抛物线势阱。它是不少宏观实物势阱的很好的近似。势函数的数学表达式为

$$V(x) = \frac{1}{2}Kx^2 \tag{6.5}$$

其中 $K$ 是弹性系数。因为谐振子的势能和振子中两原子之间的距离平方成正比,抛物线势阱也被称为谐振子势阱。如果谐振子的等效质量和固有频率分别是 $\mu$ 和 $\omega_0$,我们就有

$$K = \frac{\omega_0^2}{\mu} \tag{6.6}$$

于是

$$V(x) = \frac{1}{2\mu}\omega_0^2 x^2 \tag{6.7}$$

### 6.4.1.4 量子限制

如果势阱深度 $V_0$ 是有限的,并且粒子的能量和 $V_0$ 可比较,那么粒子的波函数就会延伸到势阱外部。在半导体内,电子-空穴对通常被束缚在一个典型距离内,该距离称为激发态的玻尔半径。如果势阱的深度 $V_0$ 趋向于无穷大,其势阱中的电子能级和相应的粒子(如电子、声子等)波函数如图 6.2(b)所示,在 $z$ 方向的运动就会被严格束缚,粒子的能量将从块体材料的连续能级分裂为离散的能级[5,6],即出现了所谓的量子限制效应(QCE)。离散能级之间的能量差随着势阱宽度 $a$ 的减小而增大。一个限制电子的能量可以写为

$$E_n(k) = E_n + \frac{\hbar^2 k^2}{2m} \tag{6.8}$$

其中 $n$ 是分离能级的编号,$E_n$ 是分离能级 $n$ 的能量,$k$ 是电子动量,$m$ 是电子的质量。一维无限深方势阱的能级 $E_n$ 可表示为

$$E_n = \frac{n^2(\pi\hbar)^2}{2m}\frac{1}{a^2} \tag{6.9}$$

对于一个二维势阱,如果费米能量

$$E_F \ll E_2 \quad \text{且} \quad (E_2 - E_1) \gg k_B T$$

那么在 $n=1$ 二维子带上的粒子 $z$ 方向的运动就被完全冻结,电子将完全在平面内运动,该系统就成为一个二维系统。如果 $n>1$ 能级上也有粒子,那么就称为准二维系统。从(6.9)式可以看出,当势阱宽度 $a \to \infty$ 时,$E_n = 0$。而若势阱宽度 $a$ 减小时,能级间距 $\Delta E_n$ 就会变大,因此在相同温度下形成二维系统就相对容易。所以维度的降低和尺寸密切相关。

类似地,一维抛物线势阱的波函数和能级如图 6.3(b)所示,抛物线势阱的量子化的谐振子能级 $E_n$ 的数学表达式为

$$E_n = \left(n + \frac{1}{2}\right)\hbar\omega_0 \tag{6.10}$$

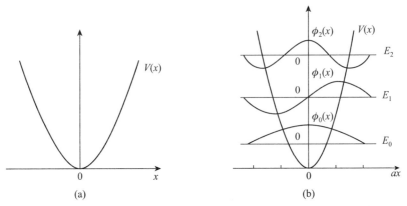

图 6.3　一维抛物线(谐振子)势阱的(a)势函数和(b)能级及相应的波函数。
转载自曾谨言著《量子力学:卷Ⅰ》(第三版),科学出版社,2006

QCE 可导致许多宏观半导体所没有的新的电学性质,由此,过去几十年内就诞生了许多新的电子元件。另一个 QCE 有广泛影响的领域是光学领域,例如,胶体量子点的光谱随尺寸变化:尺寸越大,它在荧光光谱中的颜色就越红(能量就越低)。

纳米结构的声子被束缚在局域声子势阱中。上述对电子的 QCE 的讨论结果同样可以使用于纳米结构中的声子。

最后需要指出,量子阱/超晶格结构是最早的体现一维方势阱的量子效应的人造物体。

### 6.4.2　平移对称性的破缺和动量守恒定律的失效

#### 6.4.2.1　平移以及平移对称性

平移即物体的滑动(物体上所有点的位移矢量相同)。物理上,一个系统的平移对称性指一个系统在平移变化下具有不变性。而一个物体的平移不变性指在某个特定方向上平移后,该物体不发生任何变化。例如,如果空间各点是不可区分的,物理定律就具有平移对称性。

#### 6.4.2.2　动量守恒和尺度

我们说一个物理系统具有平移对称性,等价于这个系统的动量守恒。另外,物体的平移不变性和空间性质密切相关,并至少在一个方向上,该物

体的尺度是无限大的。

因此,如果纳米结构的尺寸非常小,它就不能被近似为无穷大,平移不变性就不再满足,动量守恒也会弛豫或不再成立。动量守恒在晶格动力学和声子的可见光拉曼散射中有着关键的作用。

### 6.4.3 测不准原理和动量弥散

量子力学的测不准原理是说粒子的空间位置和动量无法被同时严格测定,它们的均方根误差 $\Delta x$ 和 $\Delta p$ 满足下列不等式:
$$\Delta x \Delta p \geqslant \hbar/2 \tag{6.11}$$
其中 $\hbar$ 是约化普朗克常量。很明显如果一个物体的尺寸 $x$ 非常小,那么测量误差 $\Delta x$ 也必定非常小。因此,从(6.11)式就可以看出,动量的测量误差将会非常大。也就是说动量将不会有一个确定的值,而是在一定范围内弥散的。随着尺寸的减小,弥散的范围就越大。

上述讨论表明,纳米结构的动量不像宏观物体那样有固定值。

### 6.4.4 比表面积

纳米结构小尺寸的一个重要结果就是表面积和体积的比显著增大了,这可以用一个特征参数比表面积来描述。比表面积定义为
$$比表面积 \equiv 表面积(m^2)/质量(g) \tag{6.12}$$
随着纳米粒子的直径 $d$ 的减小,比表面积迅速呈反比增大。例如对铜纳米粒子,$d=20\text{nm}$ 时比表面积是 $33\text{m}^2/\text{g}$,当 $d=2\text{nm}$ 时的比表面积就是 $330\text{m}^2/\text{g}$。另外,随着尺寸的减小以及比表面积的增大,表面的悬挂键和/或不饱和键的数量迅速增长(相对于物体内部而言)。这个特征在科技中有很重要的实际应用价值。例如,这意味着许多纳米材料可以被开发成非常有效的检测材料、吸附剂和催化剂等。另外,比表面积的增加导致物体可以最大限度地吸收辐射的量,降低了初期熔化温度,并增加扩散的巨大的驱动力。这些效应在高温下具有特别重要的影响。

## §6.5 纳米结构的研究

6.2.1 小节表明,有的纳米结构已经存在了上千年,如中国油墨的原料——烟灰碳棒。然而,在科学意义上的纳米结构的研究在一百年前才开始。

### 6.5.1 研究简史

胶体化学于 1861 年的确立标志着在科学意义上的纳米结构研究的开始,虽然这项研究是从传统的宏观角度出发的。

对纳米结构的第一次观测和尺寸测量是通过采用暗场法的超显微镜进行的。该研究结果发表于 1914 年[7]。

1962 年,久保(Kubo)出版了他对金属超微粒子的研究,指出了有限尺寸效应,提出了后被称为久保理论的量子限制理论。这标志着从微观角度对纳米结构的研究的开始[5]。在 1970 年,江崎(Ezaki)和朱兆祥(Tsu)提出的半导体超晶格的概念[6],标志着对二维纳米结构的研究的开始。1971 年,卓以和(Cho)用分子束外延(MBE)完成了半导体超晶格的制备,这意味着第一个自然界没有的人造晶体结构的诞生[8]。1984 年,在德国萨尔州大学的比林格(Birringer)等人,通过真空原位压制出了金属纳米粒子的块体样品,并发现了许多新的特征[9]。根据实验结果,他们提出了关于纳米材料界面结构的奇异性的理论。

20 世纪 80 年代以来,对纳米结构的广泛研究使得纳米材料的各方面取得了巨大进步,并导致了大量新纳米材料的出现。对 $C_{60}$、多孔硅、碳纳米管、硅纳米材料和石墨烯等方面的研究的典型的历史事件,反映了当时对纳米材料的研究热潮。现有的研究表明,纳米结构,特别是纳米半导体,出现了许多新的现象,并遵守新的物理定律,使得它们在许多技术和工业领域中得到应用。

### 6.5.2 研究方法简介

纳米结构研究的目的主要是了解它们的外表,包括拓扑形状、大小和尺寸分布等,以及内在的性能,包括纳米结构物体的能量、动量和运动规律等。

研究纳米结构外观的方法是使用电子扫描/透射和原子显微镜。可见光、红外光、紫外光、X 射线和电子束等的光谱,以及吸收、发射、发光和散射光谱,则被用于研究纳米结构的内在属性。

光谱学是很早就被用于研究纳米结构的一种有效方式。例如,在 1974 年,丁格尔(Dingle)等使用吸收光谱第一次观测到了 QCE。该实验如图 6.4 所示,$Al_xGa_{1-x}As$-GaAs-$Al_xGa_{1-x}As$ 量子势阱中的能量级数和能级大小随着势阱宽度 $L_z$(即 GaAs 层的厚度)的变化与理论预测相一致,从而在实验上证实了 QCE。

# 第六章 纳米结构的一般知识

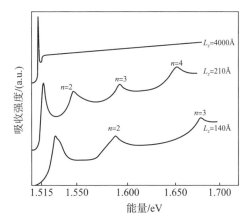

图 6.4 $Al_xGa_{1-x}As$-GaAs-$Al_xGa_{1-x}As$ 异质结的吸收光谱与量子势阱宽度 $L_z$ 的关系。转载自 R. Dingle, W. Wiegmann and C. H. Henry, Quantum States of Confined Carriers in Very Thin $Al_xGa_{1-x}As$-GaAs-$Al_xGa_{1-x}As$ Heterostructures, Phys. Rev. Lett., **33**, 827—830 (1974),获得美国物理学会的许可

## 参 考 文 献

[1] 张树霖.拉曼光谱学与低维纳米半导体.北京:科学出版社,2008.

[2] Imry Y. Introduction to Mesoscopic Physics. 2nd ed. Oxford: Oxford University Press, 2006.

[3] CaoG. Nanostructures & Nanomaterials: Synthesis, Properties & Applications, London: Imperial College Press, 2004.

[4] 曾谨言.量子力学:卷Ⅰ.3版.北京:科学出版社,2000.

[5] Kubo, R. (1962) J. Phys. Soc. Jpn., **17**, 975.

[6] Esaki, L. and Tsu, R. (1970) IBM J. Res. Dev., **14**, 61.

[7] Zsigmondy R. In Colloids and the Ultramicroscope. New York: John Wiley and Sons, 1914.

[8] Cho, A.Y. (1971) Appl. Phys. Lett., **19**, 467 – 468.

[9] Birringer, R., Gleiter, H., Klein, H.P., and Marquardt, P. (1984) Phys. Lett. A, **102**, 365 – 369.

[10] Dingle, R., Wiegmann, W., and Henry, C.H. (1974) Phys. Rev. Lett., **33**, 827 – 830.

# 第七章　固体拉曼散射的理论基础

在 6.3.3 小节中我们提到过,用自组织法生长的纳米材料的晶体结构与其相应的体材料是完全一致的。考虑其他非自组织法生长的纳米材料,例如用 MBE 生长的超晶格,它的晶体结构仍然部分与其相应的体材料一致。因此,在讨论纳米结构的拉曼散射之前,我们需要了解固体拉曼散射的知识。所以,在这一章我们先简单介绍固体拉曼散射的理论基础。

在上册的第二章讨论光散射理论时,散射的主体仅限于原子和分子,因为它们可以清楚地解释散射机理。但是,实际中大部分的散射体都是凝聚态物质,包括固体、液体和有机物等。本章介绍的拉曼散射理论可以看作是第二章光散射理论知识的补充和对更普遍化情况的解释。

通常的固体是由原子和分子在空间排列而成。为了展示空间排列,可以想象原子或分子占据了空间的某一格点,形成了所谓"晶格"。如果晶格显示了周期性排列,是长程有序的,那么相应的固体称为晶体。否则,它就是非晶体(或者称为非晶)。图 7.1(a)和(b)分别是晶体 Si 和非晶 Si 从(110)面看过去的结构,这是计算机作图的结果,与实验结果非常吻合[1]。

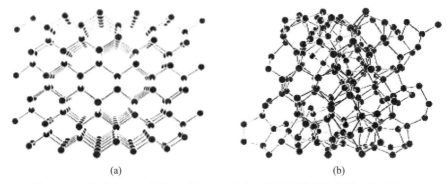

图 7.1　(a)晶体 Si;(b)非晶 Si 从(110)面看去的原子排列结构[1]。转载自 K. Winor, Structural and vibrational properties of a realistic model of amorphous silicon, Phys. Rev. B, **35**, 2366—2374 (1987)

光和固体的相互作用主要是光和固体中所谓的"元激发"之间的相互作用。在固体拉曼散射中,最重要的元激发是"声子",即晶格振动的量子。晶格的振动不仅与拉曼散射相关联,而且与固体的其他性质相关联。例如,热学、光学、电子学、超导电性、磁学及相变等。在这一章,我们主要讨论晶格振动的拉曼散射,所以要介绍晶格动力学和晶格振动的拉曼散射理论。

## §7.1　晶格动力学的一般知识[2—6]

固体的物理性质,包括固体的晶格振动等,在经典力学中用牛顿方程研究,在量子力学中用薛定谔方程研究。但是,由于固体中有大量的原子和分子,现阶段,严格地求解运动方程是不可能的,即使目前计算机技术已经很成熟,我们也只能严格求解含有 $10^2 \sim 10^3$ 个原子的体系。所以,人们不得不对运动方程做一些合理的近似,从而得到一个可以求解的简化方程。到目前为止,大部分拉曼散射理论还是基于简化方程完成的。

### 7.1.1　运动方程的简化和晶格动力学

一个晶体总的哈密顿量 $H$ 可以写成

$$H = -\sum_i \frac{P_i^2}{2M_i} + \sum_j \frac{p_j^2}{2m_j} + H_{\text{int}}(\boldsymbol{R},\boldsymbol{r}) \tag{7.1a}$$

在上面的方程中,第一项和第二项分别是体系中所有原子核和电子的动能,其中 $M_i$,$m_j$ 和 $P_i$,$p_j$ 分别是原子核和电子的质量和动量;第三项是不同原子核之间、不同电子和原子核之间以及不同电子之间的总相互作用能,$\boldsymbol{R}$ 和 $\boldsymbol{r}$ 分别是原子核和电子的空间坐标。

#### 7.1.1.1　原子和离子实中内层电子和外层电子的分离

首先,我们可以把固体中的电子分成两类:内层电子和外层电子。内层电子在原子的满壳层内,它们与原子核一起组成原子实。外层电子是未满壳层的电子,它们被称为价电子,在电子能带的形成中起关键作用。

#### 7.1.1.2　玻恩-奥本海默近似(绝热近似)和原子实与电子的分离

原子核(离子实)的质量远大于电子,所以原子核的振动频率小于 $10^{13}$ Hz,电子的振动频率大概是 $10^{15}$ Hz,这意味着原子核和电子之间的能量差 2~3 个数量级。从量子力学的观点看,原子核和电子之间不发生能量交换,就是说它们处于"绝热状态"。所以,可以引入一个绝热近似,即玻恩-奥本海默近似。在绝热近似的条件下,原子核的运动可以与电子的运动分割。这意味着当我们讨论电子的运动时,原子核被认为待在原地不动;当我们讨论原子核运动时,原子核相对电子处于静止状态,我们不需要考虑电子的瞬时贡献,而仅考虑原子核处于电子的有效势场 $\Phi(\boldsymbol{R})$ 中。因此,可以把系统的哈密顿量 $H$ 写成相互独立的原子核的哈密顿量 $H_{\text{ion}}$ 和电子的哈密顿量 $H_e$ 之和

$$H = H_{ion}(\boldsymbol{R}) + H_e(\boldsymbol{r}, \boldsymbol{R}_0) \tag{7.1b}$$

假设 $\chi(\boldsymbol{r})$ 和 $\varphi_n(\boldsymbol{R}, \boldsymbol{r})$ 分别为电子和原子核的波函数,在上面的公式中 $\boldsymbol{r}$ 是电子的坐标,$\boldsymbol{R}$ 和 $\boldsymbol{R}_0$ 分别是原子核的瞬时和稳定位置。于是,在绝热近似的条件下,系统的波函数可以写成电子和原子核波函数的乘积

$$\psi(\boldsymbol{R}, \boldsymbol{r}) = \varphi_n(\boldsymbol{R}, \boldsymbol{r}) \chi(\boldsymbol{r}) \tag{7.2}$$

其中 $n$ 代表能级。现在,系统的薛定谔方程为

$$[H_{ion}(\boldsymbol{R}) + H_e(\boldsymbol{r}, \boldsymbol{R}_0)] \varphi_n(\boldsymbol{R}, \boldsymbol{r}) \chi(\boldsymbol{r}) = E \varphi_n(\boldsymbol{R}, \boldsymbol{r}) \chi(\boldsymbol{r}) \tag{7.3}$$

对式(7.3)进行变量分离,我们可以分别得到电子和原子核的薛定谔方程

$$H_e(\boldsymbol{r}, \boldsymbol{R}_0) \varphi_n(\boldsymbol{R}, \boldsymbol{r}) = E_n \varphi_n(\boldsymbol{R}, \boldsymbol{r}) \tag{7.4}$$

和

$$[H_{ion}(\boldsymbol{R}) + E_n] \chi_v(\boldsymbol{r}) = E_{n,v} \chi_v(\boldsymbol{r}) \tag{7.5a}$$

$E_n$ 在方程(7.4)中是电子在一定状态下的本征能量,在薛定谔方程(7.5a)中扮演有效势场 $\Phi(\boldsymbol{R})$ 的角色,于是,式(7.5a)可以写成

$$[H_{ion}(\boldsymbol{R}) + \Phi(\boldsymbol{R})] \chi_v(\boldsymbol{r}) = E_{n,v} \chi_v(\boldsymbol{r}) \tag{7.5b}$$

方程(7.4)是原子在位置 $\boldsymbol{R}$ 的电子方程,方程(7.5)是原子核在电子的有效势场 $\Phi(\boldsymbol{R})$ 下的运动方程。$\Phi(\boldsymbol{R})$ 由某一定态的能量决定。求解方程(7.4)是电子运动论问题,而求解方程(7.5)是晶格动力学问题。求解方程(7.4)可以得到固体中电子能带结构的信息,而求解方程(7.5)可以得到频率 $\omega$、模的数量、动量 $\boldsymbol{q}$(即色散关系)和振动态密度(VDOS)。所以,方程(7.5)与光散射和拉曼光谱有密切关联。

#### 7.1.1.3 平均场近似和单电子理论

半导体中的电子浓度大概是 $10^{23}\,\mathrm{cm}^{-3}$,要严格求解方程(7.4)很困难。所以,有人引入了一个叫作平均场近似的方法。在这个近似中,固体中电子之间的相互作用被忽略,每一个电子都在其他电子和离子实产生的平均场中运动。这样考虑的结果就是,把解多电子的问题简化成解单电子的问题。平均场近似也叫作单电子近似或者哈特里-福克近似。历史上,电子能带理论就是建立在单电子近似基础上的。

#### 7.1.1.4 小振动和简谐近似

只要温度不是绝对零度,原子核就不可能钉扎在格点上,而必定围绕格点运动。如果这个运动是"小运动",我们就可以用简谐振动近似来描述它,即原子核(离子实)的运动可以看作格点附近的简谐振动。

### 7.1.2 经典力学理论——格波

晶格简谐振动在经典力学理论中是典型的小振动,可以描述如下。

假设系统有 $N$ 个原子,第 $n$ 个格点的平衡位置是 $\boldsymbol{R}_n$,偏离 $\boldsymbol{R}_n$ 的位移为 $\boldsymbol{u}_n$,原子在 $t$ 时刻的位置可以写作

$$\boldsymbol{R}_n(t) = \boldsymbol{R}_n + \boldsymbol{u}_n(t) \tag{7.6}$$

如果将位移矢量用它的分量来表示,那么 $N$ 个原子有 $3N$ 个平衡位置矢量分量 $R_i(i=1, 2, \cdots, 3N)$ 和 $3N$ 个位移矢量分量 $u_i(i=1, 2, \cdots, 3N)$。

现在,我们用正则方程来讨论晶格振动[7]。为了达到这个目的,我们需要写出系统的势函数 $V$。$V$ 是位移 $u_i$ 的函数,可以用位移 $u_i$ 的泰勒级数展开来表示:

$$V = V_0 + \sum_{i=1}^{3N} \left(\frac{\partial V}{\partial u_i}\right)_0 u_i + \frac{1}{2} \sum_{i=1,j=1}^{3N} \left(\frac{\partial^2 V}{\partial u_i \partial u_j}\right)_0 u_i u_j + \cdots \tag{7.7}$$

在上面的方程中,下标 0 表示标记的函数取平衡位置值。让静态的势能 $V_0=0$ 和 $\left[\dfrac{\partial V}{\partial u_i}\right]_0 = 0$,由于我们仅关心小振动,势能 $V$ 可以仅取 $u_i$ 的平方项,所以有

$$V = \frac{1}{2} \sum_{i,j=1}^{3N} \left(\frac{\partial^2 V}{\partial u_i \partial u_j}\right)_0 u_i u_j \tag{7.8}$$

其次,我们需要写出 $N$ 个原子系统的动能 $T$,很明显,它可以写作

$$T = \frac{1}{2} \sum_{i=1}^{3N} M_i \dot{u}_i^2 \tag{7.9}$$

为了简化以上方程,要求势能和动能函数没有交叉项,因此可以用正则坐标 $Q_i(i=1, 2, \cdots, 3N)$ 去替代位移坐标 $u_i$,它们之间的关系可以用下面的正交变换关系表示

$$\sqrt{m_i}\, u_i = \sum_{j=1}^{3N} a_{ij} Q_j \tag{7.10}$$

于是,在正则坐标中

$$T = \frac{1}{2} \sum_{i=1}^{3N} \dot{Q}_i^2 \tag{7.11}$$

$$V = \frac{1}{2} \sum_{i=1}^{3N} \omega_i^2 Q_i^2 \tag{7.12}$$

方程(7.12)中系数为平方形式,表明系数是正的并且原子在格点的平衡位置。我们马上可以得到拉格朗日方程 $L = T - V$ 和相应的正则动量

$$P_i = \frac{\partial L}{\partial \dot{Q}_i} = \dot{Q}_i \tag{7.13}$$

于是,系统的哈密顿量表示为

$$H = T + V = \frac{1}{2} \sum_{i=1}^{3N} (P_i^2 + \omega_i^2 \dot{Q}_i^2) \tag{7.14}$$

正则运动方程为

$$\ddot{Q}_i + \omega_i^2 Q_i = 0 \quad (7.15)$$

方程(7.15)有 $i = 1, 2, \cdots, 3N$ 个正则运动方程,它们彼此没有关联,并且有 $3N$ 个独立解。结果是,多体系统的解变成单体系统的解。众所周知,正则坐标的解都是简谐函数,于是,方程(7.15)的解是

$$Q_i = A_i \sin(\omega_i t + \varphi_i) \quad (7.16)$$

相应的位移 $u_i$ 为

$$u_i = \frac{1}{\sqrt{m_i}} \sum_{i=1}^{3N} a_{ij} A_j \sin(\omega_j t + \varphi_j) \quad (7.17)$$

我们可以从方程(7.16)和(7.17)中看到,用正则坐标 $Q_i$ 表示的方程的每一个振动解不仅是一个具体原子的振动,而且是系统中所有原子引起的振动。这个集体振动称为"振动模",系统中所有原子参与的振动模具有波的特性,所以,晶格振动在经典力学中被称为"格波"。

### 7.1.3 一维双原子链的晶格振动[2—3]

正如前面提到的,晶体中的原子数量巨大,到目前为止,计算三维固体的晶格动力学仍然是很困难的。但是,为了得到晶格动力学的基本知识,人们设计了一维线性链去模拟一个假想的晶体,以便于"严格"地进行晶格动力学计算。

#### 7.1.3.1 牛顿方程和它的解——光学和声学格波

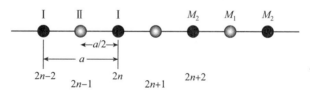

图 7.2 一维双原子线性链模型。转载自张树霖著《拉曼光谱学与低维纳米半导体》,科学出版社,2008

一维双原子线性链的结构如图 7.2 所示,这个结构类型可以被认为是一维双原子晶体。在一个原胞中有两个原子,这两个原子分别被标记为 I 和 II,它们的质量分别是 $M_1$ 和 $M_2$。在图 7.2 中,$a$ 是晶格常数,两个原子之间的距离为 $a/2$,在链上的原子按顺序依次标记为 $2n-1$,$2n$ 和 $2n+1$ 等。这里只考虑沿原子链的运动,即纵向运动。假定临近原子之间仅有弹性相互作用,那么相互作用力可以写为

$$F = -f\delta \quad (7.18)$$

在方程(7.18)中,$f$ 是力常数,$\delta$ 是原子的相对位移。例如,在 $2n$ 的原子 I

# 第七章 固体拉曼散射的理论基础

和在 $2n+1$ 的原子Ⅱ的相对位移为 $\delta_{2n}$ 和 $\delta_{2n+1}$,可以分别表示为

$$\delta_{2n} = 2u_{2n} - u_{2n+1} - u_{2n-1}$$
$$\delta_{2n+1} = 2u_{2n+1} - u_{2n+2} - u_{2n} \tag{7.19}$$

依据牛顿方程,我们可以把原子Ⅰ和原子Ⅱ的运动方程写为

$$M_1 \ddot{u}_{2n+1} = -f(2u_{2n+1} - u_{2n} - u_{2n+2})$$
$$M_2 \ddot{u}_{2n} = -f(2u_{2n} - u_{2n+1} - u_{2n-1}) \tag{7.20}$$

在以上两个方程中,当有 $N$ 个原胞,即 $N$ 个原子Ⅰ和原子Ⅱ,方程(7.20)有 $2N$ 个联立方程,方程的形式解为

$$u_{2n} = A e^{i(\omega t - naq)}$$
$$u_{2n+1} = B e^{i[\omega t - (n+1/2)aq]} \tag{7.21}$$

把上面的形式解代入方程(7.20),我们可以得到

$$-M_1 \omega^2 B = f(e^{-\frac{1}{2}iaq} + e^{\frac{1}{2}iaq})A - 2fB$$
$$-M_2 \omega^2 A = f(e^{-\frac{1}{2}iaq} + e^{\frac{1}{2}iaq})B - 2fA \tag{7.22}$$

上面的方程与 $n$ 没有关联,这意味着运动方程与原胞的特殊位置无关。所有的联立方程可以归于相同的方程组,所以,方程(7.22)可以被看作是含有未知数 $A$ 和 $B$ 的线性齐次方程

$$(M_2 \omega^2 - 2f)A + 2f\cos(aq/2)B = 0$$
$$2f\cos(aq/2)A + (M_1 \omega^2 - 2f)B = 0 \tag{7.23}$$

上面方程解存在的条件是方程(7.23)的系数行列式等于 0,即

$$\begin{vmatrix} M_2 \omega^2 - 2f & 2f\cos(aq/2) \\ 2f\cos(aq/2) & M_1 \omega^2 - 2f \end{vmatrix} = 0 \tag{7.24}$$

很明显,我们从方程(7.24)可以得到 $\omega^2$ 为

$$\omega^2 = f \frac{M_1 + M_2}{M_1 M_2} \left\{ 1 \pm \left[ 1 - \frac{4M_1 M_2}{(M_1 + M_2)^2} \sin^2(aq/2) \right]^{1/2} \right\} \tag{7.25}$$

把 $\omega_+$ 和 $\omega_-$ 代回方程(7.23),可以得到 $A$ 和 $B$ 的解:

$$\left(\frac{B}{A}\right)_+ = -\frac{M_2 \omega_+^2 - 2f}{2f\cos(aq/2)} \tag{7.26}$$

$$\left(\frac{B}{A}\right)_- = -\frac{M_2 \omega_-^2 - 2f}{2f\cos(aq/2)} \tag{7.27}$$

从方程(7.21),我们可以知道邻近原胞的相位差,即在邻近原胞中相同类型原子的相位差是 $aq$。很明显,如果我们把 $aq$ 改变 $2\pi$ 的整数倍,所有原子的振动事实上并没有区别,这表明波矢只需取以下有限范围内的值就足够了:

$$-\frac{\pi}{a} < q \leqslant \frac{\pi}{a} \tag{7.28}$$

这个有限范围称为一维双原子链的"第一布里渊区",在这里对于任意一个由方程(7.25)决定的频率为 $\omega_+$ 和 $\omega_-$ 的波矢 $q$ 都有两个格波解。格波具有与普通波相同的振幅和相位等性质,但是,原子Ⅰ和原子Ⅱ的振幅比和相位差是固定的,并且由方程(7.26)和(7.27)决定。在后续内容中,"布里渊区"指的是第一布里渊区。

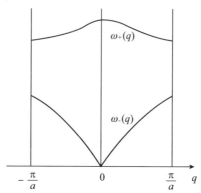

图 7.3 一维双原子链的声学波和光学波的色散关系。转载自张树霖著《拉曼光谱学与低维纳米半导体》,科学出版社,2008

图 7.3 是方程(7.25)决定的频率为 $\omega_+$ 和 $\omega_-$ 的格波随波矢变化的曲线,称为格波的色散曲线。$q\approx 0$ 的格波在实际问题中非常重要,特别是在晶体的光散射中。为了更深入地了解格波,我们将讨论一维双原子链中格波在 $q\approx 0$,即长波极限下的性质。

• 格波 $\omega_-$

从方程(7.25)和图 7.3 中可以看出,当 $q \to 0$,$\omega \to 0$ 时,有

$$\frac{4M_1 M_2}{(M_1+M_2)^2}\sin^2(aq/2) \ll 1 \tag{7.29}$$

以 $q^2$ 展开方程(7.25)中的根式,有

$$\omega_- \approx \frac{a}{2}\sqrt{\frac{2f}{M_1+M_2}}q \tag{7.30}$$

方程(7.30)表示格波的频率 $\omega_-$ 与 $q$ 成正比,这表明频率为 $\omega_-$ 的格波像是在介质中的弹性波,所以格波 $\omega_-$ 称为声学波。除此以外,当 $q \to 0$,$\omega \to 0$ 时,由方程(7.27)可得:

$$\left(\frac{B}{A}\right)_- \to 1 \tag{7.31a}$$

这意味着对于长声学波,在原胞中的两类原子的运动是相同的,它们的振幅和振动位相都没有区别。

• 格波 $\omega_+$

对于格波 $\omega_+$，当 $q \to 0$，它的频率接近一个有限值，即为

$$\omega_+ \to \sqrt{2f \Big/ \left(\frac{M_1 M_2}{M_1 + M_2}\right)} \tag{7.32}$$

代入上面的 $\omega_+$ 值到方程(7.26)，并令 $\cos(aq/2) \to 0$，可得

$$\left(\frac{B}{A}\right)_+ \to -\frac{M_2}{M_1} \tag{7.31b}$$

当 $q \to 0$ 时，从(7.25)式可以看出，对于同类原子，振动的相位是相同的，即，晶格由同类原子组成(例如，原子 I 或者原子 II)，其振动就像整体是一个刚体一样。所以，方程(7.31b)意味着当 $q \to 0$，这两种原子的振动具有相反的相位，格波 $\omega_+$ 就称为光学波。在光学波振动的过程中，原子 I 和原子 II 相对振动，而它们的质量中心却没有变化，如图 7.4 所示。

图 7.4　一维双原子链中原子 I 和原子 II 形成的光学波的晶格振动图解。转载自张树霖著《拉曼光谱学与低维纳米半导体》，科学出版社，2008 年

### 7.1.3.2　周期性条件——波矢取值的限制

图 7.2 中一维双原子链的长度是一个无穷长度的模型，所有原子依据方程(7.20)以同样的方式运动。可是，在实际中一个链不可能是无穷长的，进而，处于链两端的原子与链中间的原子是不同的，这就导致运动方程太复杂而不能求解。为了防止以上困难，玻恩(Born)和卡曼(Karman)提出了一个一维双原子链的模型，用有 $N$ 个原胞的环状链去模拟一个有 $N$ 个原胞一维无穷链，见图 7.5[8]。虽然环状链只含有有限个原子，但是它可以完整地保持所有原胞都是等价的，由于 $N$ 的数量非常大，沿环状链的运动仍然可以看作一维线性链，因此方程(7.20)仍然成立。这意味着标准解的相位部分符合以下条件：

$$e^{-iNaq} = 1 \tag{7.33}$$

于是，波矢可以表达为

$$q = \frac{2\pi}{Na} K \tag{7.34}$$

其中 $K$ 是整数。

图 7.5　一维双原子链的玻恩-卡曼边界条件图示[8]。转载自张树霖著《拉曼光谱学与低维纳米半导体》，科学出版社，2008

由于上面提到 $q$ 的区域是 $(-\pi/a, +\pi/a)$，$K$ 只能在 $(-N/2, +N/2)$ 内取不同的整数值。因此，$q$ 在由 $N$ 个原子组成的一维链中有 $N$ 个不同的值。由于每个 $q$ 对应两个波矢，所以有 $2N$ 个不同的波矢。波矢的数量 $2N$ 就是链的运动自由度的数目，它证明玻恩-卡曼环状链模型可以得到链上所有原子的振动模。

玻恩-卡曼环状链模型意味着周期性边界条件，所以玻恩-卡曼环状链模型也称为玻恩-卡曼边界条件。

如果把一维双原子链扩展为三维系统，原理上就可以进行实际晶体的晶格动力学计算。但是，计算量仍然十分巨大，历史上，大多数三维晶体的动力学计算就基于唯象模型，这一点将在下一个部分讨论。

在结束这一部分之前，我们要指出，尽管以上讨论是建立在一维线性链的基础上，但导出的结果，例如声学和光学格波的特性、波矢取值范围的可能性，可以适用于更普通的情况。

### 7.1.4 量子力学理论——声子

依照经典力学和量子力学的对应关系[9]，只要考虑正则动量 $P_i$ 和简正坐标 $Q_i$ 是量子力学中一对非互易和共轭算符，记 $P_i$ 的量子力学算符为 $-i\hbar\dfrac{\partial}{\partial Q_i}$，那么经典力学中的正则方程就转换为量子力学中的波动方程：

$$\sum_{i=1}^{3N} \frac{1}{2}\left(-\hbar^2\frac{\partial^2}{\partial Q_i^2}+\omega_i^2 Q_i^2\right)\psi(Q_1,Q_2,\cdots,Q_{3N})=E\psi(Q_1,Q_2,\cdots,Q_{3N})$$

(7.35)

很明显，方程(7.35)是 $3N$ 个谐振模的运动方程，对于每一个简正坐标 $Q_i$ 都存在一个运动方程：

$$\frac{1}{2}\left(-\hbar^2\frac{\partial^2}{\partial Q_i^2}+\omega_i^2 Q_i^2\right)\varphi_{n_i}(Q_i)=\varepsilon_i\varphi_{n_i}(Q_i) \quad (7.36)$$

每个振动模的能量 $\varepsilon_i$ 和对应的波函数 $\varphi_{n_i}(Q_i)$ 可以表示为

$$\varepsilon_i=\left(n_i+\frac{1}{2}\right)\hbar\omega_i \quad (7.37)$$

$$\varphi_{n_i}(Q_i)=\sqrt{\frac{\omega}{\hbar}}\exp\left(-\frac{\xi^2}{2}\right)H_{n_i}(\xi) \quad (7.38)$$

在(7.38)中，$\xi=\sqrt{\dfrac{\omega}{\hbar}}Q_i$，$H_{n_i}$ 是厄米多项式。很明显，系统本征态的能量 $\varepsilon_i$ 和波函数 $\varphi_{n_i}(Q_i)$ 是

$$E = \sum_{i=1}^{3N} \varepsilon_i = \sum_{i=1}^{3N} \left( n_i + \frac{1}{2} \right) \hbar \omega_i \qquad (7.39)$$

$$\psi(Q_1, Q_2, \cdots, Q_{3N}) = \prod_{i=1}^{3N} \varphi_{n_i}(Q_i) \qquad (7.40)$$

方程(7.38)中描述的简正坐标 $Q_i$ 的振动的本征能量表示在方程(7.37)中,其中 $\varepsilon_i$ 的单位为 $\hbar \omega_i$。

在量子力学中,单位能量 $\hbar \omega_i$ 被看作能量的量子,叫作"声子"。当 $\varphi_{n_i}(Q_i)$ 的下标满足 $n_i = 0$ 时,系统处于最低的能量状态,具有能量 $\hbar \omega_i / 2$,这时系统处于基态。于是,$n_i \neq 0$ 意味着系统处于 $n_i$ 个声子的激发态。

与电子不同的是,声子不能脱离固体独立存在,而且,声子的动量 $q$ 在与其他物体发生相互作用的过程中不需要守恒,声子是原子在固体中集体振动的单元,叫作"元激发",即声子是一个准粒子。声子是玻色子,所以占据一个能级的数量没有限制,其平均占有数遵从玻色-爱因斯坦分布

$$n_i(\boldsymbol{q}) = \frac{1}{e^{\hbar \omega_i(\boldsymbol{q})/k_B T} - 1} \qquad (7.41)$$

其中 $k_B$ 是玻尔兹曼常量,$T$ 是绝对温度。

### 7.1.5 电子-声子相互作用[5]

在 7.1.1 小节提到的单电子理论中,电子在晶格形成的周期性势场中运动,晶格振动反映了原子(或离子)偏离了格点位置,它会破坏周期性势场,于是电子会受到新势场的影响。所以,为了得到电子的能带,人们必须要考虑晶格振动(声子)和电子之间的相互作用。除此以外,在可见光导致的声子散射过程中,光和声子的能量差大约是 3 个数量级,所以它们不能直接相互作用从而产生可见光散射。因此,可见光散射必须借助于媒介,而这个媒介只能是电子。所以晶格振动的光散射也包含电子-声子(电声)相互作用。结果就是,总的光散射哈密顿量 $H$ 不但包含原子实的哈密顿量 $H_{ion}(\boldsymbol{r}_i, \boldsymbol{R}_j)$ 和电子的哈密顿量 $H_e(\boldsymbol{r}_i, \boldsymbol{R}_j)$ 也包含电子-声子相互作用的哈密顿量 $H_{e\text{-ph}}(\boldsymbol{r}_i, \delta \boldsymbol{R}_j)$,这意味着方程(7.1b)必须被重新写为

$$H = H_{ion}(\boldsymbol{R}_j) + H_e(\boldsymbol{r}_i, \boldsymbol{R}_j) + H_{e\text{-ph}}(\boldsymbol{r}_i, \delta \boldsymbol{R}_j) \qquad (7.42)$$

通常,晶格振动的光散射发生在 $q \approx 0$ 时,所以电子-声子相互作用在长波条件下晶格振动的光散射中非常重要。下面我们将简单讨论横声学(TA)、纵声学(LA)、横光学(TO)和纵光学(LO)声子中的长波近似。

### 7.1.6 电子-声学声子相互作用

声学声子代表固体中全部原子的运动,它可以使晶体的形状发生改变,

导致能带中的电子能量发生变化。在能带中具有有效质量 $m^*$ 和波矢 $k$ 的电子能量可以表示为

$$\varepsilon_k = \varepsilon_c + \frac{\hbar^2 k^2}{2m^*} \tag{7.43}$$

在上面的方程中,$\varepsilon_c$ 是在不考虑晶格振动的周期性势场中的势能。如果存在晶格振动并导致晶格变形,晶格常数 $a$ 和体积 $V$ 就会发生改变,能带中的电子能量就要改变 $\delta\varepsilon$,表达为

$$\delta\varepsilon = \left(\frac{\partial\varepsilon}{\partial V}\right)\delta V = V\left(\frac{\partial\varepsilon}{\partial V}\right)\frac{\delta V}{V} = a_c \frac{\delta V}{V} \tag{7.44}$$

在上面的方程中,$a_c$ 称为体积变化引起的形变势,它是由原子的位移引起的短程相互作用。

### 7.1.6.1 压电电子-声学声子相互作用

在没有对称中心的晶体中,例如 ZnO、CdS 和 CdSe,应变可以导致一个宏观的电极化场 $E$,被称为压电效应。在介电常数为 $\varepsilon$ 的介质中,当应变相当小时,应变引起的电场和应变之间的关系是线性的,可以表示为

$$E = \hat{e}_m \cdot e/\varepsilon \tag{7.45}$$

其中 $\hat{e}_m$ 是应变引起的比例系数,叫作电力张量。由于形变张量是一个二阶张量,所以 $\hat{e}_m$ 是一个三阶张量。前面讨论的应变是静态应变,它也可以存在于声学声子振动引起的应变场中。声学声子的应变能是 $i\boldsymbol{q} \cdot \Delta\boldsymbol{R}$,因此,声学声子感生的宏观电极化场可以写为

$$\boldsymbol{E}_{pe} = i\hat{e}_m \cdot \boldsymbol{q} \cdot \delta\boldsymbol{R}/\varepsilon \tag{7.46}$$

在上面的公式中,$\boldsymbol{q}$ 和 $\delta\boldsymbol{R}$ 分别是声子和原子位移的波矢。电势中纵向成分引起的标量势是

$$\phi_{pe} = -i\boldsymbol{q} \cdot \boldsymbol{E}_{pe}/(iq^2) \tag{7.47}$$

所以,压电电子-声学声子相互作用的哈密顿量是

$$H_{pe} = -|e|\phi_{pe} = (|e|/q^2\varepsilon_\infty)\boldsymbol{q} \cdot \hat{e}_m \cdot (\boldsymbol{q} \cdot \delta\boldsymbol{R}) \tag{7.48}$$

### 7.1.6.2 电子-光学声子形变势相互作用

光学振动不能感生宏观应变,但是它可以感生原胞中的微观应变。就像声学声子,有两个方法去影响电子的能量。在非极性晶体中,它通过改变键长和键角去影响电子的能量,这与声学声子的形变势相互作用类似,所以被称为电子-光学声子的形变势相互作用。

假设两个原子在原胞中的距离为 $a_0$,两个原子与布里渊区中心的声子有关,并且有一个位移 $\boldsymbol{u}$。可以定义电子-光学声子相互作用的应变势为

$$H_{e-\Delta_p} = D_{n,k}(\boldsymbol{u}/a_0) \tag{7.49}$$

比例系数 $D_{n,k}$ 是光学声子在能带 $E_{n,k}$ 中的应变势。这个应变势不依赖于声子的波矢 $q$，且是短程相互作用。

#### 7.1.6.3 弗罗利希相互作用

在极性晶体中，当带电的原子发生相对位移时，会产生一个宏观电场。这个宏观电场与电子的相互作用，是长程库仑相互作用，即所谓的弗罗利希相互作用。与声学声子的应变电场类似，一个长波纵向光学振动可以产生宏观极化。如果定义 $u_{LO}$ 为正负离子之间的相对位移，感生电场就是

$$E_{LO} = -F u_{LO} \tag{7.50}$$

在上述方程中，

$$F = -[4\pi N \mu \omega_{LO}^2 (\varepsilon_\infty^{-1} - \varepsilon^{-1})]^{1/2} \tag{7.51}$$

其中 $\mu$ 是原胞的约化质量，定义为 $\dfrac{1}{\mu} = \sum_i \dfrac{1}{M_i}$，$M_i$ 是第 $i$ 个原子的质量，$i$ 代表原胞中所有的原子数量；$N$ 是单位体积中的原胞数量；$\omega_{LO}$ 是声子频率；$\varepsilon_\infty$ 和 $\varepsilon$ 分别是高频和低频介电常数。电场可以用标量势来表示，$E_{LO}$ 的纵向标量势 $\phi_{LO}$ 为

$$\phi_{LO} = (F/iq) u_{LO} \tag{7.52}$$

长程库仑相互作用的哈密顿量为

$$H_F = -e\phi_{LO} = (ieF/q) u_{LO} \tag{7.53}$$

通过方程(7.53)可以发现弗罗利希相互作用 $H_F$ 的特征是反比于波矢 $q$ 的，这一点与电子-声学声子的应变相互作用完全不同，后者与波矢 $q$ 无关。

与极性晶体不同的是，TO 声子产生横的电场，它可以与声子直接相互作用，从而产生红外光谱。

#### 7.1.6.4 大波矢的电子-声子相互作用

大波矢的电子-声子相互作用与布里渊区边界附近的电子和声子有关，它在非直接光吸收和热电子过程中非常重要。此外，多声子和纳米半导体的拉曼散射也与声子在布里渊区边界散射有关。

大波矢(接近布里渊区边界)和小波矢(接近布里渊区中心)的电子-声子相互作用不同。例如，在布里渊区边界的声子，没有长程电场，与声子的波矢基本无关，也与压电相互作用和弗罗利希相互作用不同。

在这一部分的最后，我们用 Si 和 GaAs 作为例子，介绍长波 TA、LA、TO 和 LO 的典型电子-声子相互作用，见表 7.1。

**表 7.1 非极化 Si 和极化 GaAs 半导体中长波 TA、LA、TO 和 LO 声子的典型电子-声子相互作用**

| 声子 | Si | | GaAs | |
|---|---|---|---|---|
| | 导带 | 价带 | 导带 | 价带 |
| TA | DP | DP | PZ | DP,PZ |
| LA | DP | DP | DP,PZ | DP,PZ |
| TO | | DP | | DP |
| LO | | DP | F | F |

资料来源：P. Y. Yu and M. Cardona, Fundamentals of Semiconductors, Third Edition, (2001)。
注：DP、PZ 和 F 分别代表形变势、压电相互作用和弗罗利希相互作用。

## §7.2 晶格动力学的微观模型

在这一章开始时提到，对晶格动力学严格的计算是不可能的，因此固体中晶格动力学的计算基本是建立在唯象模型基础上的。

在晶格动力学的唯象理论中有两种模型：一种是微观模型，该模型从晶体中的原子（离子）开始；另外一种是宏观模型，该模型建立在晶体是连续介质的基础上。在微观模型中，原子（或离子）之间的相互作用经常用不同的方法进行模拟，因此有了不同的实用模型，例如力常数模型、壳模型、化学键模型和键电荷模型等。宏观模型基于连续介质动力学和经典的电磁场理论，包括介电连续模型和连续弹性模型等。以上模型都是从特殊晶体中抽象出来的，所以，不同的模型都有其最佳的应用对象。

1912 年，玻恩和卡曼提出了计算晶格动力学的第一个唯象模型[8]。其关于声子物理的经典著作《晶格动力学理论》非常成功。尽管玻恩和卡曼的模型与实验得到的色散曲线符合的非常好，但是它不能反映化学键的本质信息，也不能让人深刻理解微观晶格动力学的物理过程。在 20 世纪 50 年代，含有离子和电子因素的模型出现了，代表性微观模型有壳模型和键电荷模型。而黄昆方程是最有代表性的宏观模型。在这一部分，我们将介绍微观模型，而把宏观模型放在下一节讨论。

### 7.2.1 三维晶体的晶格动力学

#### 7.2.1.1 三维晶体的牛顿方程

在 7.1.3 小节中，我们写出了一维双原子链的晶格动力学方程，现在，我们写出三维晶体的晶格动力学方程：

$$M_a \ddot{u}_{a,ik} = -\sum_{\beta,j\gamma} \phi_{a\beta,ik,j\gamma} u_{\beta,j\gamma} \tag{7.54}$$

其中 $i$, $j$ 和 $k$, $\gamma$ 分别代表原胞和晶胞中的原子, $\alpha$, $\beta$ 是位移 $u$ 在笛卡儿坐标系中的分量, $\phi_{a\beta,ik,j\gamma}$ 是常数, 代表 $(j, \gamma)$ 原子有一个沿 $\beta$ 方向的位移, 并且在 $\alpha$ 方向受到 $(i, k)$ 原子的力。假设方程 (7.54) 的试探解为

$$u_{a,ik} = M_k^{-\frac{1}{2}} u_{a,k}(\boldsymbol{q}) \exp(-\mathrm{i}\omega t + \mathrm{i}\boldsymbol{q} \cdot \boldsymbol{R}_i) \tag{7.55}$$

其中 $\boldsymbol{R}_i$ 是晶格矢量, $\boldsymbol{q}$ 是波矢, $M_k$ 是 $k$ 原子的质量。把公式 (7.55) 代入方程 (7.54), 可以得到

$$\omega^2 u_{a,k}(\boldsymbol{q}) = \sum_{\beta\gamma} D_{a\beta,k\gamma}(\boldsymbol{q}) u_{\beta\gamma}(\boldsymbol{q}) \tag{7.56}$$

其中

$$D_{a\beta,k\gamma}(\boldsymbol{q}) = (M_k M_\gamma)^{-\frac{1}{2}} \sum_{R_i - R_j} \phi_{a\beta,ik,j\gamma} \exp[-\mathrm{i}\boldsymbol{q} \cdot (\boldsymbol{R}_i - \boldsymbol{R}_j)] \tag{7.57}$$

是动力学矩阵, 对 $\boldsymbol{R}_i - \boldsymbol{R}_j$ 的求和意味着针对所有的晶格矢量求和。

动力学矩阵 (7.57) 的本征值是声子频率的平方 $\omega^2$。得到声子频率 $\omega$ 意味着得到了声子色散关系和振动态密度等基本信息, 这些都是研究拉曼散射所必需的。

7.2.1.2 晶格动力学方程的解

晶格动力学计算归结为动力学矩阵 $D_{a\beta,k\gamma}(\boldsymbol{q})$ 的计算。而计算 $D_{a\beta,k\gamma}(\boldsymbol{q})$ 的关键是得到力常数 $\phi_{a\beta,ik,j\gamma}$。这个计算在物理学中是非常复杂和艰难的工作, 所以, 科学家们曾经发展过很多简化的计算模型。

**7.2.2 力常数模型**

7.2.2.1 简介

这里讨论的力常数模型仅包含原子间的机械力。第一个力常数模型是由玻恩和卡曼[8]提出的。在这个模型中, 他们假设原子都是刚性球, 彼此用弹簧连接, 弹性常数是根据实验数据得到的。玻恩用两个弹性常数的力常数模型拟合了 C 和 Si 的实验结果[10], 直到今天, 力常数模型仍然被普遍使用。

7.2.2.2 力常数模型计算的例证

基于力常数模型, 参考文献 [11,12] 的作者对高温超导体 $YBa_2Cu_3O_{7-x}$ 进行了对称性群论分析和振动频率计算。图 7.6(a) 是 $YBa_2Cu_3O_{7-x}$ 单胞的结构图, 该化合物结构属于正交结构, 点群为 $P_{2h}$-$mmm$。

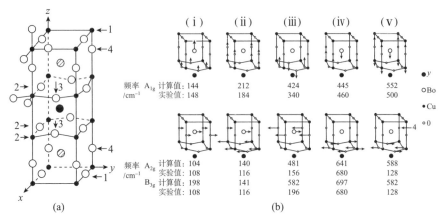

图 7.6 (a) $YBa_2Cu_3O_{7-x}$ 的单胞结构；(b) 基于群论的对称性和力常数模型计算得到的振动频率。转载自张树霖著《拉曼光谱学与低维纳米半导体》，科学出版社，2008 年

- 动力学矩阵

令原子 $i_1$ 和 $i_2$ 之间的力常数为 $f_s$，晶胞矢量沿 $i_1$ 和 $i_2$ 方向为 $x_s$，同时引入一个张量 $T^s_{\alpha\beta} = x_{s\alpha} x_{s\beta} f_s$。因此，基于方程(7.57)关于 $D_{\alpha\beta, i_1 i_2}$ 的定义，当 $i_1 \neq i_2$ 时动力学矩阵为

$$\begin{aligned} D_{\alpha\beta, i_1 i_2} &= [T^s_{\alpha\beta}/(M_{i_1} M_{i_2})^{1/2}] \exp[-i\boldsymbol{q} \cdot (\boldsymbol{r}_i - \boldsymbol{r}_j)] + D^0_{\alpha\beta, i_1 i_2} \\ D_{\alpha\beta, i_1 i_2} &= T^s_{\alpha\beta}/M_{i_1} + D^0_{\alpha\beta, i_1 i_2} \\ D_{\alpha\beta, i_1 i_2} &= T^s_{\alpha\beta}/M_{i_2} + D^0_{\alpha\beta, i_1 i_2} \end{aligned} \quad (7.58)$$

在上面的方程中，$\boldsymbol{r}_i$ 和 $\boldsymbol{r}_j$ 分别是原子 $i$ 和 $j$ 的位矢，上标 0 表示其初始值。标记为 $i_1, i_2, i_3$ 的原子之间键角的力常数为 $f_b$，原子 1，2，3 的位矢分别为 $\boldsymbol{r}_1, \boldsymbol{r}_2, \boldsymbol{r}_3$，我们令

$$\begin{aligned} \boldsymbol{r}_{12} &= \boldsymbol{r}_1 - \boldsymbol{r}_2 \\ \boldsymbol{r}_{32} &= \boldsymbol{r}_3 - \boldsymbol{r}_2 \\ \boldsymbol{x}_n &= \boldsymbol{r}_{12} \times \boldsymbol{r}_{32} \end{aligned} \quad (7.59)$$

进而，可以建立两个沿 $\boldsymbol{r}_{12} \times \boldsymbol{x}_n$ 和 $\boldsymbol{r}_{32} \times \boldsymbol{x}_n$ 方向的矢量 $\boldsymbol{x}_{b1}$ 和 $\boldsymbol{x}_{b2}$，它们的长度分别为 $1/\boldsymbol{r}_{12}$ 和 $1/\boldsymbol{r}_{32}$。当 $i_1 \neq i_2$ 时，有张量

$$T^b_{\alpha\beta} = x_{b,\alpha} x_{b,\beta} f_b$$

则有

$$\begin{aligned} D_{\alpha\beta, i_1 i_2} &= [T^b_{\alpha\beta}/(M_{i_1} M_{i_2})^{1/2}] \exp[-i\boldsymbol{q} \cdot (\boldsymbol{r}_i - \boldsymbol{r}_j)] + D^0_{\alpha\beta, i_1 i_2} \\ D_{\alpha\beta, i_1 i_2} &= T^b_{\alpha\beta}/M_{i_1} + D^0_{\alpha\beta, i_1 i_2} \\ D_{\alpha\beta, i_1 i_2} &= T^b_{\alpha\beta}/M_{i_2} + D^0_{\alpha\beta, i_1 i_2} \end{aligned} \quad (7.60)$$

当 $i_1=i_2$ 时,
$$D_{\alpha\beta,i_1 i_2} = T^b_{\alpha\beta}/M_{i_2}\exp[-i\boldsymbol{q}\cdot(\boldsymbol{r}_i-\boldsymbol{r}_j)]+D^0_{\alpha\beta,i_1 i_2} \tag{7.61}$$
如果 $T^b_{\alpha\beta}=x_{b_2\alpha}x_{b_2\beta}f_b$, $T^b_{\alpha\beta}=x_{b_1\alpha}x_{b_2\beta}f_b$, 我们可以算出 $f_b$ 对所有 $D_{\alpha\beta,i_3 i_2}$, $D_{\alpha\beta,i_3 i_3}$, $D_{\alpha\beta,i_2 i_2}$, $D_{\alpha\beta,i_1 i_3}$, $D_{\alpha\beta,i_1 i_1}$ 的贡献。

- 动力学矩阵的计算和结果

动力学矩阵的计算可以用群论分析程序来做,在计算之前,一般先对力常数做一些近似,例如:

(1) 仅考虑临近原子的相互作用;

(2) 仅考虑两种力常数。一种是当原子沿化学键方向移动一个单位位移,该原子受到的沿连接线方向的力;另外一种是由于 3 个原子之间键长的变化,力矩受到的影响。

(3) 力常数仅由原子之间的空间和键长决定。

图 7.6(b) 是由群对称分析程序计算得到的高温超导体 $YBaCu_xO_{7-x}$ 的振动模分析和拉曼散射结果的示意图。结果表明,对于 $\boldsymbol{q}=\boldsymbol{0}$ 的波矢,存在频率为 0 的 4 个振动模,其中 3 个是声学模,另一个是 $YBaCu_xO_{7-x}$ 中 Cu(1) 的振动模,该振动模沿晶体的 $b$ 轴方向振动。图 7.6(b) 给出了原子 $A_{1g}$、$B_{2g}$ 和 $B_{3g}$ 对称性的振动模和频率。在图 7.6(b) 中,也标出了计算和实验得到的频率 $\omega_{cal}$ 和 $\omega_{exp}$。计算结果和实验结果的比较表明,只有少数几个计算值与实验值近似。这可能是因为一方面模型太简单,另一方面实验工作在研究高温超导体的初期比较粗糙。但它仍然是振动模和对称性分析的重要成果。

### 7.2.3 壳模型

在很多情况下,力常数模型似乎比较简单,因为在这个模型中原子被视为一个整体。然而即使是非极性共价半导体,例如 Si 和 Ge,它们的价电子也没有被局域在离子实周围,所以它们不能被看作一个"纯"原子,因此不能用力常数来描述。基于这个考虑,科克伦(Cochran)提出了一个壳模型,见图 7.7[13]。在壳模型中,原子的中心被视为刚性离子实,而价电子壳环绕在离子实周围,价电子壳相对于离子实运动。

在壳模型中,原胞中的两个原子之间的相互作用用弹簧来表示,见图 7.7。壳模型的一个重要特点就是它包含原子之间的长程库仑相互作用。这个相互作用起源于感生偶极子之间的相互作用,感生偶极子是壳与电荷相对于离子实运动而引起的。引入长程相互作用以后,短程相互作用可以被局域在最临近原子或者次临近原子之间。科克伦用包含 5 个可调参数的壳模型去拟合 Ge 的声子色散曲线。后来,多林(Dolling)和考利(Cowley)将短程相互作用拓展到次临近原子,并用含有 11 个参数的壳模型拟合了 Si 的声子色散曲线[14]。

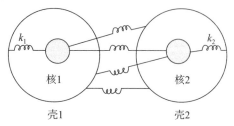

图 7.7　壳模型的示意图和两个变形原子之间的相互作用[13]。转载自 P. Y. Yu and M. Cardona, Fundamentals of Semiconductors, Third Edition, 2001

壳模型的主要争论在于在金刚石和闪锌矿结构的半导体中,价电子的分布并非在球形壳上。这会导致由壳模型决定的参数没有清晰的物理意义,这就使该模型除了拟合声子的色散曲线外没有更多的应用。菲利普斯(Phillips)[15,16]指出了壳模型最严重的问题是人为地将共价键中两个原子的价电荷分开,但实际上一个价电子同时属于两个原子,而两个价电子部分时间同时属于两个原子。

### 7.2.4　价键模型

众所周知,金刚石和闪锌矿结构的半导体中价电子会形成高度取向的化学键。这些价电子对于理解这些类型的半导体十分重要,尤其在决定振动频率方面扮演着重要角色,例如,用键力场直接分析分子的振动性质。另外它们的声子色散曲线可以用分子的几个键力场有效地计算,这个分子的原胞包含两个原子 A 和 B ,见图 7.8。

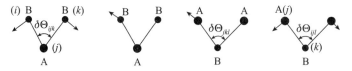

图 7.8　晶体单胞有两个原子 A 和 B 的键弯曲构型[17]。转载自 P. Y. Yu and M. Cardona, Fundamentals of Semiconductors, Third Edition, 2001

马斯格雷夫(Musgrave)和波普尔(Pople)首次用价键模型研究了金刚石的晶格动力学[18]。图 7.9 是闪锌矿结构半导体 CdS 的声子色散曲线,该曲线是努西莫维奇(Nusimovici)和伯曼(Birman)[19]用包含 8 个可调参数的键力场模型得到的。

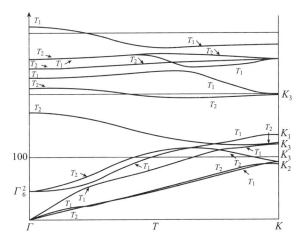

图 7.9 由 8 个可调参数键力场模型得到的 CdS 的声子色散曲线[19]。转载自 M. A. Nusimovici and J. L. Birman, Lattice Dynamics of Wurtzite: CdS, Phys. Rev., **156**, 925 (1967)

基廷(Keating)引入了一个简单的键力场模型方案[20]，在他的模型中共价半导体仅有两个参数，而对于离子化合物则加入一个电荷参数。基廷的模型简单且有清晰的物理意义，因此该模型被广泛用于研究共价半导体的弹性和静态性质。

### 7.2.5 键电荷模型

在 7.1.1 小节，我们提到了一个原则，即原子核和内层电子可以一起构成离子实，而价电子则与离子实分离。但是，X 射线衍射实验表明在共价半导体中，例如 Si 和金刚石，价电子可以沿带方向积累，形成所谓的键电荷[21]。

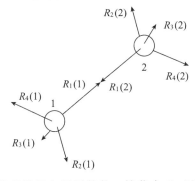

图 7.10 键电荷模型模拟金刚石结构。转载自 R. M. Martin, Dielectric Screening Model for Lattice Vibrations of Diamond-Structure Crystals, Phys. Rev., **186**, 871—884 (1969)

马丁(Martin)用一个非常简单的唯象方法在半导体晶格动力学计算中引入了一个键电荷[22],图 7.10 是金刚石结构的键电荷模型。在这个模型中,键电荷标记为 $R_i(s)$,这里 $s=1$ 和 $s=2$ 是原子的标记,$i=1,\cdots,4$ 是电荷数量。每个原子的 4 个价电子被分成两组:局域的键电荷和接近自由的电子。每个原子贡献 4 个 1/2 电荷,与它们最邻近原子形成 4 个化学键。键电荷是局域的,对离子没有屏蔽感生。假设每个原子剩余 2~4 个自由的价电子,可以屏蔽离子。由此可知,决定声子频率的力为:

(1)键电荷之间的库仑排斥力;

(2)键电荷和离子之间的库仑吸引力;

(3)离子之间的库仑排斥力;

(4)在弹簧近似中离子之间的非库仑力。

韦伯(Weber)提出一个所谓的绝热键电荷模型(ABCM)[17],ABCM 模型进一步改进了马丁提出的键电荷模型,并综合了键电荷模型、壳模型和基廷模型的优点。该模型有 4 个可调参数:离子之间的中心力 $\phi''_{i-i}$,离子和键电荷之间的中心势,键电荷 $z^2/\varepsilon$ 和基廷模型的键弯曲参数 $\beta$ 之间的库仑相互作用,如图 7-11 所示。

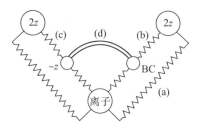

图 7.11 韦伯提出的绝热键电荷模型(ABCM)。转载自 W. Weber, Adiabatic bond charge model for the phonons in diamond, Si, Ge, and α-Sn, Phys. Rev. B, **15**, 4789—4804 (1977)

### 7.2.6 典型半导体的理论声子色散曲线

图 7.12 是用绝热键电荷模型计算得到的典型的非极性半导体 Si、金刚石、Ge 和 α-Sn 的理论声子色散曲线。图 7.13(a)和(b)分别是 Si 和金刚石理论声子色散曲线和实验数据的对比。图 7.14(a)和(b)分别是立方闪锌矿极性半导体 GaAs 和六方纤锌矿结构半导体 GaN 的声子色散曲线,并且也给出了实验数据用来对比。

从图 7.12~7.14,我们可以看出计算得到的色散曲线与实验曲线符合得非常好,这表明计算的精确度相当高。此外,从图 7.12~7.14 我们可以发现声子色散曲线有如下特点:

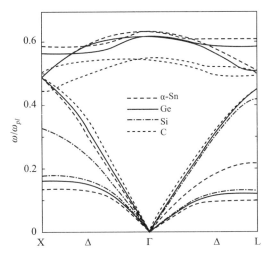

图 7.12 用绝热键电荷模型(ABCM)计算得到的 Si、金刚石、Ge 和 α-Sn 的理论声子色散曲线。转载自 W. Weber, Adiabatic bond charge model for the phonons in diamond, Si, Ge, and α-Sn, Phys. Rev. B, **15**, 4789—4804 (1977)

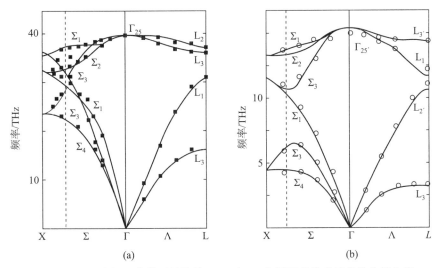

图 7.13 用绝热键电荷模型计算的(a)Si 和(b)金刚石理论声子色散曲线和实验数据的对比,圆圈是实验数据点[17]。转载自 W. Weber, Adiabatic bond charge model for the phonons in diamond, Si, Ge, and α-Sn, Phys. Rev. B, **15**, 4789—4804 (1977)

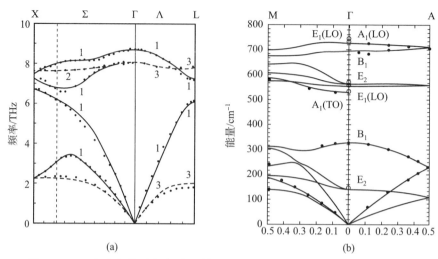

图 7.14 (a)立方闪锌矿极性半导体 GaAs 通过计算得到的声子色散曲线。转载自 D. Strauch and B. Dordor, Phonon dispersion in GaAs, J. Phys. Cond. Mater, **2**, 1457—1474 (1990);(b)六方纤锌矿结构半导体 GaN 通过计算得到的声子色散曲线。转载自 T. Ruf, J. Serrano, M. Cardona, et al., Phonon Dispersion Curves in Wurtzite-Structure GaN Determined by Inelastic X-Ray Scattering, Phys. Rev. Lett., **86**, 906—909 (2001)。实心圆圈是实验数据点[23, 24]。

(1)立方结构的 Si、金刚石和 GaAs 的声子色散曲线很相似,但是,它们与六方对称的 GaN 在声子模的数量和特性方面都有很大差异。

(2)在布里渊区中心,有同样立方晶体结构的 Si 和 GaAs 的纵光学声子和横光学声子分别是简并和非简并的。这是由于 GaAs 是离子晶体,而 Si 不是。但是,Si 和 GaAs 的两个横声学支都是简并的,这是由于这两个横向振动在立方对称的晶体中是不可区分的。从以上讨论中我们可以推断,如果立方对称性被破坏,就会发生简并的解除。

(3)所有的色散曲线都表明,声学声子在 $q=0$, $\omega \to 0$ 和接近 $q=0$ 的区域的色散曲线都接近线性。这证明了在 7.1.3 小节中提到的声学声子的弹性特征。

(4)除此以外,我们还发现纵声学声子(LA)的能量比横声学声子(TA)的高,意味着 TA 是剪切形变声学波而 LA 是纵压缩声学波,这是因为剪切形变的能量变化比纵压缩的小,从而导致 TA 的能量比 LA 的低。

(5)横光学声子的能量低于纵光学声子,与§7.1中所说的相符。

## §7.3 晶格动力学的宏观模型

### 7.3.1 连续弹性模型[25]

声学振动会导致晶体中的宏观应变,它的波长远长于晶格常数,因此晶体可以被当作弹性介质处理。

弹性介质中的宏观应变可以用应变张量 $e_\rho$ 描述,$e_\rho$ 有 6 个相互独立的变量。位移矢量 $\boldsymbol{u}$ 和应变张量 $e_\rho$ 的关系可以表示为

$$e_\rho = \begin{cases} \partial u_\alpha/\partial x_\alpha, \\ \partial u_\alpha/\partial x_\beta + \partial u_\beta/\partial x_\alpha, \end{cases} \quad \alpha,\beta = x,y,z \quad (7.62)$$

其中下标 $\rho = 1,2,3,4,5,6$。$\rho$ 和张量指数 $(\alpha,\beta)$ 的对应关系如下:

| $\rho$ | 1 | 2 | 3 | 4 | 5 | 6 |
|---|---|---|---|---|---|---|
| $(\alpha,\beta)$ | $xx$ | $yy$ | $zz$ | $zy(yz)$ | $xz(zx)$ | $xy(yx)$ |

应力张量感生的应变 $\sigma$ 是一个二阶张量,$\sigma$ 的简化表达式为

$$\sigma_i = \sum_j C_{ij} e_j \quad (7.63)$$

其中弹性模量 $C_{ij}$ 是一个有 36 个分量的四阶张量,对于立方对称性晶体,只有 3 个独立的变量 $C_{11}, C_{12}, C_{44}$,方程(7.63)可以表示为

$$\begin{aligned} \sigma_1 &= C_{11} e_1 + C_{12}(e_2 + e_3) \\ \sigma_2 &= C_{11} e_2 + C_{12}(e_1 + e_3) \\ \sigma_3 &= C_{11} e_3 + C_{12}(e_1 + e_2) \\ \sigma_4 &= C_{44} e_4 \\ \sigma_5 &= C_{44} e_5 \\ \sigma_6 &= C_{44} e_6 \end{aligned} \quad (7.64)$$

现在,我们考虑在晶体中一个比较小的体积施加一个沿 $z$ 方向的力,依据牛顿定律,可以得到沿 $z$ 方向的运动方程为

$$\rho \frac{\partial^2 u_z}{\partial t^2} = F_z = \frac{\partial \sigma_3}{\partial z} + \frac{\partial \sigma_4}{\partial y} + \frac{\partial \sigma_5}{\partial x} \quad (7.65)$$

其中 $u_z$ 是位移,$\rho$ 是质量密度,$\sigma_3 = \sigma_{zz}, \sigma_4 = \sigma_{yz}, \sigma_5 = \sigma_{xz}$,$\sigma_{ij}$ 代表单位面积内垂直于 $i$ 轴的平面中,沿 $j$ 方向的力。把方程(7.62)和(7.63)代入方程(7.65),得到下列方程:

$$\rho \frac{\partial^2 u_z}{\partial t^2} = C_{44} \left( \frac{\partial^2 u_x}{\partial x^2} + \frac{\partial^2 u_y}{\partial y^2} + \frac{\partial^2 u_z}{\partial z^2} \right) + (C_{12} + C_{44}) \frac{\partial}{\partial z} \left( \frac{\partial u_x}{\partial x} + \frac{\partial u_y}{\partial y} + \frac{\partial u_z}{\partial z} \right)$$
$$+ (C_{11} - C_{12} - 2C_{44}) \frac{\partial^2 u_z}{\partial z^2} \tag{7.66}$$

用坐标 $x,y,z$ 取代,可以得到沿 $x,y$ 方向的运动方程。

对于晶体中的声学振动,可以用平面波来描述,也就是

$$u(r,t) = u e^{-iq \cdot r - i\omega t} \tag{7.67}$$

其中 $u$ 是振幅,它是一个常数矢量,$q$ 是波矢,$\omega$ 是振动的角频率。假设 $q$ 沿 $z$ 方向,即声学波沿 $z$ 方向传播,把方程(7.67)代入运动方程(7.66),可以得到以下 3 个方程:

$$\begin{aligned} -\omega^2 \rho u_z &= -C_{11} q^2 u_z \\ -\omega^2 \rho u_x &= -C_{44} q^2 u_x \\ -\omega^2 \rho u_y &= -C_{44} q^2 u_y \end{aligned} \tag{7.68}$$

其中 $q$ 是 $q$ 的幅度。从方程(7.68)可以看到,3 个方程相互独立。第一个方程对应于纵波,它的振动方向和传播方向相同。第二和第三个方程对应于横波,它的振动方向与传播方向垂直。从方程(7.68)可以得到其频率和波矢的关系如下:

$$\omega = \sqrt{C_{11}/\rho}\, q \tag{7.69a}$$
$$\omega = \sqrt{C_{44}/\rho}\, q \tag{7.69b}$$

从以上方程可以看到,声波频率与波矢成正比,它们的比例系数通常称为声速。但是对于纵波和横波来说,声速是不同的。

应该注意的是,仅当 $q$ 很小,即波长相对长时,公式(7.69)才是有效的。当 $q$ 接近布里渊区的边界($q \approx \pi/a$)时,公式(7.69)不再成立。这时波长已经等于晶格常数,连续介质假设不再有效。晶格动力学的严格计算表明,当 $q$ 接近布里渊区边界时,$\omega$ 不再线性增加,而是变得非常缓慢。

从 $q$ 与 $\omega$ 的关系可以看到,弹性连续介质模型与一维双原子链模型的结果相同。这意味着对于长波长的声学声子,弹性连续介质模型是一个合理的近似。

### 7.3.2 介电连续模型——黄方程

上述晶格动力学计算中的原子都是电中性的,它等价于非极性半导体。但是,自然界中只有 4 种非极性半导体,Si、Ge、灰 Sn 和金刚石。其余的都是极性半导体,它们由带电强或弱的带电离子组成,是离子晶体的一部分。

在 7.1.3 小节中讨论一维双原子线性链时,我们指出,对于两个反相振

动的原子,如果这两个原子在晶体中是正的和负的离子,就会产生极化和宏观电磁场,这一点在离子晶体的振动中必须考虑进去。

#### 7.3.2.1 黄方程[2,3]

作为一个例子,我们采用一个原胞仅包含一对质量分别为 $M_+$ 和 $M_-$ 离子的立方晶体,来讨论离子在晶体中的光学振动(反相振动)。在一个宏观小区域,类似于对弹性运动用单位体积的有效惯性质量-密度的描述,黄昆对光学型运动引入了一个宏观量 $W$,$W$ 定义为

$$W = \left(\frac{\mu}{\Omega}\right)^{\frac{1}{2}} (u_+ - u_-) \tag{7.70}$$

其中 $\mu$ 为约化质量,定义为 $\frac{1}{\mu} = \frac{1}{M_+} + \frac{1}{M_-}$,$\Omega$ 是原胞的体积,$u_+$ 和 $u_-$ 分别是正负离子的位移。然后,黄昆建立了一个离子晶体的运动方程,后来被称为"黄方程",即

$$\ddot{W} = b_{11} W + b_{12} E \tag{7.71}$$

$$P = b_{21} W + b_{22} E \tag{7.72}$$

其中 $P$ 是宏观极化率,$E$ 是宏观电场强度,系数 $b_{ij}(i, j = 1, 2)$ 并不相互独立,例如,动力学系数的对称性要求 $b_{12} = b_{21}$。第一个方程是离子相对运动的动力学方程,第二个方程考虑了正负离子相对运动引起的极化和附加的宏观电极化。在下面,我们将依据黄方程讨论离子晶体的极化问题。

- 静电场

在静电场中,正负离子会出现相对位移 $W$,导致方程(7.71)中 $\ddot{W}$ 变成 $0$,则 $W = -\frac{b_{12}}{b_{11}} E$。代入式(7.72),我们有

$$P = (b_{22} - b_{12}^2 / b_{11}) E \tag{7.73}$$

依照静电场理论,

$$P = (\varepsilon - \varepsilon_0) E \tag{7.74}$$

其中 $\varepsilon$ 是介电常数,$\varepsilon_0$ 是真空介电常数,于是,我们有

$$\varepsilon - \varepsilon_0 = b_{22} - b_{12}^2 / b_{11} \tag{7.75}$$

- 高频电场

当电场频率远高于晶格振动频率时,晶格位移跟不上电场的变化,这时 $W = 0$,于是,从方程(7.72)我们得到

$$P = b_{22} E \tag{7.76}$$

依据方程(7.74),可以得到

$$\varepsilon_\infty - \varepsilon_0 = b_{22} \tag{7.77}$$

其中 $\varepsilon_\infty$ 是高频介电常数。把以上方程代入方程(7.74),我们得到

$$\varepsilon - \varepsilon_\infty = -b_{12}^2/b_{11} \tag{7.78}$$

和

$$\begin{aligned} -b_{11} &= \omega_0^2 \\ b_{12} &= b_{21} = (\varepsilon - \varepsilon_\infty)^{\frac{1}{2}} \omega_0 \\ b_{22} &= \varepsilon_\infty - \varepsilon_0 \end{aligned} \tag{7.79}$$

在以上方程中,$\omega_0$ 是横向长光学波的频率。

- 离子极化模型[4]

离子晶体中的晶格振动也可以从原子极化的微观观点来研究。与以上讨论类似,我们仍然用立方晶体作为例子,它的原胞仅包含一个正负离子对。从正负离子对的极化,不仅可以导出黄方程,还可以得到黄方程的 4 个系数 $b_{ij}$,这些系数分别为

$$b_{11} = -\frac{f}{M} + \frac{(q^*)^2}{3\varepsilon_0 \Omega \mu} \Big/ \Big(1 - \frac{\alpha_+ + \alpha_-}{3\varepsilon_0 \Omega}\Big) \tag{7.80}$$

$$b_{12} = b_{21} = \frac{q^*}{(\mu \Omega)^{\frac{1}{2}}} \Big/ \Big(1 - \frac{\alpha_+ + \alpha_-}{3\varepsilon_0 \Omega}\Big) \tag{7.81}$$

$$b_{22} = \frac{\alpha_+ + \alpha_-}{\Omega} \Big/ \Big(1 - \frac{\alpha_+ + \alpha_-}{3\varepsilon_0 \Omega}\Big) \tag{7.82}$$

其中 $f$ 是正负离子的常数,$q^*$ 是离子的有效电荷,$\alpha_+$ 和 $\alpha_-$ 分别是正负离子的极化率。

黄方程是包含力学相互作用和电磁相互作用的运动方程,基于这个方程,我们不仅可以得到声波振动的解,还可以得到光波振动的解。但是,要使黄方程在所有晶体中适用,位移要独立于原胞,这意味着方程仅描述了在长波极限情况下的晶格振动,这使得黄方程主要应用在波矢 $q \approx 0$ 的长波光学声子计算方面。

- 离子晶体中的长光学波色散关系[3]

在下面,我们用立方晶体作为例子,用黄方程去计算长光学波。因为在立方晶体中有两种长光学波,即横的和纵的光学波,所以我们用 $W_T$ 和 $W_L$ 分别代表横波和纵波的 $W$,由于横波和纵波的不同性质,它们满足以下关系:

$$\nabla \cdot \boldsymbol{W}_T = 0 \tag{7.83a}$$

$$\nabla \cdot \boldsymbol{W}_L \neq 0 \tag{7.83b}$$

$$\nabla \times \boldsymbol{W}_L = \boldsymbol{0} \tag{7.83c}$$

$$\nabla \times \boldsymbol{W}_T \neq \boldsymbol{0} \tag{7.83d}$$

电场满足以下的静电场方程:

$$\nabla \cdot \boldsymbol{D} = \nabla \cdot (\varepsilon_0 \boldsymbol{E} + \boldsymbol{P}) = 0 \tag{7.84a}$$

$$\nabla \times \boldsymbol{E} = 0 \tag{7.84b}$$

采用方程(7.72)中的 $\boldsymbol{P}$ 值而不是方程(7.84a)中的值,我们有

$$\nabla \cdot (\varepsilon_0 \boldsymbol{E} + b_{21} \boldsymbol{W} + b_{22} \boldsymbol{E}) = 0 \tag{7.85}$$

于是

$$\nabla \cdot \boldsymbol{E} = \frac{-b_{21}}{\varepsilon_0 + b_{22}} \nabla \cdot \boldsymbol{W} \tag{7.86}$$

由于 $\boldsymbol{W} = \boldsymbol{W}_L + \boldsymbol{W}_T$ 和 $\nabla \cdot \boldsymbol{W}_T = 0, \nabla \times \boldsymbol{W}_L = \boldsymbol{0}$,我们得到

$$\nabla \cdot \boldsymbol{E} = \frac{-b_{21}}{\varepsilon_0 + b_{22}} \nabla \cdot \boldsymbol{W}_L \tag{7.87}$$

所以,一个明显的解是

$$\boldsymbol{E} = \frac{-b_{21}}{\varepsilon_0 + b_{22}} \boldsymbol{W}_L \tag{7.88}$$

这个解是唯一的,因为 $\boldsymbol{E}$ 必须是无旋的,将上面的 $\boldsymbol{E}$ 代入方程(7.71),我们得到

$$\ddot{\boldsymbol{W}}_T + \ddot{\boldsymbol{W}}_L = \left( b_{11} - \frac{-b_{12}^2}{\varepsilon_0 + b_{22}} \right) \boldsymbol{W}_L + b_{11} \boldsymbol{W}_T \tag{7.89}$$

由于矢量方程无散和无旋部分的分解是唯一的,我们可以使方程两边的无散和无旋部分相等,于是无散部分是

$$\frac{d^2 \boldsymbol{W}_T}{dt^2} = b_{11} \boldsymbol{W}_T \tag{7.90}$$

按照方程(7.79)的第一个公式,它们是

$$\omega_{TO}^2 = \omega_0^2 \tag{7.91}$$

无旋部分是

$$\frac{d^2 \boldsymbol{W}_C}{dt^2} = \left( b_{11} - \frac{b_{12}^2}{\varepsilon_0 + b_{22}} \right) \boldsymbol{W}_T = \omega_{LO}^2 \boldsymbol{W}_L \tag{7.92}$$

和

$$\frac{d^2 \boldsymbol{W}_L}{dt^2} = -\frac{\varepsilon}{\varepsilon_\infty} \omega_0^2 \boldsymbol{W}_L \tag{7.93}$$

于是,

$$\frac{\omega_{LO}}{\omega_{TO}} = \left( \frac{\varepsilon}{\varepsilon_\infty} \right)^{\frac{1}{2}} \tag{7.94}$$

以上方程称作 LST(Lyddano-Sachs-Teller)关系。

- 纵波的色散关系

LST 关系是纵波的色散关系,它表明:

纵波频率 $\omega_{LO}$ 独立于波矢 $\boldsymbol{q}$,并且是常数。这意味着纵波的色散关系是

一条水平直线,如图 7.15 所示。这是因为纵偏振电场是一个无旋场,近似于静电场,这导致电磁波与纵极化晶格振动模之间没有耦合,于是纵波仍然保持其机械振动的性质。

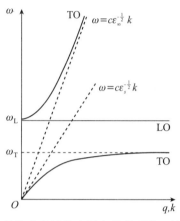

图 7.15 双离子立方晶体中的极化声子色散关系[4]。转载自张树霖著《拉曼光谱学与低维纳米半导体》,科学出版社,2008

静电的介电常数 $\varepsilon$ 通常大于高频静电常数 $\varepsilon_\infty$,于是,从 LST 关系,我们可以发现长光学纵波的频率 $\omega_{LO}$ 总是大于长光学横波的频率 $\omega_{TO}$。这是由于离子晶体中长光学波感生的偏振电场加强了纵波的弹力,从而导致纵波的能量(频率)增加。极化电场的数量级明显与正负离子的有效电荷有关系,也就是有效电荷越大,$\omega_{LO}$ 和 $\omega_{TO}$ 的差异就越大。所以,我们可以用 $(\omega_{LO}^2 - \omega_{TO}^2)$ 去估算离子电荷 $q^*$,进而,我们可以推测非极性半导体,例如金刚石和 Si,由于它们的 $q^* = 0$,$\omega_{LO}$ 和 $\omega_{TO}$ 应该是简并的,这就解释了图 7.13 的结果。

- 横波的色散关系

结合方程(7.83)和横波方程

$$\boldsymbol{E}_T = [\omega^2/\varepsilon_0 (q^2 - c^2 - \omega^2)]\boldsymbol{P} \tag{7.95}$$

我们可以得到介电常数 $\varepsilon = q^2 c^2/\omega^2$,由于

$$\varepsilon = \varepsilon_\infty + (\varepsilon - \varepsilon_\infty)/[1 - (\omega/\omega_T)^2]$$

于是我们可以得到横波的色散关系

$$q^2 c^2/\omega^2 = \varepsilon_\infty + (\varepsilon - \varepsilon_\infty)/[1 - (\omega/\omega_T)^2] \tag{7.96}$$

从以上方程可以看到,横波的频率与波矢 $\boldsymbol{q}$ 有关联,但是与波矢的方向无关。对每个允许的波矢 $\boldsymbol{q}$,方程(7.96)却有两个解,例如,当 $q=0$ 时,方程(7.96)有 $\omega=0$ 和 $\omega=\omega_L$ 两个解。在图 7.15 中,我们用两条实线表示横光学(TO)模的色散曲线,较高和较低的频率分别称为高频和低频支。它们是双

重简并的,所以对于每一个波矢 $q$ 都有 4 个横振动模,其中两个来自横机械振动,另外两个来自横电磁场振动。如果横机械振动与横电磁场振动没有耦合,那么机械振动的频率是 $\omega_T$,不随波矢变化,如图 7.15 中的虚线所示,并且仅是黄方程在没有考虑电场 $E$ 时的解。横电磁振动的频率是 $\omega = c\varepsilon_\infty^{-1/2} k$,它是一条斜率为 $\nu = c\varepsilon^{1/2}$ 地穿过原点的直线,如图 7.15 中的虚线所示,且仅是没有考虑离子振动的方程(7.72)的解。但是,极性晶格振动的横波可以与横偏振的电磁波耦合,导致两条色散曲线(如图 7.15 中两条虚线所示)变成图 7.15 中两条双曲线表示的色散曲线。

#### 7.3.2.2 电磁偶子——极化激元

存在一个起源于弹性波与电磁波耦合的振动模,称为极化激元。极化激元不是纯的晶格振动,而是具有机械和电磁振动双重性质。图 7.15 表明,当波矢小时,低频支明显具有电磁性质,而高频支具有机械性质。相反,当波矢大时,高频支有明显的电磁性质,而低频支的电磁性质几乎消失且仅呈现机械性质。目前,横极化晶格振动的频率 $\omega_T$ 与固有振动频率 $\omega_0$ 相等。

1965 年,黄昆预测的极化激元在 GaP 材料中被证实[26]。

## §7.4 非晶物质的晶格动力学[3]

在这一章的开头我们指出,非晶体系是长程无序、短程有序的,于是,体系没有平移对称性,动量 $q$ 不再是个好量子数。在这种情况下,格波的原理不再有效。但是本征振动序列依然存在,能量依然是量子化的。因此,我们仍然可以保留"声子"的概念,声子在此情况下能量只是量子化的,而没有"准动量"。所以,在非晶固体中,声子频率的色散关系 $\omega(q)$ 不再存在,但是,声子数量随频率的分布(即声子的态密度 PDOS)仍然存在。声子态密度 $g(\omega)$ 定义为单位体积和单位频率间隔内的声子数量

$$g(\omega) = \frac{dN}{d\omega} \tag{7.97}$$

其中 $N$ 是单位体积内的声子数量。在大多数情况下,非晶固体的声子态密度与对应晶体的声子色散曲线 $\omega(q)$[27] 有关联,并表示如下:

$$g(\omega) = \sum_i \oiint_S \frac{1}{|\nabla_q \omega_i(q)|} \frac{dS}{8\pi^3} \tag{7.98}$$

其中 $i = 1, 2, \cdots, 3s$,$s$ 是原胞中原子的数目,因此,振动模的数量为 $3s$,积分面积是 $\omega \equiv \omega(q)$ 在第一布里渊区的曲面。

声子态密度 $g(\omega)$ 可以由晶格动力学计算得到。图 7.16(a)给出了用

唯象模型计算的非晶 Si 的声子态密度[19]，而图 7.16(b)是根据第一性原理计算得到的晶体 Si(虚线)和非晶 Si(实线)的声子态密度。

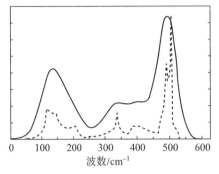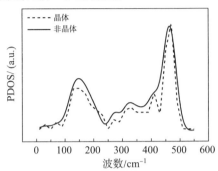

图 7.16 (a)用唯象模型计算非晶 Si 的声子态密度[19]；转载自 J. E. Smith, Jr., M. H. Brodsky, B. L. Crowder, et al., Raman Spectra of Amorphous Si and Related Tetrahedrally Bonded Semiconductors, Phys. Rev. Lett., **26**, 642—646 (1971)。(b)第一性原理计算得到的晶体 Si(虚线)和非晶 Si(实线)的声子态密度(高斯卷积因子 $2cm^{-1}$)

从图 7.16(b)我们可以看到，晶体和非晶体的声子态密度区别不太大，这是由于在计算晶体时仅考虑临近原子的相互作用，这一点与非晶固体的计算方法类似，所以二者之间没有很大的区别。

## §7.5 固体的拉曼散射理论

在这一节，为了揭示拉曼散射的基本特征，我们将集中讨论固体中单声子非共振拉曼散射。这里讨论的固态物质被限制在非导、非磁和非吸收的固体。进而，讨论固体中的元激发主要指声子。如果读者对其他物质的拉曼散射有兴趣，可以阅读参考文献[28,29]。

### 7.5.1 引言

#### 7.5.1.1 出现拉曼散射的基本条件

- 介质中的原子中存在空间和时间涨落

如果原子在固体中是固定的而不能在空间运动，这种原子光散射的强度可以通过求和每一个原子的散射光得到。对于一个原子和分子周期排列的完美晶体，入射光的波长远比晶体中原子之间的距离长，从原子和分子的散射光变成干涉次波。基于光的干涉原理[30,31]，这些次级波叠加的结果导致没有光出现在偏离入射光的方向上，即出现所谓的相消干涉。这意味着没有光出现在除入射光以外的方向,即没有出现散射光现象。当然,相干的次波也产生相长干涉,可是,相长干涉的效果仅在于减小光速。但是如果我们考虑原子和分子随时间在它们的平衡位置附近运动,以上的相消干涉就不会出现,而会出现光散射现象。

根据以上讨论,对固体(更广泛一些说,对凝聚态物质)来说,如果我们忽略了原子和分子在时间和空间的涨落,就没有光散射现象,这就意味涨落是光散射的本质根源。

- 声子和光之间能量、波矢和偏振的匹配

原子和分子随时间和空间的涨落可以用格波(声子)表示,于是,光散射是声子和光相互作用感生的。然而,众所周知,只有在声子和光(光子)之间满足能量(频率)、波矢和偏振的匹配条件时,相互作用才能出现。

为了说明匹配条件,我们给出声子和光的色散曲线,如图 7.17 所示。我们可以看到当光的波矢很小时,光的色散曲线非常接近垂直坐标轴。在图 7.17 中,光和声子之间的相互作用反映在声子和光的色散曲线出现交叉。所以,我们直观地从图 7.17 看不到声学声子的色散曲线出现这个交叉,意味着在固体中声学声子是非拉曼活性的,而对于光学声子来说,只有波矢 $q \approx 0$ 的长波声子与光有相互作用,即是拉曼活性的。

声子的频率通常大约是 $10^{12} \sim 10^{14}$ Hz,从能量的角度看,只有远红外光和太赫兹波可以和声子相互作用。所以,正如在第二章提到的,声子的拉曼散射必须有媒介,即电子的帮助。结果,声子的拉曼散射包含两个系统的相互作用:一个是固体中包括激子的多体效应等的电子能带系统,另外一个是包括色散和非谐相互作用的声子系统。

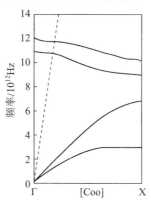

图 7.17 声子(实线)和光(点线)的色散曲线。上面两支和下面两支分别是声学支和光学支

### 7.5.1.2 晶体的对称性和拉曼散射

众所周知,对称性是晶体的重要性质,除了前面讲过的平移对称性,还有转动和反演对称性。应用对称性可以极大地减少晶体中拉曼散射理论和实验的复杂性。

在本书上册第二章的 2.2.4 小节和 2.7.4 小节中,我们证明了对于振动模 $k$,用经典理论导数 $\alpha'_k(k)$ 以及量子理论的跃迁矩阵元 $[\alpha_{ij}]_{nk}$ ($i,j = x, y, z$;$n, k$ 分别是终态和初态的量子态)是零或者非零来判断拉曼活性和振动模的拉曼选择定则。$\alpha'_k(k)$ 和 $[\alpha_{ij}]_{nk}$ 称为"拉曼张量"。

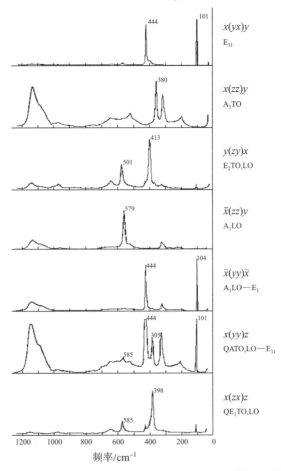

图 7.18 观察到的 ZnO 晶体不同几何构型的偏振拉曼谱[32]。转载自 T. C. Damen, S. P. S. Porto, and B. Tell, Raman Effect in Zinc Oxide, Phys. Rev., **142**,570—574(1966)

在 2.2.4 小节和 2.7.4 小节中,我们也讨论了由晶体对称性决定的拉曼张量是否为零的问题。所以,具有相同对称性的晶体拉曼振动模必须有相同数量和对称性,拉曼张量的特殊形式必须在拉曼实验中对应一个特殊的偏振选择定则。这意味着如果晶体的空间取向在实验中固定,不同对称性的拉曼光谱可以用拉曼实验中不同的几何构型来探测。

为了拉曼张量容易应用,我们结合它们的对称性贡献,计算了拉曼张量,一些拉曼张量的应用例子见附录Ⅲ。此外,作为例子,图 7.18 是一些 ZnO 晶体不同几何构型的偏振拉曼谱。

由于简正坐标可以是晶体对称群不可约表示的基矢,所以,在拉曼散射理论中,在用简正坐标写出相互作用的形式和拉曼散射的动力学矩阵以后,我们就可以进行振动模的对称性分析,然后得到振动模的对称性分类。因此我们可以知道它们的拉曼活性和偏振选择定则等,这样,拉曼散射理论和实验上的复杂性大为简化。

本书将不特别叙述晶格振动对称群的基本原理及其分析应用。如果读者对这方面有兴趣,可以阅读参考文献[4]。在 20 世纪 80 年代,人们就已经开始用计算机软件进行晶格振动模的群对称性分析。

### 7.5.2 固体拉曼散射的微观量子力学描述[33]

在这一节,我们将用图 7.19(a)给出的拉曼散射过程去介绍拉曼散射简单的量子力学理论。在散射过程中,具有频率 $\omega_i$、偏振 $\varepsilon_i$ 和波矢 $k_i$ 的入射光子将会转变成具有频率 $\omega_f$、偏振 $\varepsilon_f$ 和波矢 $k_f$ 的散射声子,同时,产生一个具有频率 $\omega_q$、偏振 $\varepsilon_q$ 和波矢 $q = k_f - k_i$ 的声子。

本书上册第二章中方程(2.21)证明了量子理论中拉曼微分散射截面为

$$\frac{d^2\sigma}{dE_f d\Omega} = \frac{mk_f}{\hbar^2 j_{0z}} N(k_s) \sum_{n_i, n_f} P_{n_i} R(n_i, k_i; n_f, k_f; t) \quad (7.99)$$

图 7.19 (a)晶体中的拉曼散射过程;(b)散射过程(a)中 6 个可能的相互作用的重要贡献。转载自 R. M. Martin, Theory of the One-Phonon Resonance Raman Effect, Phys. Rev. B, **4**, 3676—3685 (1971)

方程(7.99)可以简化为

$$\frac{\mathrm{d}^2\sigma}{\mathrm{d}E_f \mathrm{d}\Omega} \propto \sum_{n_i,n_f} P_{n_i} R(n_i,\boldsymbol{k}_i;n_f,\boldsymbol{k}_f;t) \tag{7.100}$$

在方程(7.100)中，$P_{n_i}$ 是具有与入射粒子本征能量相等能量的靶粒子的概率，$R(n_i,\boldsymbol{k}_i;n_f,\boldsymbol{k}_f;t)$ 代表单位时间内局域在具有本征能量 $E_i$ 和动量 $\hbar\boldsymbol{k}_i$ 本征态的入射粒子 $n_i$ 转变成本征能量为 $E_f$ 和动量为 $\hbar\boldsymbol{k}_f$ 的散射粒子 $n_f$ 的概率。

本书上册第二章方程(2.65)给出了从态 $\varphi_i(\boldsymbol{r})$ 到 $\varphi_f(\boldsymbol{r})$ 的转变概率：

$$R_{if}(t) = \frac{1}{\hbar^2}\left|\int_0^t \exp(\mathrm{i}\omega_{if}t)H'_{if}\mathrm{d}t\right|^2 \tag{7.101}$$

这里矩阵元

$$H'_{if}(t) = \langle \varphi_i(\boldsymbol{r})|H'(t)|\varphi_f(\boldsymbol{r})\rangle \tag{7.102}$$

很明显，在方程(7.100)中 $R_{if}(t)$ 是 $P_{n_i}R(n_i,\boldsymbol{k}_i;n_f,\boldsymbol{k}_f;t)$。在声子拉曼散射中，方程(7.100)等价于微扰理论中的散射矩阵元 $W_{fi}$，其中声子从初始态 $i$ 转变为终态 $f$，并同时产生一个特定的声子。$W_{fi}$ 是直接声子-声子与间接声子-电子-声子相互作用之和。对于可见光的拉曼散射，由于入射光的频率 $\omega_i \gg$ 声子频率 $\omega_q$，光子和声子不能直接耦合，于是，第一项可以忽略。所以，通过声子-电子-声子相互作用得到光散射，它对最低级 $W_{fi}$ 的贡献是

$$W_{fi} = \sum_{\lambda_1\lambda_2} \frac{\langle 0;s,1|H'|\lambda_1\rangle\langle\lambda_2|H'|\lambda_1\rangle\langle\lambda_1|H'|0;i,0\rangle}{(E_{\lambda_2}-E_{0,i})(E_{\lambda_1}-E_{0,i})} \tag{7.103}$$

其中 $\langle 0;i,0|$ 表示有一个光子在 $i$ 态，且没有声子存在的电子基态，其余的以此类推。对 $\lambda_1$ 和 $\lambda_2$ 的求和会遍及所有可能的中间态。总微扰 $H'$ 是光子-声子相互作用 $H_R$ 和电子-声子相互作用 $H_L$ 的和，

$$H' = H_R + H_L \tag{7.104}$$

这里 $H_R$ 可以特别地表示为

$$H_R = \sum_\mu \left(-\frac{e}{m}\right)\left(\frac{2\pi\hbar}{Vn^2\omega_\mu}\right)^{1/2} \varepsilon_\mu \cdot \boldsymbol{p} \mathrm{e}^{\mathrm{i}\boldsymbol{k}_\mu\cdot\boldsymbol{r}} a_\mu + \mathrm{c.c.} \tag{7.105}$$

其中 $a_\mu$ 是声子在 $\mu$ 态的消灭算符。$H_L$ 可以写作电子算符的形式

$$H_L = V^{-1}\sum_\nu \theta^\nu(\boldsymbol{r})\mathrm{e}^{\mathrm{i}\boldsymbol{q}_\mu\cdot\boldsymbol{r}}b_\nu + \mathrm{c.c.} \tag{7.106}$$

这里 $\nu$ 代表所有声子模和波矢的求和，$\theta^\nu(\boldsymbol{r})$ 是相互作用势，也可以是形变势和弗罗利希势等。$H_R$ 和 $H_L$ 有 6 个可能对 $W_{fi}$ 有贡献的构型。这里我们仅考虑图 7.19(b)中给出的一个。

在绝热近似中，波函数的电子部分可以写为

$$|\lambda,k\rangle = \sum_{c,v,k}\Phi_{k,cv}(k)|\lambda,k\rangle = \sum U_{\lambda k,cv}(k)\Phi_{k,cv}(k) \quad (7.107)$$

其中 $\Phi_{k,cv}(k)$ 是价带中布洛赫态的反对称波函数，$U$ 是电子和空穴激子的关联函数。把方程(7.105)、(7.106)和(7.107)代入(7.103)，可以得到拉曼散射的微分散射截面，即声子的主要拉曼谱。可以用第一性原理来严格计算微分散射截面，但是，即使在计算机技术非常发达的今天，这样的计算对于体物质来说由于计算量太大仍然是不可能的，在很多情况下都要以宏观模型来计算，因此我们在下面将要介绍一些拉曼谱的宏观模型。

### 7.5.3 拉曼散射的介电涨落关联模型

#### 7.5.3.1 宏观极化和介电张量

由大量原子和分子构成的凝聚态物质可以用宏观量描述。在本书上册第二章的2.2.3小节中，我们已经描述了宏观极化。在2.2.2小节中，当用经典理论讨论单原子的光散射时，我们指出，外电场 E 通过原子的极化 $\alpha$ 而决定电偶极矩 $P_i(r,t)$。从宏观极化的公式(2.36)可以看到，宏观极化与原子在凝聚态物质中的位置有关联。如果原子在物质中整齐排列并且不运动，宏观极化 $P(r,t)$ 就与 $r$ 无关联。所以，与原子的极化类似，电场感生的宏观极化 $P$ 可以表示为

$$P = \frac{1}{4\pi}(\varepsilon - 1) \cdot E \quad (7.108)$$

其中 $\varepsilon = \{\varepsilon_{\alpha\beta}\}$ 是介电张量。介电张量 $\varepsilon$ 在可见光频率时是一个常数，并且可以假定在液体和立方晶体中它是一个标量，即 $\varepsilon_{\alpha\beta} = \varepsilon\delta_{\alpha\beta}$。

在常数为 $\varepsilon$ 的介质中，极化的位移影响是改变波长 $\lambda_V$ 和真空光速 $c_0$。在介质中，$\omega = c \cdot k$，其中

$$c = c_0/n \quad (7.109)$$

$$k = 2\pi/\lambda = 2\pi n/\lambda_V \quad (7.110)$$

$c_0$ 是真空光速，$n = \sqrt{\varepsilon}$ 是折射率，$\lambda$ 和 $\lambda_V$ 分别是介质和真空中的光波长。

#### 7.5.3.2 介电张量涨落和它的散射场

如果一个原子以平移或者转动的形式出现一个小振动，即这个原子在空间和时间出现一个涨落，并假设极化和电场之间有瞬时和局域的关系，我们有

$$P(r,t) = \frac{1}{4\pi}(\varepsilon(r,t) - 1)E(r,t) \quad (7.111)$$

于是，介电张量 $\varepsilon(r,t)$ 可以写作

$$\varepsilon(r,t) = \varepsilon_0 + \delta\varepsilon(r,t) \quad (7.112)$$

其中 $\varepsilon_0$ 是无涨落时的介电张量，$\delta\varepsilon(r,t)$ 表示介电张量的涨落，下面我们用麦克斯韦方程组去研究在入射光场 $E_0$ 下，$\delta\varepsilon(r,t)$ 感生的散射场。

由于被研究的材料已经被假设为非磁性的，总的电磁场可以用电场 $E$、电位移矢量 $D$ 和磁场 $B$ 来表示。假设 $E_0$ 和 $B_0$ 分别是入射光的电场和磁场，电位移矢量没有影响时间和空间的涨落，于是，$D_0=E_0+4\pi P_0$。非常明显，电位移矢量 $D_0$ 与原子的运动无关。由于 $E_0,B_0,D_0$ 是没有考虑时间和空间涨落的物理量，它们必须满足麦克斯韦方程组。当然，总的电磁场也要满足麦克斯韦方程组。由于函数是线性的，$E',B',D'$ 在下列方程组也满足麦克斯韦方程组：

$$E=E_0+E'$$
$$D=D_0+D' \tag{7.113}$$
$$B=B_0+B'$$

在方程(7.113)中可以发现，$E'$ 和 $B'$ 是散射场，它们的麦克斯韦方程组是

$$\begin{cases} \nabla\times E'=-\dfrac{1}{c}\dot{B}' \\ \nabla\times B'=\dfrac{1}{c}\dot{D}' \\ \nabla\cdot D'=0 \\ \nabla\cdot B'=0 \end{cases} \tag{7.114}$$

其中

$$\begin{aligned} D'=D-D_0 &= E+4\pi P-E_0-4\pi P_0 \\ &=(E-E_0)+4\pi(P-P_0)=E'+4\pi P' \end{aligned} \tag{7.115}$$

且

$$\begin{aligned} P'=P-P_0 &= \frac{1}{4\pi}(\varepsilon(r,t)-1)E(r,t)-\frac{1}{4\pi}(\varepsilon_0-1)E_0 \\ &=\frac{1}{4\pi}(\varepsilon_0-1)E'+\frac{1}{4\pi}\delta\varepsilon\cdot E_0+\frac{1}{4\pi}\delta\varepsilon\cdot E' \end{aligned} \tag{7.116}$$

由于我们已经假设涨落 $\varepsilon$ 的变化 $\delta\varepsilon$ 非常小，感生的散射场 $E'$ 通常也非常小，方程(7.116)中的第三项可以忽略，于是，我们有

$$P'=\frac{1}{4\pi}(\varepsilon-1)E'+\delta P \tag{7.117}$$

$$\delta P=\frac{1}{4\pi}\delta\varepsilon\cdot E_0 \tag{7.118}$$

所以，

$$D'=E'+4\pi P'=\varepsilon\cdot E'+4\pi\delta P \tag{7.119}$$

# 第七章 固体拉曼散射的理论基础

把 $D'$ 代入麦克斯韦方程组,结合前面3个方程,可以得到 $E'$ 的非齐次的波动方程

$$\Delta E' - \frac{1}{c^2}\ddot{E}' = -4\pi\left(\frac{1}{\varepsilon_0}\nabla(\nabla \delta P) - \frac{1}{c^2}\delta\ddot{P}\right) \tag{7.120}$$

其中 $c = \frac{c_0}{\sqrt{\varepsilon}}$ 是介质中的光速,在方程 $\nabla^2 Z - \frac{1}{c^2}\frac{\partial^2 Z}{\partial t^2} = -4\pi\delta P$ 的解中用赫兹矢量 $Z$,通过解方程(7.120),得到散射场为

$$E'(r,t) \approx \frac{1}{C^2 r} e_r \times \left[e_r \times \int dr^3 \delta\ddot{P}(r', t_{\text{ret}})\right] \tag{7.121}$$

在上述方程中,$t_{\text{ret}}$ 是延迟时间,表示为

$$t_{\text{ret}} = t - \frac{1}{c/n}|r - r'| \approx t - \frac{1}{c/n} + \frac{e_r \cdot r'}{c/n} \tag{7.122}$$

它的物理意义如图7.20所示。

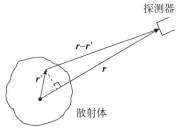

图7.20 探测介电涨落 $dP$ 引起散射场的空间构型示意图。转载自张树霖著《拉曼光谱学与低维纳米半导体》,科学出版社,2008

为了求解上面的散射场,我们省略了非齐次波动方程求解的详细过程,读者若对此有兴趣,可以阅读附录Ⅵ。

从散射场方程(7.121),得到的散射场 $E'$ 实际上仅考虑了电偶极辐射,以及来自极化涨落 $\delta P$ 的散射场,所以,$\delta P$ 可以看作是散射场的来源,它也可以被看作来自 $D'$ 和 $\delta P$ 的关系方程(7.119)。

由于时间涨落 $\delta\varepsilon$ 比入射光频率 $\omega_0$ 低,因此,它可以近似表示为

$$\delta\ddot{P} = \frac{1}{4\pi}\delta\varepsilon \cdot \ddot{E} = -\frac{\omega_0^2}{4\pi}\delta\varepsilon \cdot E \tag{7.123}$$

很明显,散射波的极化 $n'$ 是水平的,即 $n' \cdot e_r = 0$,于是我们得到

$$n' \cdot (e_r \times (e_r \times \delta\varepsilon \cdot n_0)) = n' \cdot (e_r(\delta\varepsilon \cdot n_0)e_r - \delta\varepsilon \cdot n_0)$$
$$= -n' \cdot \delta\varepsilon \cdot n_0 = -\delta\varepsilon_{\alpha\beta} \tag{7.124}$$

对于 $E' = n' \cdot E'$,我们有

$$E'(r,t) = \frac{\omega_0^2 E_0}{4\pi c^2 r}\int dr'^3 \delta\varepsilon(r', t_{\text{ret}}) e^{i(k_0 \cdot r - \omega t_{\text{ret}})} \tag{7.125}$$

### 7.5.3.3 拉曼散射和介电涨落关联函数

- 微分散射截面和介电涨落关联函数

在第二章,依据经典电磁理论,我们已经给出了沿 $z$ 方向的入射电场 $E_0$ 和沿 $n$ 方向的散射场 $E'$ 在 $r$ 处光散射的微分散射截面的方程,表达为

$$\frac{d^2\sigma}{d\Omega dE'} = \frac{r^2}{N\langle E_{0,z}^2\rangle} n\langle |E'(r)|^2\rangle$$

$$= \frac{r^2}{N\langle E_{0,z}^2\rangle} n\langle E^*(r,0)E^*(r,t)\rangle \quad (7.126)$$

在上面方程中,尖括号 $\langle \cdot \rangle$ 表示对时间和空间的平均。把散射场的表达式(7.121)代入上面的方程,并且根据系统在时间和空间的平移不变性,可以得到

$$\langle \delta\varepsilon(r',t')\delta\varepsilon(r'',t'')\rangle = \langle \delta\varepsilon(0,0)\delta\varepsilon(r''-r',t''-t')\rangle \quad (7.127)$$

对于频率为 $\omega'$ 的散射波,引入波矢

$$k' = \frac{e_r\omega'}{c/n} \quad (7.128)$$

与入射波有关的散射波的频率和波矢变化量的表达式为

$$\omega = \omega_0 - \omega' \quad (7.129)$$

$$k = k_0 - k' \quad (7.130)$$

因此我们有

$$\frac{d^2\sigma}{d\Omega d\omega'} = \frac{1}{4\pi^2\rho_0}\left(\frac{\omega_0}{C}\right)^4 \frac{1}{2\pi}\int_{-\infty}^{+\infty}dt\, e^{-i\omega t}\int d\mathbf{r}^3\, e^{i\mathbf{k}\cdot\mathbf{r}}\langle \delta\varepsilon_{\alpha\beta}(\mathbf{0},0)\delta\varepsilon_{\gamma\delta}(\mathbf{r},t)\rangle$$

$$= \frac{1}{4\pi^2\rho_0}\left(\frac{\omega_0}{C}\right)^4 \frac{1}{2\pi}\int_{-\infty}^{+\infty}dt\, e^{-i\omega t}\int d\mathbf{r}^3\, e^{i\mathbf{k}\cdot\mathbf{r}} G_{\alpha,\beta,\gamma,\delta}(\mathbf{r},t) \quad (7.131)$$

在以上表达式中,我们引用了介电涨落关联函数 $G_{\alpha,\beta,\gamma,\delta}(\mathbf{r},t)$ 的定义[1],即

$$G_{\alpha,\beta,\gamma,\delta}(\mathbf{r},t) = \langle \delta\varepsilon_{\alpha\beta}(\mathbf{0},0)\delta\varepsilon_{\gamma\delta}(\mathbf{r},t)\rangle \quad (7.132)$$

其中 $\rho_0 = N/V$ 是散射体的密度。

以上推导可以得到光散射的一个普适结果,这意味着光散射的产生可以依据介电涨落来理解,微分散射截面可以用介电涨落关联函数来表示。

- 介电涨落的空间关联函数

对于晶体的散射,涨落通常来自原子的运动。我们已经指出,原子在固体中的振幅很小,所以是谐振动,振动模可以用简正坐标来描述。把谐振动模引起的光学介电常数调制考虑进去以后,介电张量仍然可以用简正坐标展开,展开只需要取到原子的一级位移。所以,当 $j$ 级振动模的原子位移可以用简正坐标 $Q_j(t)$ 表示时,$\varepsilon_{\alpha\beta}(\mathbf{r},t)$ 涨落的表达有如下式所示的简单形式:

$$\delta\varepsilon_{\alpha\beta}(\boldsymbol{r},t) = \sum_{j=1}^{3N} R_{\alpha\beta}(\boldsymbol{r},t) Q_j(t) \tag{7.133}$$

除了临近原子位移的贡献由于原子的局域对称性而相互抵消之外,诸如反对称性,一级微分 $\partial\varepsilon/\partial Q$ 通常不为零。把方程(7.133)代入方程(7.132),根据不同简正坐标统计独立的原理,我们可以得到

$$G_{\alpha\beta,\gamma\delta}(\boldsymbol{r},t) = \sum_{j=1}^{3N} R_{\alpha\beta,\gamma\delta}(\boldsymbol{r},j) \langle Q_j(0) Q_j(t) \rangle \tag{7.134}$$

其中

$$R_{\alpha\beta,\gamma\delta}(\boldsymbol{r},j) = \left( \frac{\partial\varepsilon_{\alpha\beta}(0)}{\partial Q_j} \frac{\partial\varepsilon_{\gamma\delta}(\boldsymbol{r})}{\partial Q_j} \right) \tag{7.135}$$

这些结果表明,对于每一个粒子,空间和时间的关系是分隔开的,基于谐振子的性质,容易得到

$$\langle Q_j(0) Q_j(t) \rangle = \frac{1}{2\omega_j} \{ n(\omega_j) e^{i\omega_j t} + [1 + n(\omega_j)] e^{-i\omega_j t} \} \tag{7.136}$$

其中

$$n(\omega_j) = \exp(\hbar\omega_j/kT - 1)^{-1} \tag{7.137}$$

是玻色-爱因斯坦分布。

方程(7.136)的时间关联是知道的,因此,当我们讨论拉曼散射的强度时,只需要考虑介电张量的空间关联。所以,介电涨落的空间关联函数 $R(\boldsymbol{r},j)$ 本质上反映了简正模原子位移的空间关联,也就是仅反映正常模的空间关联,$R(\boldsymbol{r},j)$ 关联的区域仅仅是模 $j$ 的关联区域(为了简便,以下将我们仅称其为"关联函数")。方程(7.134)~(7.136)的结果具有普遍意义,可以被用于任何振动拉曼散射中,而不管物质是晶体还是非晶体,唯一的区别是它们扩展的区域有不同的尺度。下面,我们将从关联函数开始讨论晶体和非晶体的拉曼散射谱。

### 7.5.4 晶体和非晶体的拉曼光谱

#### 7.5.4.1 晶体的拉曼谱

由于晶体的晶格周期性和平移不变性,晶格振动与无限区域内的波振动类似。相应地,空间关联函数 $R(\boldsymbol{r},j)$ 和它的坐标 $\boldsymbol{r}$ 具有一个波长为 $\lambda_j = 2\pi/q_j$ 的正弦关系,拉曼散射也遵从动量守恒定律(即声子波矢选择定则)。所以,频率为 $\omega_j$ 的模 $j$ 有一个确定的波矢 $\boldsymbol{q}_j$。实际晶体中有各种各样的缺陷和声子耦合阻尼等,关联函数相关的区域是有限制的,但是与波长相比,这个相关区域仍然是很大的,因此晶体的波矢选择定则仍然是一个有效近似。实际晶体的拉曼谱不是尖锐的,而是展宽了。

#### 7.5.4.2 非晶固体的拉曼谱

正如在本章开始提到的,如图 7.1(b)所示,非晶体中原子的排列没有长程有序,但是,它们仍然在 3~4 个键长范围内有序,即短程有序。例如,在共价晶体中,原子是由具有饱和性和方向性的共价键连接,Si 就是这样一种具有正四面体结构的晶体。在非晶 Si 中,每一个 Si 原子仍然被 4 个 Si 原子包围并在它们之间形成共价键,但键长和键角都有所变化,因此,不再保持正四面体结构,这意味着只有短程有序而无长程无序。非晶 Si 的短程序一般有 3~4 个键长,约 0.12~0.15nm[28]。

由于非晶体中没有长程有序,反映晶体特征的平移对称性丢失了,导致原子的关联区域变小且关联函数变得更局域化,即简正模的相干长度变短。对于拉曼散射,我们假设相干长度仅有光波的十分之一或者更短,振动模演变成局域模,因此不再具有单一波的特征。如果我们用 $\Lambda$ 代表关联区域,振动的本征函数可以表示为

$$\exp(i\boldsymbol{q}\cdot\boldsymbol{r})\exp(-r/\Lambda) \tag{7.138}$$

也就是平面波因子 $\exp(i\boldsymbol{q}\cdot\boldsymbol{r})$ 乘以空间衰变因子 $\exp(-r/\Lambda)$。空间衰变因子 $\exp(-r/\Lambda)$ 在振动本征函数与不同的 $\boldsymbol{q}$ 态混合中扮演重要角色,这表明 $\boldsymbol{q}$ 不再是个好量子数。所以,对第 $j$ 级模,拉曼散射在 $\boldsymbol{q}_j$ 周围呈现一个宽的平顶峰。在 $q\Lambda_j \ll 1$ 的情况下($\Lambda_j$ 是 $j$ 模的关联区域),在 $\Lambda_j$ 区域关联函数的空间傅里叶变换有一个与 $\boldsymbol{q}$ 无关的极限形式

$$\{R_{\alpha\beta,\gamma\delta}(\boldsymbol{r},j)\}_q = A_{\alpha\beta,\gamma\delta}(j)\Lambda_j^3 \tag{7.139}$$

其中 $A_{\alpha\beta,\gamma\delta}(j)$ 称为光耦合张量,它决定介电调制强度的特性,$\Lambda_j^3$ 是模的相干范围的体积。

根据以上讨论,非晶体的光散射关联函数为

$$G_{\alpha\beta,\gamma\delta}(\boldsymbol{q},\omega) = \sum_{j=1}^{3N} A_{\alpha\beta,\gamma\delta}(j)\Lambda_j^3 \cdot (1/2\omega)\{n(\omega_j)\delta(\omega+\omega_j) \\ + [1+n(\omega_j)]\delta(\omega-\omega_j)\} \tag{7.140}$$

在给定的拉曼带,$A(j)\Lambda_j^3$ 是独立于频率的常数,所以,拉曼谱的表达式可以写作

$$I_{\alpha\beta,\gamma\delta}(\omega) = \sum_b C_b^{\alpha\beta,\gamma\delta}(1/\omega)[1+n(\omega)]g_b(\omega) \tag{7.141}$$

其中 $g_b(\omega)$ 是带 b 的态密度,求和遍及所有的带,常数 $g_b(\omega)C_b^{\alpha\beta,\gamma\delta}$ 独立于带 b,$\alpha\beta$,$\gamma\delta$ 代表由入射和散射光的几何构型决定的张量的偏振。从方程(7.141)可以看出,非晶体的拉曼谱由玻色-爱因斯坦因子 $n(\omega)$、$1/\omega$、跃迁概率(依赖于 $C_b^{\alpha\beta,\gamma\delta}$)和振动态密度(VDOS)$g_b(\omega)$ 决定。

第七章　固体拉曼散射的理论基础　　51

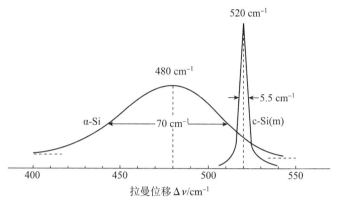

图 7.21　晶体 Si 和非晶 Si 的光学声子拉曼谱[35]。转载自 S. Vepiek，Z. Iqbal，H. R. Oswald and A. P. Webb，Properties of polycrystalline silicon prepared by chemical transport in hydrogen plasma at temperatures between 80 and 4000 C，J. Phys. C：Solid State Phys.，**14**，295—308 (1981)

图 7.21 是 Si 的光学振动模的拉曼谱。晶体 Si 的光学模的拉曼峰在 $520\mathrm{cm}^{-1}$，线宽 $5.5\mathrm{cm}^{-1}$；非晶 Si 的光学膜的拉曼峰在 $480\mathrm{cm}^{-1}$，线宽 $70\mathrm{cm}^{-1}$。这明显地表示了晶体 Si 和非晶 Si 拉曼谱的特性。

### 7.5.5　声子/振动态密度(P/VDOS)和玻色峰

在以上讨论中，非晶态的谱直接依赖于声子/振动态密度（P/VDOS）。在这一节，我们将专门讨论振动态密度（VDOS）。

#### 7.5.5.1　声子/振动态密度(P/VDOS)

我们在 §7.4 中已经介绍了声子态密度（PDOS）的原理，并且给出了它的理论表达式(7.97)。这里将要从一个更宽广的统计力学的视角来讨论这个问题。根据统计力学理论，$N$ 个粒子系统的热力学函数完全由系统的能级决定。我们知道一个由 $N$ 个粒子组成的固体有 $3N$ 个运动自由度。在 7.2.5 小节中我们已经提到，如果引入简正坐标，$3N$ 个运动自由度可以变成 $3N$ 个正则模。做一个简单的扣除后，我们可以得到如下的亥姆霍兹函数[2]：

$$F = U + \frac{1}{2}\sum_i \hbar\omega_i + kT\sum_i \ln(1 - e^{-\hbar\omega_i/kT}) \quad (7.142)$$

这里 $N$ 非常大，可以引入系统的振动态密度（VDOS）$g(\omega)$，$g(\omega)$ 表示为在频率 $\omega \sim \omega + \mathrm{d}\omega$ 范围内的振动模数量。很明显，我们可以建立如下公式：

$$\int_0^\infty g(\omega)\mathrm{d}\omega = 3N \quad (7.143)$$

通过应用 $g(\omega)$，公式(7.143)的求和可以变成积分形式

$$F = U + \frac{1}{2}\int_0^\infty \hbar\omega g(\omega)\mathrm{d}\omega + kT\int_0^\infty \ln(1-\mathrm{e}^{\hbar\omega/kT})g(\omega)\mathrm{d}\omega \quad (7.144)$$

因此可以看出，系统的振动密度函数 $g(\omega)$ 可以完全决定其热力学性质。在晶体中，$g(\omega)$ 可以通过方程(7.98)的色散关系得到。并且至少有 5 种实验方法可以得到振动态密度，它们分别是拉曼散射、比热测量、非弹性中子散射、非弹性 X 射线散射和红外吸收光谱等。

以上结果完全依赖于晶体的周期性结构，所以可以应用到晶体上。在非晶体中，方程(7.98)是无效的，由于在波矢 $q$ 和色散关系之间没有确定的关系。所以，用现有的晶格动力学构架去讨论非晶体的振动态密度是有一些问题的。

#### 7.5.5.2 振动态密度和拉曼散射[36]

在 7.5.3 小节中我们提到，由于非晶体没有周期性，波矢选择定则被破坏，而拉曼散射包括了所有模的贡献，这意味着非晶体的斯托克斯拉曼散射谱由方程(7.141)决定。如果我们假设拉曼耦合函数 $C_b^{\alpha\beta,\gamma\delta}$ 变化平缓，可以被认为是常数，则可以从方程(7.141)定义一个约化拉曼谱 $I_R(\omega)$，表示如下：

$$I_R(\omega) = \frac{I_{\alpha\beta,\gamma\delta}(\omega)}{(1/\omega)[1+n(\omega)]} \quad (7.145)$$

其中 $I_{\alpha\beta,\gamma\delta}(\omega)$ 是观察到的拉曼谱，$(1/\omega)[1+n(\omega)]$ 仅与温度有关，所以，$I_R(\omega)$ 可以由拉曼谱测量得到。于是，依据方程(7.142)，我们有

$$I_R(\omega) \propto g_b(\omega) \quad (7.146)$$

这说明约化拉曼谱反映了振动态密度的基本特性，振动态密度 $g(\omega)$ 在非晶态拉曼谱中扮演重要角色。因此拉曼光谱是研究晶体振动态密度的有力工具。

在方程(7.141)中，频率关联因子 $1/\omega$ 和 $1+n(\omega)$ 可以改变 $g_b(\omega)$ 对带的贡献。很明显，它对低频带有特殊的贡献。因子 $1+n(\omega)$ 是热贡献，可以出现在所有拉曼谱中。因子 $1/\omega$ 对于在频率大范围的振动谱完全正确并且重要。但是，它却经常被省略。我们将在下面讨论这个问题。

#### 7.5.5.3 玻色峰

从 20 世纪 70 年代开始，实验上发现了非晶体的一些独特性质，其中之一就是非晶体在低波数的一些拉曼散射性质。例如，玻璃态 Si 的偏振拉曼谱，在 $20\sim100\mathrm{cm}^{-1}$ 有一个拉曼峰，如图 7.22(a)所示，有些学者称其为玻色峰。在极低频区，玻色峰的强度远大于德拜理论的预测值，如

图 7.22(b)所示[37]。

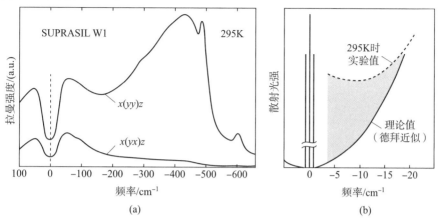

图 7.22 (a)玻璃态 Si 的偏振拉曼谱;(b)实验观测(虚线)和德拜理论预测(实线)的强度对比[37]。转载自 G. Winterling, Very-low-frequency Raman scattering in vitreous silica, Phys. Rev. B, **12**, 2432—2440 (1975)

从实验的观点来看,有 4 个因素可以对 $5\sim100\text{cm}^{-1}$ 的拉曼散射有贡献:

(1)布里渊散射在高频区的尾巴;
(2)声学声子散射在低频区的尾巴;
(3)准弹性散射;
(4)玻色峰。

这里第(3),(4)项是支配性的并被普遍关注。我们已经指出非晶体约化的拉曼谱表示为拉曼耦合参数 $C_b^{\alpha\beta,\gamma\delta}$ 乘以振动密度 $g_b(\omega)$,因此人们认为玻色峰由拉曼耦合因子组成。但是近年来发现了许多非晶体材料在玻色峰附近的拉曼耦合参数与拉曼频率,并且它们的关系是线性的,表示如下[38]:

$$C(v) = v/v_{BP} + B \tag{7.147}$$

其中 $v_{BP}$ 是玻色峰的频率。根据 $B=0$ 或 0.5,非晶体可以被分成两种类型。现在,一般认为玻色峰的低频拉曼散射是由振动态密度引起的,也就是说在非晶体中,有非德拜理论的模出现在低频拉曼散射中[37]。

在不同的实验条件下,许多有不同化学组成和结构的非晶材料也表现出非常相似的玻色峰性质,它们都起源于振动态密度。也就是说它们是来自于德拜理论以外的振动模。玻色峰是非晶体的普遍特征这一点被越来越多的学者认可。

甚至在液体中也观察到了玻色峰。它被认为是与非晶体共同拥有的性质,肯定有很深刻的物理起源。在这一节,我们已经介绍了一些关于非晶体本质的粗略观点,但是这些还不足以说明玻色峰的来源。与晶体相比,对非晶体本质的理解仍然十分肤浅。解释玻色峰的起源可能是理解非晶体本质的一个重要突破。这个问题在学术界已经被讨论了 30 年,人们提出了许多理论[39-44],但是仍然没有结论。

除此以外,文献[45]的作者近来发现,极性纳米半导体的光学声子拉曼谱具有非晶体特性,因此,对于极性半导体低频光学声子拉曼谱的研究可以为非晶体的研究提供一些重要的信息,有望揭示玻色峰的本质。

# 参 考 文 献

[1] Winor, K. (1987) Phys. Rev. B, **35**, 2366—2374.

[2] Born K, Huang K. Dynamical Theory of Crystal Lattices. Oxford: Oxford University Press, 1968.

[3] Kittel C. Introduction to Solid State Physics. 8th ed. New York: John Wiley and Sons, 2005.

[4] Sherwood P M A. Vibrational Spectroscopy in Solids. Cambridge: Cambridge University Press, 1972.

[5] Yu P Y. Cardona M. Fundamentals of Semiconductors. 3rd ed. Berlin: Springer-Verlag, 2001.

[6] 张树霖. 拉曼光谱学与低维纳米半导体. 北京:科学出版社, 2008.

[7] Bradbury T C. Theoretical Mechanics. Malabar: Krieger Publishing, 1981.

[8] Born, M. and Karman, T.V. (1912) Phys. Zeit., **13**, 271.

[9] Shankar R. Principles of Quantum Mechanics. 2nd ed. Berlin: Springer-Verlag, 1994.

[10] Born, M. (1914) Ann. Physik, **44**, 605—642.

[11] Zhang, S.L., Zhou, H.T., Meng, W. et al. (1988) Solid State Commun., **66**, 657—660.

[12] Zhang, S.L., Jin, Y., Guo, Z.A. et al. (1990) in Progress in High Temperature Superconductivity, vol. 22 (eds Z.X. Zhao, G.J. Cui, and R.S. Han), World Scientific, p. 83.

[13] Cochran, W. (1959) Proc. R. Soc. Lond. Ser. A, **253**, 260—276.

[14] Dolling, G. and Cowleg, R.A. (1966) Proc. Phys. Soc. Lond, **88**, 463.

[15] Phillips, J.C. (1968) Phys. Rev., **166**, 832—838.

[16] Phillips, J.C. (1968) Phys. Rev., **168**, 905—911.

[17] Weber, W. (1977) Phys. Rev. B, **15**, 4789—4804.

[18] Musgrave, M.J.P. and Pople, J.A. (1962) Proc. R. Soc. Lond A, **268**, 474—484.

[19] Smith, J.E., Brodsky, Jr., M.H., Crowder, B.L., Nathan, M.I. and Pinczuk, A. (1971) Phys. Rev. Lett., **26**, 642—646.

[20] Keating, P.N. (1966) Phys. Rev., **145**, 637—645.

[21] Yang, Y.W. and Coppens, P. (1974) Solid State Common., **15**, 1555—1559.

[22] Martin, R.M. (1969) Phys. Rev., **186**, 871—884.

[23] Strauch, D. and Dordor, B. (1990) J. Phys. Cordons. Mater, **2**, 1457—1474.

[24] Ruf, T., Serrano, J., Cardona, M. et al. (2001) Phys. Rev. Lett., **86**, 906—909.

[25] Kelly M J. Low-Dimensional Semiconductors: Materials, Physics, Technology, Devices. New York: Oxford University Press, 1995.

[26] Duval, E., Boukenter, A., and Achibat, T. (1990) J. Phys.: Condens. Matter, **2**, 10227—10234.

[27] Kittel C. Introduction to Solid State Physics. 8th ed. New York: John Wiley and Sons, 2005.

[28] Cardona M. Light Scattering in Solids. 2nd ed. Berlin: Springer-Verlag, 1983.

[29] Klingshirn C F. Semiconductor Optics. 3rd ed. Springer Press, 2001.

[30] Hecht E. Optics. 4th ed. Hoboken: Addison Wesley, 2001.

[31] Born M, Wolf E. Principles of Optics. 7th ed. Cambridge: Cambridge University Press, 1999.

[32] Damen, T.C., Porto, S.P.S., and Tell, B. (1966) Phys. Rev., **142**, 570—574.

[33] Martin, R.M. (1971) Phys. Rev. B, **4**, 3676—3685.

[34] Shuker, R. and Gammon, R.W. (1970) Phys. Rev. Lett., **25**, 222—225.

[35] Vepiek, S., Iqbal, Z., Oswald, H.R., and Webb, A.P. (1981) J. Phys. C: Solid State Phys., **14**, 295—308.

[36] Weaire D L. In Amorphous Solids-Low-Temperature Properties. Berlin: Springer-Verlag, 1981.

[37] Winterling, F.G. (1975) Phys. Rev. B, **12**, 2432—2440.

[38] Surovtsev, N.V. (2001) Phys. Rev. E, **64**, 61102.

[39] Winterling, G. (1975) Phys. Rev. B, **12**, 2432—2440.
[40] Surovtsev, N.V. (2001) Phys. Rev. E, **64**, 61102.
[41] Buchenau, U., Nücker, N., Dianoux, A.J. et al. (1986) Phys. Rev. B, **34**, 5665—5673.
[42] Duval, E., Saviot, L., Surovtse, N. et al. (1999) Philos. Mag. A, **79**, 2051—(2056.).
[43] Orth, K., Schellenberg, P., and Friedrich, J. (1993) J. Chem. Phys., **99**, 1—6.
[44] Götze, W. and Mayr, M.R. (2000) Phys. Rev. E, **61**, 587—606.
[45] Zhang, S.L., Shao, J., Hoi, L.S. et al. (2005) Phys. Stat. Sol. (c), **2**, 3090.

# 第八章 纳米结构拉曼散射的理论基础

第七章介绍的是无限尺寸大固体的拉曼散射理论,其中没有注意研究物体的尺寸。可是,在纳米结构的研究和应用中,物体的有限尺寸起着关键作用。

有限尺寸晶体的最早声子谱理论研究是弗罗利希在1949年进行的[1]。弗罗利希考虑了一个由两个原子组成的球形样品,它的半径比晶格常数大而比红外光的波长短。在这个模型中,他证明了球内部的极化是一致的,并发现了一个新的光学模,它出现在纵的和横的光学声子频率 $\omega_L$ 和 $\omega_T$ 之间。这个由材料的有限尺寸导致的模称为弗罗利希模,它的频率后人用 $\omega_F$ 表示。

10年以后人们发现,在7.1.3小节中提到的晶体无限环边界条件不再适用于库仑力。这引起了人们对有限尺寸影响晶格动力学和散射理论的关注[2]。那时,对这些理论结果的确认仅限于红外光谱研究,同时,理论计算的对象也是红外光谱。

第一个有限尺寸晶体的拉曼光谱实验是在晶粒尺寸为 50nm 的 $KBr_{1-x}I_x$ 晶体上进行的,研究结果在1972年发表[3]。第一次对小尺寸晶体的拉曼散射理论计算发表于1973年[4]。从那以后,晶格动力学和小尺寸晶体的拉曼散射理论的研究结果不断发表,并演变成了一个新的分支学科。

从以上提到的,我们可以发现,在历史上,对纳米结构的拉曼散射研究开始于理论,然后是实验。许多纳米结构的拉曼特征首先被理论所预期。在这一章,我们将把理论预期的纳米结构的拉曼特征与理论一起描述。

正如在7.1.1小节中描述的,不同类型的纳米材料的结构完全不同,这就导致了7.1.2小节中描述不同类型纳米结构的有限尺寸效应也不同。所以,在这一章,纳米材料(NM)的拉曼散射理论和理论预期的拉曼特性将根据它们的结构进行介绍。

## §8.1 超 晶 格

在7.1.1小节中,我们已经指出超晶格(SL)是三明治结构,它沿垂直于衬底表面方向生长(一般称为 $z$ 方向)并形成新的晶体结构。这些新结构的对称性和晶格周期与构建超晶格的原材料不同。前面提到的超晶格的结构特征会导致超晶格声子产生与组分体材料特性不同的新类型的色散和光谱特征。

首先,沿生长方向 $z$,超晶格形成声子势阱[5],它与电子的势阱类似,连续的声子能量转变为分立的能级。

其次,超晶格具有新的晶格周期 $L = (n_1 + n_2)a$(这里,$n_1$ 和 $n_2$ 分别是组成超晶格的原子 1 和原子 2 的单层的数量,$a$ 是组成超晶格体材料的晶格常数),新的晶格周期导致布里渊区 $0 \sim 1/a$ 变成一个小的布里渊区 $0 \sim 1/L$,然后,体材料的色散曲线"折叠"入小布里渊区内。所以,在超晶格中,材料 1 和 2 的声子能量劈裂成 $n_1 + n_2$ 个能级。图 8.1 给出了超晶格 GaAs/AlAs 的情况作为例子。从图 8.1(b)可以看出,一方面体材料中的光学声子模劈裂成 $n_1 + n_2$ 模;另一方面,体材料 GaAs 和 AlAs 的声学声子色散曲线没有与光子的色散曲线相交。可是,在 GaAs/AlAs 超晶格中,声学声子的色散曲线折叠以后与光子的色散曲线相交,这意味着体材料 GaAs 和 AlAs 中非拉曼活性的声学声子在超晶格中变成拉曼活性,可以在拉曼谱中观察到。

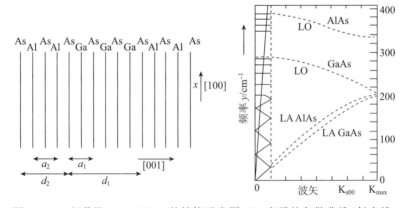

图 8.1 (a)超晶格 GaAs/AlAs 的结构示意图;(b)光子的色散曲线(斜实线)和体材料 GaAs 和 AlAs(虚线)以及超晶格的纵声子色散曲线(实线)[6]。转载自 B. Jusserand and M. Cardona, Ed. G. Guntherodt, Raman Spectroscopy of Vibration in Superlattices in Light(1989)

再次,沿超晶格生长的方向仍然保持平移对称性,所以,动量守恒和波矢选择定则仍然保持,一级拉曼散射仍然出现在布里渊区中心。

最后,超晶格结构中有界面存在,而一个理想体材料中却没有。超晶格中的这些界面将产生在相应体材料中不可能出现的相关振动模。

超晶格的三明治层状结构是由不同材料的平板堆积而成,所以,平板的理论模型就成了超晶格理论模型的基础。因此,在介绍晶格动力学和超晶格的光散射理论之前,我们将先简单介绍非极性和极性平板理论模型。

### 8.1.1 非极性半导体平板模型[7]

非极性半导体平板模型的主要观点如下：
(1) 平板由一个或多个单胞的薄层组成；
(2) 由于超晶格的层面可以无限扩大，薄层中沿 $x$ 和 $y$ 方向的周期仍然保持。所以，在这两个方向上，原子的位置可以近似应用平面波展开和周期性边界条件，与体材料类似。

在垂直于层平面的 $z$ 方向，平面波展开和周期性边界条件不能应用。可是，沿 $z$ 方向由体材料原胞排列形成的序列可以被认为是新的单胞。

实际的理论计算基于原子价力场模型。在计算中，假设力场仅与第一近邻原子的相互作用（力常数）有关，不考虑电荷之间的库仑相互作用，晶格的势能可以表示如下：

$$\Phi = \frac{1}{2}\sum_{ij}\lambda\,(\mathrm{d}r_{ij})^2 + \frac{1}{3!}\sum_{iji'}rr_0^2\,(\mathrm{d}\theta_{iji'})^2 \tag{8.1}$$

其中 $r_{ij}$ 和 $\theta_{iji'}$ 分别代表原子间距离和键角。第一求和遍及所有第一临近原子 $ij$，而第二求和遍及每一个原子的键角 $iji'$。

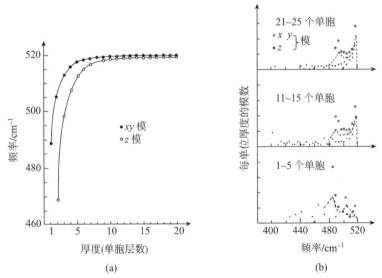

图 8.2 (a) 平板模型计算的光学振动频率与平板厚度的依赖关系；(b) 平板模型计算的对于不同厚度平板单胞中模数量（声子态密度）的频率贡献。这里"。"和"·"分别代表 $xy$ 模和 $z$ 模。转载自 G. Kanallis, J. F. Morhange and M. Balkanski, Effect of dimensions on the vibrational frequencies of thin slabs of silicon, Phys. Rev. B, **21**, 1543—1548 (1980)

作为平板模型的计算实例，有人计算了一个厚度为 1~50 个单胞 Si 的平板[7]，计算的光学振动频率对平板厚度的依赖关系以及单层中的振动模数量对频率的分布关系（即声子态密度）分别见图8.2(a)和(b)。从图8.2(a)可以看到，随着层厚的增加，振动模的频率上升很快，最后达到和体材料Si一样。图8.2(b)说明：

(1) 对于厚度1~5个单胞的平板，声子态密度的第一个极值出现在480~490$cm^{-1}$，它很接近非晶Si拉曼谱的峰频率。第二个极值不是很明显，出现在接近高频区。

(2) 对于厚度为11~15个单胞的平板，前面提到的第二个极值变得比第一个极值明显。

(3) 对于厚度为21~25个单胞的平板，第二个极值变得更加明显，在低频区的第一个极值移向高频区。

图8.3是先经离子注入，再经激光处理的Si的拉曼谱。离子注入使晶体Si变成非晶Si，而激光后处理导致重新结晶，减少了样品中非晶Si的成分。所以，图8.3的光谱可以作为实验结果与图8.2的理论结果比较。通过比较确认计算结果是可靠的，于是，我们得到了对非晶Si拉曼光谱特征的两个重要发现：

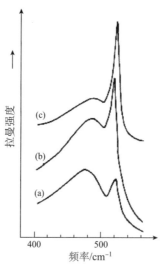

图8.3 先经过离子注入，再经激光处理的Si的拉曼谱，这里(a)、(b)、(c)依次代表重新结晶颗粒的增加。转载自G. Kanallis, J. F. Morhange and M. Balkanski, Effect of dimensions on the vibrational frequencies of thin slabs of silicon, Phys. Rev. B, **21**, 1543—1548 (1980)

(1) 所有的平板模对应于体晶体特定的声子分支，而它们的频率要比体晶体的低，降低的量与层的厚度有关。厚度为单胞的薄平板中光学模的频率接近非晶 Si 的频率 $480\text{cm}^{-1}$,且随厚度增加指数地接近体材料 Si 在布里渊区 G 点(即中心)的频率 $520\text{cm}^{-1}$。

(2) 体声子态密度随平板厚度变化的各种特征(即频率的权重分布函数)表明小尺寸 Si 的拉曼谱特征与非晶 Si 的类似。

### 8.1.2 离子晶体平板模型[8]

富克斯(Fuchs)和克利维尔(Kliewer)[8]最早计算了离子晶体中光学振动模的晶格动力学,后来,这个工作就变成了超晶格动力学的基础。

图 8.4 是有限厚度离子晶体平板模型的示意图。这个平板在 $x$ 和 $y$ 方向是无穷的,在厚度为 $L$ 的 $z$ 方向有限。$\boldsymbol{x}(j)$ 是单胞中第 $j$ 个离子的位置。此外,波长 $l$ 必须大于离子间的距离 $r_0$,即 $\lambda > r_0$,所以离子的位矢可以表达为

$$\boldsymbol{x}(l,j) = \boldsymbol{x}(l) + \boldsymbol{x}(j) \tag{8.2a}$$

$$\boldsymbol{x}(l) = n_1\boldsymbol{a}_1 + n_2\boldsymbol{a}_2 + n_3\boldsymbol{a}_3 \tag{8.2b}$$

其中 $\boldsymbol{x}(l)$ 是用基矢 $\boldsymbol{a}_i(i=1,2,3)$ 表示的单胞的位置,$n_i(i=1,2,3)$ 设定为整数,$\boldsymbol{x}(j)$ 是第 $j$ 个离子在单胞中的位置。

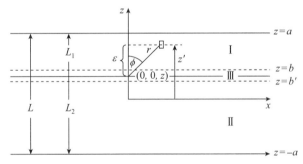

图 8.4 离子晶体平板模型的示意图[8]。转载自 R. Fuchs and K. L. Kliewer, Optical Modes of Vibration in an Ionic Crystal Slab, Phys. Rev., **140**, A2076—2088 (1965)

当波长比晶格参数(即晶格常数 $a$)大时,延迟效应可以被忽略,富克斯和克利维尔基于晶格动力学和电磁学得到一个耦合积分方程,它包含了离子的位移和简正模的频率[8]。计算发现,简正模有两种振动频率,$\omega_{\text{TO}}$ 和 $\omega_{\text{LO}}$,它们分别等价于在无限晶体中波矢 $\boldsymbol{q}=0$ 时横光学模(TO)和纵光学模(LO)的频率。除此以外,一个与无限晶体中振动模无对应的新模出现了,它的频率介于 $\omega_{\text{TO}}$ 和 $\omega_{\text{LO}}$ 之间,而且振幅随偏离平板上下两个面的距离指数衰减。于是,这个模叫作表面振动模,前面提到的两种模的色散曲线见图 8.5。

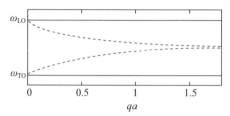

图 8.5 离子晶体平板的振动模的色散关系,这里实线和虚线分别代表表面模的横光学模和纵光学模[6]。转载自 B. Jusserand and M. Cardona, Raman Spectroscopy of Vibration in Superlattices, in Light Scattering in Solids, Editors M. Cardona and G. Guntherodt, Springer-Verlag, (1989)

### 8.1.3 半导体超晶格的晶格动力学模型[6,9]

半导体超晶格的动力学是基于固体理论发展起来的,所以,与固体理论类似,它也可以被分为宏观理论和微观理论。对于宏观理论,我们将集中在介绍超晶格的弹性连续模型和连续介电模型——黄方程,而对微观理论,我们将介绍一维线性链模型和黄-朱模型等。

#### 8.1.3.1 弹性连续模型[6,10(a)]

声学波在超晶格中的传播行为可以用雷托夫(Rytov)[11]建立的弹性连续介质方程求解。为了描述简单又不失其普遍性,我们仅讨论振动沿超晶格生长方向(即纵波)的解,并且记交替层为 A 和 B。与方程(7.67)类似,在材料 A 和 B 中的振动可以表示为

$$u_A(z,t) = u_A(z) e^{i\omega t} \tag{8.3}$$
$$u_B(z,t) = u_B(z) e^{i\omega t}$$

基于运动方程(7.66),我们得到通解

$$u_A(z) = A_1 e^{i\alpha z} + A_2 e^{-i\alpha z} \tag{8.4}$$
$$u_B(z) = B_1 e^{i\beta z} + B_2 e^{-i\beta z}$$

其中

$$\alpha = \omega/v_{LA}, \quad \beta = \omega/v_{LB} \tag{8.5}$$

$v_{LA}$ 和 $v_{LB}$ 分别代表材料 A 和 B 的纵声速,于是,我们可以表示超晶格 A/B 中的纵波位移为

$$u(z) = \sum_m u_A(z - z_m) e^{i\alpha z_m} + \sum_n u_B(z - z_n) e^{i\alpha z_n} \tag{8.6}$$

其中 $z_m$ 和 $z_n$ 是 A 和 B 层中心点的坐标,我们设定材料 A 的中心点为坐标原点。另外,在界面 $z_i$,A 和 B 层必须满足位移连续条件

$$C_{\parallel,A} \frac{\partial u_A}{\partial z} \bigg|_{z_i} = C_{\parallel,B} \frac{\partial u_B}{\partial z} \bigg|_{z_i} \tag{8.7}$$

和原子位移连续条件
$$u_A(z_i) = u_B(z_i) \tag{8.8}$$

于是,我们可以得到该声学波的色散关系(即频率 $\omega$ 和波矢 $q$ 的关系):
$$\cos(qd) = \cos\left(\frac{\omega d_A}{v_A}\right)\cos\left(\frac{\omega d_B}{v_B}\right) - \frac{1}{2}\left(\frac{\rho_B v_B}{\rho_A v_A} + \frac{\rho_A v_A}{\rho_B v_B}\right)\sin\left(\frac{\omega d_A}{v_A}\right)\sin\left(\frac{\omega d_B}{v_B}\right) \tag{8.9}$$

在以上方程中,$d_A$ 和 $d_B$ 分别是 A 层和 B 层的厚度,$d = d_A + d_B$ 是超晶格的周期,$\rho_A$ 和 $\rho_B$ 分别是 A 层和 B 层的密度。于是,方程(8.9)可以表达如下:
$$\cos(qd) = \cos\left[\omega\left(\frac{d_A}{v_A} + \frac{d_B}{v_B}\right)\right] - \frac{\varepsilon^2}{2}\sin\left(\omega\frac{d_A}{v_A}\right)\sin\left(\omega\frac{d_B}{v_B}\right) \tag{8.10}$$

在以上方程中,第一和第二项分别代表空间和声速的调制,这里
$$\varepsilon = \rho_B v_B - \rho_A v_A / (\rho_B v_B \rho_A v_A)^{\frac{1}{2}} \tag{8.11}$$

由于 $\varepsilon^2/2$ 在 III-V 族和 II-IV 族化合物中大概是 $10^{-2}$,方程(8.10)中的第二项可以忽略,于是我们有
$$\cos(qd) = \cos\left[\omega\left(\frac{d_A}{v_A} + \frac{d_B}{v_B}\right)\right] \tag{8.12}$$

或者
$$qd = \pm\omega\left(\frac{d_A}{v_A} + \frac{d_B}{v_B}\right) + 2m\pi, \quad m = 0, \pm 1, \pm 2, \cdots \tag{8.13}$$

以上色散关系揭示了超晶格声学声子色散关系的两个重要特征:

(1)方程(8.13)表示了"折叠"的体色散曲线,它从理论上确认了§8.1中和图 8.1 中与色散曲线有关的描述;

(2)如果不考虑方程(8.10)中反映声学调制的第二项,在布里渊区的中心和边界将出现声子能量的简并。简并能 $\Omega_m$ 表示为
$$\Omega_m = m\pi v/d \tag{8.14a}$$

如果一个声速调制项加入方程(8.13),上面提到的简并将分裂,分裂值 $\Delta\Omega_m$ 可以表示为
$$\Delta\Omega_m \approx \pm\varepsilon\,\frac{v}{d}\sin\left[\frac{mv(1-\alpha)v_B - \alpha v_A}{2(1-\alpha)v_B - \alpha v_A}\right] \tag{8.14b}$$

其中 $\alpha = \dfrac{v_B}{v_A + v_B}$,"±"分别代表布里渊区的中心和边界。

图 8.6 是用方程(8.10)和(8.12)计算的 GaAs/AlAs 超晶格中纵声学声子的色散曲线,图中放大部分是考虑了声学调制后的 A1 和 B2 模的分裂。

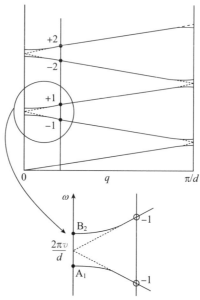

图 8.6 基于弹性连续介质模型计算的 GaA/AlAs 超晶格中纵声学声子的色散曲线,实线和虚线分别代表考虑和没有考虑声学调制的结果[10(a)]。转载自 C. Colvard, R. Merlin, M. V. Klein and A. C. Gossard, Observation of Folded Acoustic Phonons in a Semiconductor Superlattice, Phys. Rev. Lett., **45**, 298—301 (1980)

#### 8.1.3.2 介电连续模型

与弹性连续介质模型在超晶格中的应用类似,7.3.2 小节中的介电连续模型——黄方程也可以应用于超晶格,具体的应用介绍如下:

(1) 写出在 A/B 超晶格中材料 A 和 B 的介电常数:

$$\varepsilon_A(\infty) = \varepsilon_{\infty,A} \frac{\omega^2 - \omega_{LO,A}^2}{\omega^2 - \omega_{TO,A}^2}$$
$$\varepsilon_B(\infty) = \varepsilon_{\infty,B} \frac{\omega^2 - \omega_{LO,B}^2}{\omega^2 - \omega_{TO,B}^2}$$
(8.15)

其中 $\varepsilon_{\infty,A}$ 和 $\varepsilon_{\infty,B}$ 是材料 A 和 B 的高频介电常数。

(2) 在两个材料的界面引入静电连续条件:

$$E_{\parallel,A}\big|_0 = E_{\parallel,B}\big|_0, \quad D_{z,A}\big|_0 = D_{z,B}\big|_0 \tag{8.16}$$

在以上方程中,"$|_0$"表示取两种材料界面之间的值。

(3) 最后,应用黄方程和静电方程,得到如下超晶格中光学声子的色散关系:

$$\cos(q_\parallel d) = \cosh(q_\parallel d_A)\cosh(q_\parallel d_B)$$
$$+ \frac{1}{2}\left(\frac{\varepsilon_A}{\varepsilon_B} + \frac{\varepsilon_B}{\varepsilon_A}\right)\sinh(q_\parallel d_A)\sinh(q_\parallel d_B) \quad (8.17)$$

这些模的频率 $\omega_{LO,A}$，$\omega_{TO,A}$，$\omega_{LO,B}$ 和 $\omega_{TO,B}$ 等于体材料 A 和 B 中光学模频率的叫作限制光学模或者类体模，而剩余的模叫作宏观界面模。这两种模与光散射有关的特征将在下面介绍。

- 限制光学模（类体模）

对于 A/B 型超晶格，在材料 B 中 $\omega_{LO,A}$ 的振动为

$$\begin{aligned}
\varphi_B(z) &= 0 \\
E_B &= 0 \\
E_{\parallel,A}|_0 &= 0 \\
\varphi_A(z)|_0 &= 0 \\
\omega_B &= 0
\end{aligned} \quad (8.18)$$

以上方程表明，静电势 $\varphi_B(z)$、电场 $E_B$ 以及在 B 层中光导致的类体模位移 $\omega_B$ 都为零，这表明 A 层的类体模被完全限制在 A 层。

- 宏观界面模

对于具有不同层厚比例的两层超晶格，例如 $(GaAs)_{20}/(AlAs)_{20}$ 和 $(GaAs)_{20}/(AlAs)_{60}$（下标是原子单层的数量），用方程(8.17)计算的色散曲线见图 8.7(a)～(d)。在图中，符号＋（－）代表沿 $z$ 方向 GaAs/AlAs 的宏观界面模的静电势相对于 GaAs 阱（AlAs 势垒）中心平面反演的宇称是偶或者奇，斜线区域是振动模可以存在的区域。从图 8.7 可以看出，$d_{GaAs} \leqslant d_{AlAs}$ 和 $d_{GaAs} > d_{AlAs}$ 的宇称是相反的，在 GaAs 和 AlAs 层厚不等的超晶格中，中心区域没有宏观界面模。

在 $\omega_{LO,B} > \omega_{TO,B}$，$\omega_{LO,A} > \omega_{TO,A}$ 和 $\varepsilon_{\infty,A} \approx \varepsilon_{\infty,B}$ 情况下，宏观界面模在 $q_z = 0$ 和 $q_\parallel \to 0$ 时为[9]：

$$\begin{aligned}
\omega_{+A}^2 &\approx \frac{1}{d}[d_A\omega_{LO,A}^2 + d_B\omega_{TO,A}^2] \\
\omega_{-A}^2 &\approx \frac{1}{d}[d_B\omega_{LO,A}^2 + d_A\omega_{TO,A}^2] \\
\omega_{+B}^2 &\approx \frac{1}{d}[d_B\omega_{LO,B}^2 + d_A\omega_{TO,B}^2] \\
\omega_{-B}^2 &\approx \frac{1}{d}[d_A\omega_{LO,B}^2 + d_B\omega_{TO,B}^2]
\end{aligned} \quad (8.19)$$

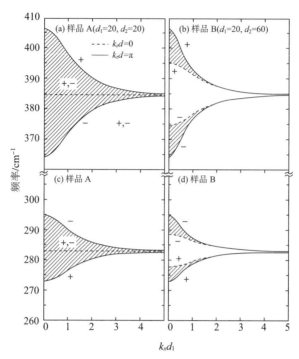

图 8.7 $(GaAs)_{d_A}/(AlAs)_{d_B}$ 超晶格宏观界面模和色散关系：(a) $d_A = d_B$；(b) $3d_A = d_B$[12]。转载自 A. K. Sood, J. Menendez, M. Cardona and K. Ploog, Interface Vibrational Modes in GaAs-AlAs Superlattices. Phys. Rev. Lett., **54**, 2115—2118 (1985)

#### 8.1.3.3 线性链模型

- AB/BC 型超晶格

图 8.8 的上半部分是原子(离子)A,B,C 组成的三元超晶格结构 AB/BC 的结构示意图。在该超晶格中，原子在垂直于生长方向 $z$ 的 $xy$ 平面整体运动，沿纵方向 $z$ 和横方向 $xy$ 的振动相互不耦合。所以，当考虑原子沿 $z$ 方向运动时，可以用如图 8.8 所示的下半部分所示的一维链去模拟它。于是，可以直接引用 7.1.3 小节中讨论的线性链模型。

科尔瓦德(Colvard)等人用线性链模型计算了 GaAs/AlAs AB/CB 型超晶格的色散关系，结果如下[13]：

$$\cos(qd) = \cos(q_1 d_1)\cos(q_2 d_2) + \eta \sin(q_1 d_1)\sin(q_2 d_2) \quad (8.20)$$

其中 $q_1$ 和 $q_2$ 分别是 GaAs 和 AlAs 层的波数，$\eta$ 表示如下：

$$\eta = \frac{1 - \cos(q_1 d_1)\cos(q_2 d_2)}{\sin(q_1 d_1)\sin(q_2 d_2)} \quad (8.21)$$

# 第八章 纳米结构拉曼散射的理论基础

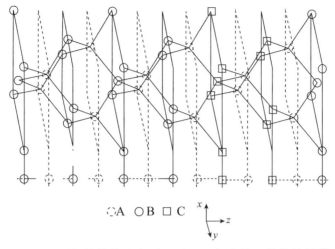

图 8.8 AB/CB 型超晶格的示意图（上部）和相应的一维线性链模型（下部）[6]。转载自 C. Colvard，T. A. Gant，M. V. Klein，et al.，Folded acoustic and quantized optic phonons in (GaAl)As superlattices，Phys. Rev. B，**31**，2080—2091 (1985)

图 8.9 是用线性链模型计算的 GaAs/AlAs 超晶格的纵和横声子色散曲线。图中虚线和实线分别代表体材料和超晶格的色散曲线。图中的计算结果又一次具体表明体材料和超晶格中声子色散曲线的折叠关系。

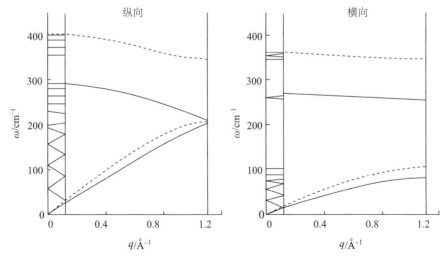

图 8.9 用线性链模型计算的 GaAs/AlAs 超晶格的纵(a)和横(b)声子色散曲线。转载自 C. Colvard，T. A. Gant，M. V. Klein，R. Merlin，R. Fischer，H. Morkoc and A. C. Gossard，Folded acoustic and quantized optic phonons in (GaAl)As superlattices，Phys Rev B，**31**，2080 (1985)

- AB/CD 型超晶格[14]

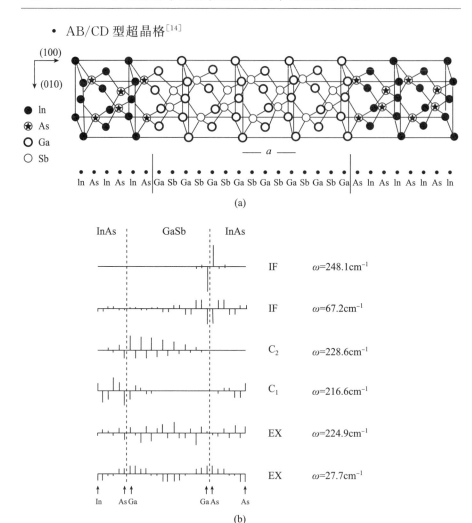

图 8.10 InAs/GaAs AB/CD 型超晶格：(a)结构和线性链模型的示意图；(b)位移方式和声子模的频率[14]。转载自 A. Fasolino, E. Molinary and J. C. Maan, Calculated superlattice and interface phonons of InAs/GaSb superlattices, Phys. Rev. B, **33**, 8889—8891 (1986)

图 8.10(a)是 InAs/GaAs AB/CD 型超晶格的结构和线性链模型的示意图，在图的下半部，可以看到在层间没有界面键。例如，在界面的 B—C (As—Ga) 和 A—D(In—Sb)键与在 AB 和 CD 层的 A—B(In—As) 和 C—D (Ga—Sb)键完全不同，这也是它们与 AB/CB 型超晶格的不同之处。例如，在 GaAs/AlAs AB/CB 型超晶格中，在界面层的 Ga—As 和 Al—As 键与在 AB (GaAs) 层的 Ga—As 键和在 CB (AlAs) 层的 As—Al 键完全相同。所

以,我们可以期望 AB/CD 型超晶格会出现与它们界面键有关的新振动模。

法索利诺(Fasolino)用线性应变模型计算了 InAs/GaSb AB/CD 型超晶格的晶格动力学,结果见图 8.10(b)。在图 8.10(b)中,EX、$C_1/C_2$ 和 IF 分别标记扩展、限制和界面模。从该图可以看出顶部两个 IF 模的位移被局域在界面,这是出现在 AB/CD 型超晶格中的一种新型模,不能出现在 AB/CB 型超晶格中。在界面模中的原子仅与在界面中的原子有关,并且高度局域在界面层,所以,它被称为微观界面模。

#### 8.1.3.4　黄-朱模型[15(a)]

黄-朱模型是偶极晶格模型在超晶格中的应用和推广,该模型是黄昆和丽丝(Rhys)在 1951 年发表的[15(b)]。

在黄-朱模型中,首先假设在两层材料 A 和 B 的固有振动模 $\omega_{OA}$ 和 $\omega_{OB}$ 的频率间有一个频率差:

$$\Delta\omega_0^2 = \omega_{OB}^2 - \omega_{OA}^2 \tag{8.22}$$

频率差反映了在超晶格中有一个势垒层高度为 $\Delta\omega_0^2$ 的声子势阱,它表明材料 A 和 B 组成超晶格。于是,以材料 A 的本征振动模($j=1,2,3$ 表示振动模 $LO$、$TO_1$ 和 $TO_2$)为基础,超晶格振动(位移)的波函数可以被展开。于是,对于周期为 $L=(n_A+n_B)a$ ($a$ 是体材料的晶格常数,$n_A$ 和 $n_B$ 代表材料 A 和 B 中原子单层的数量)超晶格中的第 $j$ 个原子的振动位移波函数可以表示为

$$\begin{aligned}u(l;q;i) &= \sum_{sj} a_{sj}(q,i)|q_s,j\rangle \\ &= \sum_{sj} a_{sj}(q,i)[N^{-\frac{3}{2}} e^{iq_s\cdot r(l)} e^0(q_s,i)]\end{aligned} \tag{8.23}$$

其中 $q$ 是声子的波矢,$N$ 是体原胞数量,$e^0(q_s,i)$ 是波矢 $q_s$ 的单位偏振矢量,$i=1,2,\cdots,n_A+n_B$。根据这个波函数,构建超晶格的哈密顿量并且解动力学方程,我们可以得到 $A_{n_A}/B_{n_A}$ 超晶格色散关系和位移矢量等。

黄-朱微观模型已经取得了很大的成功,它解释了许多从前不知道或者被错误理解的动力学特性和超晶格行为,例如,其中有一些与拉曼散射有直接关联:

(1)黄-朱模型证明宏观界面模是一个一级限制光学模,第一次探究了宏观界面模的光学振动本质。进而,它证明一级限制模并不存在,仅能出现 $n \geqslant 2$ 的限制模。

(2)发现类体模与传播(波矢)方向有关而宏观界面模与传播(波矢)方向无关。

(3) 证明了静电库仑作用在超晶格中有重要作用,例如,它使得宏观界面模依赖波矢 $q$(传播)的方向,在体材料拉曼散射中的偶极禁戒偏振选择定则在超晶格中不再有效。

(4) 揭示了介电连续模型对应于没有考虑声子色散的黄-朱模型。图 8.11 是用连续介电模型和零色散的黄-朱模型计算的在 $A_7/B_7$ 超晶格中宏观界面模的色散关系。

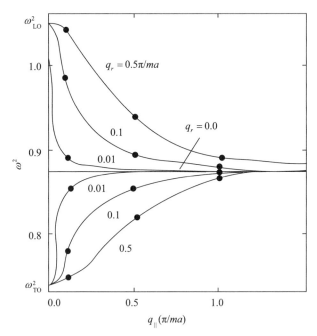

图 8.11 用连续介电模型(实线)和零色散的黄-朱模型(点)计算的在 $A_7/B_7$ 超晶格中宏观界面模的色散关系[9]。转载自 K. Huang and B. Zhu, Dielectric continuum model and Frohlich interaction in superlattices, Phys. Rev. B, **38**, 13377 (1988)

#### 8.1.3.5 键电荷线性链模型[16]

基于 7.2.5 小节中介绍的键电荷模型,叶崇杰和张亚中提出了一个键电荷线性链模型,见图 8.12。这个模型有两类:一个仅考虑离子之间的短程相互作用,另一个考虑离子间的短程相互作用和库仑相互作用。他们用这个模型计算了 $(GaAs)_2/(AlAs)_2$ 和 $(GaAs)_5/(AlAs)_2$ 超晶格的声子色散曲线,如图 8.13 所示。结果表明,对于光学声子,计入库仑力和不计入库仑力大不相同。

第八章 纳米结构拉曼散射的理论基础　　71

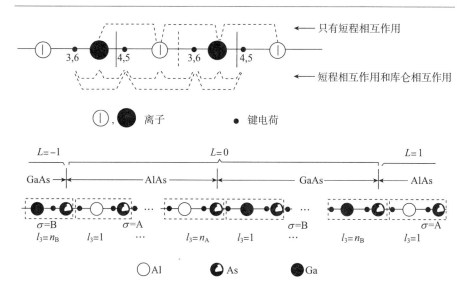

图 8.12 (a)键电荷线性链模型;(b)一个$(n_A/n_B)$ GaAs/AlAs (001)超晶格的键电荷线性链模型。这里 $L$ 和 $l_3$ 表示超晶格的单胞和主要层[16]。转载自 S.K. Yip and Y. C. Chang, Theory of phonon dispersion relations in semiconductor superlattices, Phys. Rev. B, **30**, 7037 (1984)

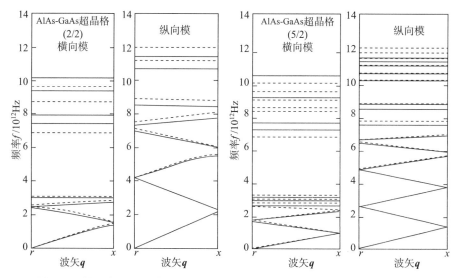

图 8.13 键电荷线性链模型计算的$(GaAs)_2/(AlAs)_2$ 和 $(GaAs)_5/(AlAs)_2$ 超晶格中沿生长方向$(q_\parallel = 0)$的声子色散曲线。虚线和实线分别代表仅考虑短程相互作用的情况和同时也考虑库仑力的情况[16]。转载自 S.K. Yip and Y. C. Chang, Theory of phonon dispersion relations in semiconductor superlattices, Phys. Rev. B, **30**, 7037 (1984)

## §8.2 纳米结构材料(NMs)

在§6.2中,我们描述了有限尺寸对能量、动量和对称性等的影响,基于这些影响,我们在下面将要介绍一些拉曼谱特性的定性的预期。

### 8.2.1 纳米材料的共同拉曼光谱特性

#### 8.2.1.1 拉曼振动模的数量

首先,由于改变或者降低对称性,在宏观晶体中的非拉曼活性模或者简并模在纳米材料中发展成拉曼活性模或者简并被制约。其次,产生与新结构相关的新模,例如,已经提到纳米材料内会产生体材料中不存在的界面和巨大的比表面,于是,就产生与以上新的结构特征有关联的新振动模。

所以,可以预料在纳米材料中,振动模的数量通常会增加。

#### 8.2.1.2 拉曼谱的频率和线型

在6.3.3小节中,我们已经指出由自组织生长方法产生的纳米材料和体材料的晶体结构基本上是相同的,此时,纳米材料的色散曲线可以借用体材料的。另一方面,我们也在§6.4中指出,有限尺寸会破坏平移对称性,动量出现一个 $\Delta q \approx \hbar/\Delta r$($\Delta r$ 是尺度不确定性)的弥散,它会导致可见光拉曼散射的波矢选择定则 $q \approx 0$ 的弛豫,于是,在波矢 $\Delta q$ 区域内的声子可以参加拉曼散射过程。依照上述观点,我们在下面将在体材料色散曲线的基础上定性地讨论纳米材料中的预期拉曼光谱特征。

图8.14(a)是典型的半导体色散曲线,基于体材料中可见光的波矢选择定则 $q \approx 0$,出现的拉曼谱峰只可以来自 $q \approx 0$ 的声子,拉曼谱峰在 $\omega_1$ 和 $\omega_2$ 处是窄的谱线,见图8.14(b)。可是,所有纳米材料的声子在动量弛豫区间 $\Delta q$ 都可以参加拉曼散射,于是它们拉曼谱峰变成如图8.14(b)所示的谱带。这些谱带表现如下特征:

(1) 当体材料色散曲线的斜率不为零时,峰的频率产生位移。位移的方向对于斜率大于零和小于零分别上移或者下移。

(2) 由于参加拉曼散射的波矢区域的扩大,谱线变宽。

(3) 体色散曲线的非零斜率也导致出现非对称线型。非对称带的"尾巴"分别出现在相应色散曲线的斜率大于零和小于零的高频端和低频端。

第八章 纳米结构拉曼散射的理论基础 73

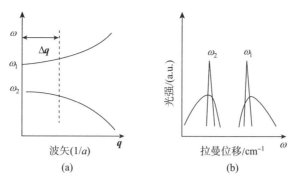

图 8.14 (a)体半导体典型色散曲线的示意图;(b)预期的纳米材料的拉曼谱特征。转载自张树霖著《拉曼光谱学与低维纳米半导体》,科学出版社,2008

#### 8.2.1.3 体声子色散曲线应用于纳米材料的限制

在进一步讨论之前,我们必须指出,把体材料的声子色散关系用到纳米材料只是一种近似,所以,近似的有效应用条件必须要清楚。在这一节我们要用纳米 Si 作为例子,估算近似的有效应用条件。

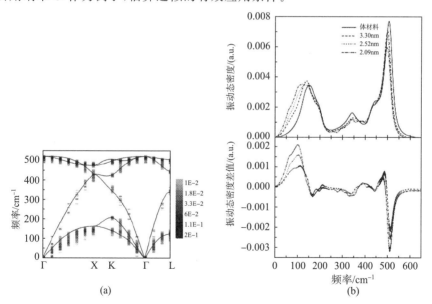

图 8.15 (a)计算的尺度为 3.27nm 的 Si 晶体的色散关系,转载自 X. Hu and J. Zi, Reconstruction of phonon dispersion in Si nanocrystals, J. Phys.: Condens. Matter **14**, L671—L677 (2002),获得美国物理联合会的许可;(b)纳米晶体和各种尺度的体材料振动态密度之差。这里实线是体材料 Si 的色散曲线[13]。转载自 X. Hu, et al., The vibrational density of states and specific heat of Si nanocrystals, J. Phys.: Condens. Matter **13**, L835—L840 (2001)

有人用原子簇模型对纳米 Si 进行了晶格动力学计算,得到了声子色散曲线和振动态密度(VDOS)对样品尺度的依赖关系[13]。结果表明,大于 2nm 的纳米 Si 晶体仍然有色散关系,但是此时的声子能量是弥散的。图 8.15(a)是计算的含有 915 个原子(尺度为 3.27nm)的纳米 Si 晶体的色散关系,可以看出它的声子能量是弥散的,动量值出现不连续。

计算的纳米 Si 的振动态密度见图 8.15(b),图中同时也给出了纳米 Si 和体材料 Si 的比较。可以发现,纳米 Si 的态密度在低频区增加而态密度的峰在高频区下降。作者认为这是尺度限制效应的结果。进而,结果还表明纳米 Si 和体材料 Si 的态密度总体上只有小的差别,它与§7.4 中计算的非晶 Si 和晶体 Si 的振动态密度类似。这表明两种情况下引起小差别的原因是相似的:在所有的计算中仅包括了临近原子之间的相互作用。

### 8.2.2 非极性半导体小晶体[17]

为了计算非极性半导体小晶体的拉曼光谱,奥斯曼(Othman)和川村(Kawamura)提出了一个模型,描述如下:

(1) 在小晶体中,简正振动模的相干性是受限制的,即系统不遵循平移对称性,波矢选择定则也被破坏;

(2) 原子振动和光之间的耦合通过材料中电子的极化实现。

基于 7.5.3 小节中介绍的介电涨落关联理论,可以认为小晶体和无限晶体之间的区别仅取决于关联函数的扩展区域的大小。在无限晶体中,空间关联函数是

$$R(\boldsymbol{r},j) = \Lambda_j \exp(\mathrm{i}\boldsymbol{q}_j \cdot \boldsymbol{r}) \tag{8.24}$$

其中 $\Lambda_j$ 是第 $j$ 级模的空间关联振幅,依赖于光学介电常数相对于第 $j$ 级简正模的原子位移的一级导数。对于小原子,由于简正振动模的相干性限制在小晶体中,空间关联函数应该被修正为

$$R(\boldsymbol{r},j) = C(\boldsymbol{r}) \Lambda_j \exp(\mathrm{i}\boldsymbol{q}_j \cdot \boldsymbol{r}) \tag{8.25}$$

其中 $C(\boldsymbol{r})$ 是调制函数,引入它是基于前面提到的简正振动模的有限相干性。当 $r$ 到达小晶体的物理边界时,$C(\boldsymbol{r})$ 单调地趋于 0。$C(\boldsymbol{r})$ 反映了散射过程中动量守恒定则的弛豫。

假设小晶体是球形的,且没有声子阻尼,声子的相干性应该是完美的。于是,平均关联与直径为 $D$ 的两个球重叠的部分成正比,如图 8.16(a)中的阴影部分面积就是重叠部分。假设小晶体不是尺寸分布的,于是我们有:

$$\begin{cases} C(\boldsymbol{r}) = \dfrac{1}{2D^3}(2D^3 - 3D^2 r + r^3), & r \leqslant D \\ C(\boldsymbol{r}) = 0, & r > D \end{cases} \tag{8.26}$$

# 第八章 纳米结构拉曼散射的理论基础

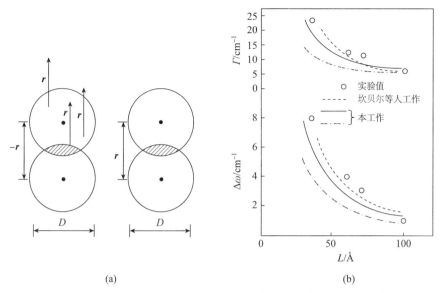

图 8.16 (a)非极性半导体小晶体的相关性示意图;(b)小晶体 Si 中计算的拉曼位移 $\Delta\omega$ 和峰宽 $\Gamma$ 对尺度的依赖关系[17]。转载自 N. Othman and K. Kawamura, Theoretical Investigation of Raman Scattering From Microcrystallites, Solid State Commun., **75**, 711—718 (1990)

图 8.16(b)用模型计算的拉曼位移 $\Delta\omega$ 和峰宽 $\Gamma$ 对小晶体 Si 的颗粒尺度的依赖关系。在计算中进一步假设对于所有简正模,空间关联和拉曼效率是常数,布里渊区声子的色散是各向同性的。在图 8.16(b)中,实线和虚线分别代表平的和没有尺寸分布的样品。实验结果和用 MC 模型计算的结果也一并给出在图 8.16(b)中[18]。比较的结果相当好,于是,对于非极性半导体小晶体的拉曼散射可以得到以下几个重要结论:

(1)动量守恒弛豫扮演重要角色;

(2)声子阻尼、表面模和晶格膨胀等对小晶体的拉曼散射只有小的影响,因为计算中没有考虑这些。

### 8.2.3 极性半导体小晶体[19]

马丁和根泽尔(Genzel)用尼奎斯特(Nyquist)法则讨论了无对称中心的极性半导体小晶粒粉末的拉曼谱,他们建立了一个模型去讨论拉曼散射,模型如下所述:

(1)粉末中粒子之间有相互作用;

(2)每一个小晶粒可以用一个依赖频率的复介电函数描述;

(3)假设晶体可以支持一个极化波,而小晶粒在其他方面的原子特性完全被忽略；

(4) 唯一可以感知的拉曼活性模是具有一致均匀极化的模；

(5) 由相互作用的颗粒组成的粉末可以支持平面波，同时具有横波和纵波特征的类 s 波。

(6) 由晶体颗粒组成的粉末层的行为在光学方面像均匀的各向同性的介质。

在 2.1.2 小节中，基于辐射的经典理论，我们描述了激光场 $E(\omega_1)$ 诱导的振荡偶极子发出的散射光强度可以表达为：

$$I(\omega_s) = \frac{V^2 n_s}{2\pi c^3} \frac{\omega_s^4}{R^2} \langle P^2(\omega_s) \rangle \tag{8.27}$$

其中 $\langle P^2(\omega_s) \rangle$ 是单位体积激光场 $E(\omega_i)$ 感生的偶极矩 $P(\omega_s)$ 的 $\omega_s$ 傅里叶分量的平方涨落，$n_s$ 是频率为 $\omega_s$ 时的折射率，$c$ 是光速，$R$ 是测量点到偶极的距离，$V$ 是样品的体积。宏观电场 $\langle E^2(\omega_{ir}) \rangle$ 的涨落和原子位移 $\langle Q^2(\omega_{ir}) \rangle$ 都会导致拉曼散射。除此以外，垂直于 $\langle EQ(\omega_{ir}) \rangle$ 的关联项也应该被包括在 $\langle P^2(\omega_s) \rangle$ 中。于是，

$$\langle P^2(\omega_s) \rangle = |E(\omega_i)|^2 [d_E^2 \langle E^2(\omega_{ir}) \rangle + 2 d_E d_Q \langle EQ(\omega_{ir}) \rangle + d_Q^2 \langle Q^2(\omega_{ir}) \rangle] \tag{8.28}$$

非常明显，电场涨落相对于原子位移涨落对拉曼散射的贡献将会随在不同样品中小晶粒 $f$（$f=0$ 和 1 分别对应体材料和单个颗粒）占有的整个样品的体积分数而变化。

从涨落谱得到的结果总结如下：

(1) 对于横波：

$$\langle E^2(\omega) \rangle = 0 \tag{8.29}$$

$$\langle Q^2(\omega) \rangle = \frac{\hbar}{2\pi\mu} [n(\omega) + 1] \frac{\omega\gamma}{(\omega_{ST}^2 - \omega^2)^2 + \omega^2\gamma^2} \tag{8.30}$$

$$\langle EQ(\omega) \rangle = 0 \tag{8.31}$$

(2) 对于纵波：

$$\langle E^2(\omega) \rangle = \frac{2fN\hbar}{\varepsilon_\infty^{av}} [n(\omega) + 1] \frac{(\omega_{SL}^2 - \omega_{ST}^2)\omega\gamma}{(\omega_{SL}^2 - \omega^2)^2 + \omega^2\gamma^2} \tag{8.32}$$

$$\langle Q^2(\omega) \rangle = \frac{\hbar}{2\pi\mu} [n(\omega) + 1] \frac{\omega\gamma}{(\omega_{SL}^2 - \omega^2)^2 + \omega^2\gamma^2} \tag{8.33}$$

$$\langle EQ(\omega) \rangle = -\left(\frac{fN}{\pi\mu\varepsilon_\infty^{av}}\right)^{1/2} \hbar [n(\omega) + 1] \frac{(\omega_{SL}^2 - \omega_{ST}^2)^{1/2}\omega\gamma}{(\omega_{SL}^2 - \omega^2)^2 + \omega^2\gamma^2} \tag{8.34}$$

其中 $\omega_{SL}$ 和 $\omega_{ST}$ 分别是纵波和横波的声子频率，它们与静态的和高频平均介电常数 $\varepsilon_0^{av}$ 和 $\varepsilon_\infty^{av}$ 有关联

$$\omega_{SL}^2 / \omega_{ST}^2 = \varepsilon_0^{av} / \varepsilon_\infty^{av} \tag{8.35}$$

在以上的等式中,横波的表达式在 $f=0$ 时等于纵波的表达式,特别是$\langle E^2 \rangle$和$\langle E_Q \rangle$对于两个偏振等于 0,$\omega_{SL}$ 和 $\omega_{ST}$ 也相等。以上结果表明,对于单个的球体,区分振动模是横的或者纵的是没有意义的。当 $f$ 趋近 1 时,在涨落表达中 $\omega_{SL}$ 和 $\omega_{ST}$ 趋近体材料的 $\omega_T$ 和 $\omega_L$。很明显,以上结果应该在物理上被期待的。

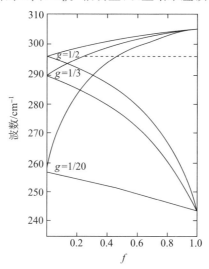

图 8.17 一个微观晶体粉末的纵声子频率(上支)和横声子频率(下支)是被颗粒占有的体积分数 $f$ 的函数。选择的参数表示三个不同颗粒形状因子 $g$ 的 CdS。虚线是观察到的频率[19]。转载自 T. P. Martin and L. Genzel, Raman Scattering in Small Crystals, Phys. Rev. B, **8**, 1630—1638 (1973)

计算 CdS 中纵声子频率 $\omega_{SL}$(上支)和横声子频率 $\omega_{ST}$(下支)对体积分数 $f$ 的依赖关系的结果见图 8.17。图中 $g$ 等于 1/3 对应于一个球形,$g$ 等于 1/2 是沿垂直于无限针状轴的适当的形状因子,而 $g$ 等于 1/20 是沿平行于有限针状轴的因子。纵波场的涨落与 $f$ 有关,而原子位移的涨落与 $f$ 无关(见图中的虚线)。

计算结果表明,如果粉末由尺度小于入射光波长的微晶颗粒组成,则它们在光学上被认为是有明确的纵波和横波声子的均匀材料。声子的频率依赖于粉末样品的密度和颗粒的形状,而电场涨落和原子位移对拉曼散射的相对贡献也依赖于粉末样品的形状。

### 8.2.4 碳纳米结构

碳家族有许多同素异形体,例如金刚石、石墨、石墨烯和富勒烯。在金刚石中,碳原子以立方晶格排列键合在一起),而在石墨、石墨烯中则是层状六方结构,在富勒烯中是球形的、管状的或者椭圆状的结构。

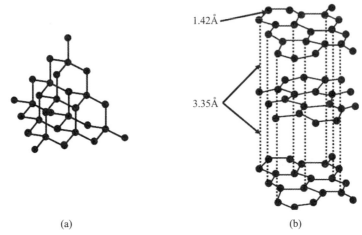

图 8.18 (a)立方结构的金刚石;(b)六方结构的石墨

从晶体结构的观点看,众所周知碳家族有两个晶体结构:立方金刚石结构和六方石墨结构,见图 8.18。石墨是层状结构,层间的耦合很弱,如图 8.18(b)所示。在石墨家族中,三维高纯晶体通常是高取向热解石墨(HOPG),而单层石墨叫作石墨烯。

在 8.2.2 小节中已经提到,纳米金刚石的晶格动力学和拉曼散射可以基于体色散曲线讨论,体金刚石的晶格动力学已经在第七章介绍过。所以,在本小节我们只介绍石墨结构的拉曼散射理论。

#### 8.2.4.1 石墨烯——单分子层石墨

石墨烯是只有一个原子层厚薄膜内通过双电子键(称为 $SP^2$ 键)束缚在一起的碳原子片。石墨烯的结构与其他石墨材料类似,从石墨到富勒烯(碳纳米管、巴基球等)结构基本相同。石墨烯在 2004 年被发现[20],这意味着人类已经严格地可以利用所有维度的材料,包括零维(量子点)、一维(纳米线、碳纳米管)和二维(石墨烯)。

作为石墨的单原子层,每个石墨烯单胞有两个原子,所以在布里渊区中心,$q=0$,有 6 个声子分支,

$$A_{2u}+B_{2g}+2E_{1u}+2E_{2g} \tag{8.36}$$

其中 $E_{1u}$ 和 $E_{2g}$ 模代表在石墨烯平面内的振动;$A_{2u}$ 和 $B_{2g}$ 模代表原子垂直于石墨烯平面的振动。$E_{2g}$ 模是双重简并的光学振动模,并且是仅有的拉曼活性模。图 8.19(a)~(c)是石墨烯的振动图像和计算的声子色散曲线。

# 第八章 纳米结构拉曼散射的理论基础

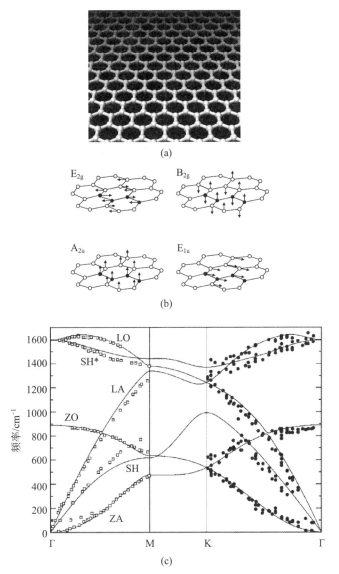

图 8.19 石墨烯:(a)分子结构;(b)声子的本征矢量;(c)声子色散关系。在 (c)中,实线是用第一性原理力常数方法对软势计算的结果。空心正方形是反射电子能量损失谱(REELS)数据,实心圆圈是高分辨率电子显微镜(HREELS)数据。声子支标记为(模/对称性):面外横声学支($ZA/A_{2u}$);面内横声学支($SH/E_{1u}$);纵声学支($LA/E_{1u}$);面外横光学支($ZO/B_{2g}$);面内横光学支($SH^*/E_{2g}$);纵光学支($LO/E_{2g}$)。转载自 O. Dubay and G. Kresse, Accurate density functional calculations for the phonon dispersion relations of graphite layer and carbon nanotubes,Phys Rev B,**67**,035401 (2003)

### 8.2.4.2 富勒烯——$C_{60}$ 巴基球

富勒烯分子完全由碳组成，是空心球、椭圆体或者管状。球形富勒烯也叫作巴基球，它的最小成员是 $C_{20}$（12 面烷的不饱和版本），而最常见的是 $C_{60}$。柱状管叫作碳纳米管。图 8.20 是巴基球 $C_{60}$ 和碳纳米管的结构。

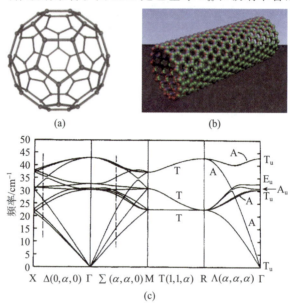

图 8.20 (a)巴基球 $C_{60}$ 的分子结构；(b)碳纳米管；(c)固体 $C_{60}$ 的谐波声子色散曲线。转载自 T. Yildirim and A. B. Harris, Phys. Rev. B, **92**, 7878 (1992)

1985 年，克罗托(Kroto)等人[21]第一次人工制备了第一个富勒烯-巴基球 $C_{60}$，事实上，在煤烟灰中就含有少量巴基球。从那以后，各种各样的富勒烯结构如雨后春笋般出现，例如 $C_{70}$、球-链双聚体和富勒烯环等。可是，我们这里仅关心巴基球 $C_{60}$。

巴基球 $C_{60}$ 的结构是一个截去顶端的十二面体，有 20 个六面体和 12 个五面体，每一个多边形的顶点有一个碳原子，化学键沿多边形的边，具体见图 8.20(a)。$C_{60}$ 分子的范德瓦尔斯直径大约是 1.01nm，每一个碳原子与 3 个碳原子形成共价键。

$C_{60}$ 是最丰富的富勒烯，$C_{60}$ 最突出的特征就是 $I_h$ 对称性，这是分子中的最高对称性，这导致它在 1741 个自由度里只有 46 个振动模，表达如下：

$$2A_g + 3F_{1g} + 4F_{2g} + 6G_g + 8H_g + A_u + 4F_{1u} + 5F_{2u} + 6G_u + 7H_u \tag{8.37}$$

其中偶数的 $8H_g$ 和 $2A_g$ 模是拉曼活性的，其他的奇数模是非拉曼活性的或者红外活性的。

耶尔德里姆(Yildirim)和哈里斯(Harris)用群论和对角化动力学矩阵方法研究了固态 $C_{60}$ 的晶格动力学。在属于 $q=0$（因子群 $T_h$）模的表示中，在反演情况下，平移是奇的，晶格平移的数量为

$$\Gamma_T = A_u + E_u + 3T_u \quad (8.38)$$

色散曲线见图 8.20(b)。

**8.2.4.3 单壁碳纳米管——卷成圆柱的石墨烯[22]**

在 1992 年发现的最早的碳纳米管是多壁的碳纳米管[24(a)]，1993 年制备了单壁碳纳米管[24(b)]。从那以后，理论研究工作主要集中在单壁碳纳米管。在本小节，我们主要讨论与单壁碳纳米管(SWTNMs)有关的工作。

- 单壁碳纳米管的结构

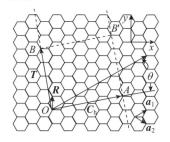

图 8.21 石墨烯未卷曲的二维蜂窝格子示意图，对应于 $C_h=(4,2)$，$d=d_R=2$，$T=(4,-5)$，$N=28$，$R=(1,-1)$[26]。转载自 R. Saito, G. Dresselhaus and M. S. Dresselhaus，Physical Propertis of Carbon Nanotubes，(1998)

一个单壁碳纳米管可以看作石墨烯卷曲成的一个圆柱状的结构。石墨烯结构如图 8.21 所示，当我们连接点 $O$ 和 $A$、$O$ 和 $B$、$O$ 和 $B'$，一个碳纳米管就做成了，定义长方形 $OAB'B$ 为碳纳米管的单胞。$\overrightarrow{OA}$ 和 $\overrightarrow{OB}$ 分别被定义为纳米管的手性矢量 $C_h$ 和平移矢量，矢量 $R$ 表示一个对称矢量，它们的定义如下：

$$C_h = na_1 + ma_2 \equiv (m,n) \quad (n, m \text{ 是整数}, 0 \leqslant |m| \leqslant n) \quad (8.39)$$

$$T = t_1 a_1 + t_2 a_2 \equiv (t_1, t_2) \quad (t_1 \text{ 和 } t_2 \text{ 是整数}) \quad (8.40)$$

$$R = pa_1 + qa_2 \equiv (p,q) \quad (p \text{ 和 } q \text{ 是整数}) \quad (8.41)$$

其中 $a_1$ 和 $a_2$ 是实空间的单位矢量，且有如下关系：

$$\begin{aligned} a_1 \cdot a_1 &= a_2 \cdot a_2 = a^2 \\ a_1 \cdot a_2 &= a^2/2 \end{aligned} \quad (8.42)$$

上式中 $a=0.144\times\sqrt{3}=0.249\text{nm}$ 是蜂窝状结构的晶格常数。

前面提到的 3 个矢量可以用来表示碳纳米管的一些物理参数，例如碳纳

米管的直径表示如下：

$$d_t = L/\pi = |\mathbf{C}_h| = \sqrt{\mathbf{C}_h \cdot \mathbf{C}_h} = a\sqrt{n^2 + m^2 + nm} \quad (8.43)$$

用包括矢量 $\mathbf{C}_h$ 和 $\mathbf{a}_1$ 之间角度定义的手性角度 $\theta$ 可以表达如下：

$$\cos\theta = \frac{\mathbf{C} \cdot \mathbf{a}_1}{|\mathbf{C}_h||\mathbf{a}_1|} = \frac{2n+m}{2\sqrt{n^2+m^2+nm}} \quad (8.44)$$

如图 8.22 所示，碳纳米管的布里渊区用平行于 $\mathbf{K}_2$ 的 $WW'$ 线段表示，这里 $\mathbf{K}_1$ 和 $\mathbf{K}_2$ 分别是沿碳纳米管轴向（对应 $\mathbf{C}_h$）和圆周方向（对应 $\mathbf{T}$）的倒易矢，可以表达如下：

$$\mathbf{K}_1 = \frac{1}{N}(-t_2\mathbf{b}_1 + t_1\mathbf{b}_2) \quad (8.45)$$

$$\mathbf{K}_2 = \frac{1}{N}(m\mathbf{b}_1 - n\mathbf{b}_2) \quad (8.46)$$

其中 $\mathbf{b}_1$ 和 $\mathbf{b}_2$ 分别是石墨的二维倒易矢量，即

$$\begin{aligned}\mathbf{b}_1 &= \left(\frac{2\pi}{\sqrt{3}a}, \frac{2\pi}{a}\right) \\ \mathbf{b}_2 &= \left(\frac{2\pi}{\sqrt{3}a}, -\frac{2\pi}{a}\right)\end{aligned} \quad (8.47)$$

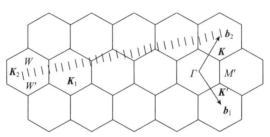

图 8.22 碳纳米管的布里渊区示意图[27]。转载自 R. Saito, G. Dresselhaus and M. S. Dresselhaus, Physical Propertis of Carbon Nanotubes, (1998)

基于对称性特征，碳纳米管可以分为手性的和非手性的，非手性的可以进一步分为椅子型和锯齿型。它们的具体结构见图 8.23。

对于单壁碳纳米管，管径一般小于 2nm，管壁是单层石墨——石墨烯，通常直径长度比可以大于 $10^{-5}$。所以，两头有"帽子"的碳纳米管，在很多物理问题上，帽子的影响可以被完全忽略，于是，碳纳米管可以被看作是一个典型的有轴对称性的一维管状结构。

- 单壁碳纳米管的声子色散关系[26]

碳纳米管的声子色散关系可以通过不同的方法得到，下面就简单介绍一下。

(1) 布里渊区折叠方法

碳纳米管的半径方向和超晶格的生长方向的结构在对称性方面是相似的,例如,碳纳米管也出现在石墨中不存在的新周期,这与我们在§8.1中提到的类似,并且导致了能带的折叠。所以,在第一个近似中,单壁碳纳米管的色散关系 $\omega_{1D}^{m\mu}(k)$ 也可以用二维石墨的色散曲线 $\omega_{2D}^{m\mu}$ 得到,折叠关系与方程(8.13)类似,

$$\omega_{1D}^{m\mu}(k) = \omega_{2D}^{m\mu}\left(k\frac{\boldsymbol{K}_2}{|\boldsymbol{K}_2|} + \mu\boldsymbol{K}_1\right) \tag{8.48}$$

其中 $m = 1, \cdots, 6; \mu = 0, \cdots, N-1; -\pi/T < k \leqslant \pi/T$。

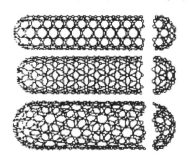

图 8.23 三种类型碳纳米管结构的示意图:椅子型(上),锯齿型(中),手性(下)[27]。转载自 R. Saito, G. Dresselhaus and M. S. Dresselhaus, Physical Propertis of Carbon Nanotubes,(1998)

在石墨烯的振动中,在 $q = 0$ 处有一个能量为零的垂直于石墨平面的横声学声子模,这个声子在图 8.19(b)中标记为 $A_{2u}$,并示于图 8.24(a)中。当石墨烯卷成碳纳米管后,上述横声学声子模在碳纳米管中变为在 $q = 0$ 的径向呼吸(RB)声子,如图 8.24(b)所示。可是在用折叠法得到的色散关系中,RM模不能出现,所以,精确的单壁碳纳米管的色散关系需要建立在完整的动力学计算上。

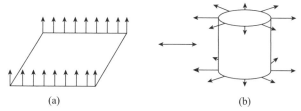

图 8.24 (a)垂直石墨平面振动的变化;(b)碳纳米管的径向振动。转载自张树霖著《拉曼光谱学与低维纳米半导体》,科学出版社,2008

(2) 晶格动力学计算[26]

下面我们要讨论 7.2.2 小节中介绍的力常数方法去计算单壁碳纳米管

的声子色散关系。

一般来说,我们用 $u_i(x_i, y_i, z_i)$ 来标记第 $i(i=1,\cdots,N)$ 个碳原子的坐标,于是,对于有 $N$ 个原子的单胞,第 $i$ 个坐标 $u_i(x_i, y_i, z_i)$ 位移的运动方程如下:

$$M_i \ddot{u}_i = \sum_j K^{(i,j)} (u_j - u_i) \tag{8.49}$$

其中 $M_i$ 是第 $i$ 个原子的质量,$K^{(i,j)}$ 代表第 $i$ 和第 $j$ 原子之间的 $3\times 3$ 力常数张量。依照近似的需要,对 $i$ 求和通常用第 $j$ 个原子作为最邻近原子或次邻近原子,以上方程的正常模位移可以表达为

$$u_i = \frac{1}{\sqrt{N_\Omega}} \sum_{k'} e^{i(q'\cdot R_i - \omega t)} u_{k'}^{(i)} \tag{8.50}$$

于是,运动方程(8.49)变成

$$\left(\sum_j K^{(i,j)} - M_i \omega^2\right) \sum_{k'} e^{-i(q'\cdot R_i - \omega t)} u_{k'}^{(i)} = \sum_j K^{(i,j)} \sum_{k'} e^{i(q'\cdot R_i - \omega t)} u_{k'}^{(j)} \tag{8.51}$$

上式可以进一步表达为

$$\left(\sum_j K^{(i,j)} - M_i \omega^2(k) I\right) u_k^{(i)} - \sum_j K^{(i,j)} \sum_{k'} e^{ik\cdot \Delta R_{ij}} u_{k'}^{(j)} = 0 \tag{8.52}$$

其中 $I$ 是 $3\times 3$ 的单位矩阵,$\Delta R_{ij} = R_i - R_j$。求解方程(8.52),我们得到动力学矩阵如下

$$D^{(i,j)}(k) = \left(\sum_{j''} K^{(i,j'')} - M_i \omega^2(k) I\right) D_{ij} - \sum_{j'} K^{(i,j')} e^{ik\cdot \Delta R_{ij'}} \tag{8.53}$$

用折叠方法和晶格动力学计算出的一个 (10,10) 单壁碳纳米管(SWNT)的声子色散曲线和代表性的声子态密度(PDOSs)见图 8.25。图 8.25 中声子态密度大量的尖锐结构反映存在许多声子支,单壁碳纳米管与二维石墨有关联的一维特性起源于声子态到范霍夫奇异性的量子限制,图 8.25 中二维声子的态密度可以用许多单壁碳纳米管的一维声子态密度求和得到[27,28]。以上提到的内容促使我们仔细研究一维效应,尤其对一维碳纳米管,这是由于一维系统混合了分子的异常能级(在声子态密度中的 Δ 函数)和沿纳米管轴向固态对称性的准连续行为。

除了声子态密度中的范霍夫奇异性,碳纳米管也呈现出一些其他的声子色散关系方面的不寻常处,例如有 4 个声学支。除纵声子和横声子模外,还有两个绕管轴刚性转动的扭曲模,它对热输运和载流子散射很重要。对电子与晶格耦合而言,重要的是在布里渊区中心 $q=0$ 低能处的光学模。对于一个 (10,10) 碳纳米管,这些模包括一个 $E_2$ 对称性模(挤压模),预期出现在 $\sim 17 \text{cm}^{-1}$ 处;一个 $E_1$ 对称性模,预期出现在 $\sim 118 \text{cm}^{-1}$ 处;还有一个 A 对称

性(径向呼吸模),预期出现在~165cm$^{-1}$处。对这3个低能声子模,只有径向呼吸模(RBM)是 A 对称性,这里的所有碳原子在半径方向同相振动。

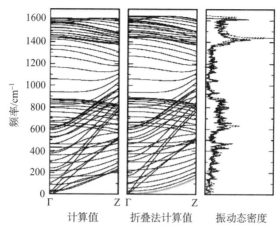

图 8.25 椅子型(10,10)单壁碳纳米管的声子色散关系和振动态密度。灰色粗线是径向呼吸模。VDOS 部分表示零折叠(虚线)的振动态密度和第一性原理计算结果[29]。转载自 O. Dubay and G. Kresse, Accurate density functional calculations for the phonon dispersion relations of graphite layer and carbon nanotubes, Phys Rev B, **67**, 035401 (2003)

在单壁碳纳米管中,G 带在 1580cm$^{-1}$ 周围劈裂出很多特征,低频径向呼吸模通常有最强的拉曼谱特征。径向呼吸模是一个独特的声子模,仅出现在碳纳米管中。它的出现直接证明样品是单壁碳纳米管。径向呼吸模的频率反比于纳米管的直径,为 $\omega_{RBM}=C/d_t$(cm$^{-1}$),这里 $C$ 与衬底的影响和管-管相互作用有关系。例如,对于分离出来在 SiO$_2$ 衬底上的单壁碳纳米管,$C$=248cm$^{-1}$nm[30]。

### 8.2.5 量子阱线、量子线和纳米线——样品的形状效应

量子阱线、量子线和纳米线是不对称形状的纳米结构。众所周知,纳米结构除了尺寸限制效应,还有形状效应,尽管它在体材料中不存在。通常认为尺寸限制效应存在于极性和非极性半导体中,而形状效应仅在极性半导体中出现。原因是形状对长程的库仑相互作用有影响,而对局域在临近原子区域中的形变势没有影响。所以,形状效应仅出现在有库仑相互作用的极性纳米半导体中。

#### 8.2.5.1 限制光学声子模

科马斯(Comas)等人[31]用介电连续模型计算和分析了埋在 AlAs 中的 GaAs 量子线的形状效应对拉曼谱的影响,在计算中,圆截面的半径表示为

$r_0$,轴向定义为 $z$。对 $q_z=0$,并沿轴向传播的声子进行计算,当 $r<r_0$, $n=1,2,3$ 时,GaAs 量子线的声子模超越方程表达为

$$\frac{(\varepsilon_\infty^{(1)}+\varepsilon_\infty^{(2)})}{2}[f_{n-1}(x)f_{n+1}(y)+f_{n-1}(y)f_{n+1}(x)]$$
$$+\left(\frac{\beta_{LO}}{\beta_{TO}}\right)^2\frac{\varepsilon_\infty^{(1)}}{y^2}R^2\left[f_{n-1}(x)+\frac{n}{x}f_n(x)\left(\frac{\varepsilon_\infty^{(2)}}{\varepsilon_\infty^{(1)}}-1\right)\right]f_{n+1}(y)=0$$
(8.54)

其中 $\varepsilon_\infty^{(i)}$ 是材料 $i$ 的高频介电常数,$f_n$ 是第一类贝塞尔函数,$\beta_{LO}$ 和 $\beta_{TO}$ 代表 LO 和 TO 模的电场,$x=qr$,$y=Qr_0$,$R^2=\left(\dfrac{r_0}{\beta_{LO}}\right)^2(\omega_{LO}^2-\omega_{TO}^2)$ 与其限制条件

$$R^2=x^2-y^2(\beta_{TO}/\beta_{LO})^2 \tag{8.55}$$

计算的在 LO 和 TO 模的能量 $\hbar\omega$ 和量子线的直径 $r_0$ 之间的关系如图 8.26 所示。

图 8.26 表明,当 $n=0$ 时,存在完全耦合的纯的纵的和横的声子。可是,当 $n=1$ 和 $n=2$ 时,纵和横声子的去耦合出现了,纵光学模接近横光学模。

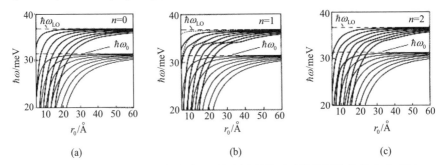

图 8.26 在高于和低于 $\omega_0$ 的频率区,具有圆形截面无限长圆柱的前七个声子模能量作为直径 $r_0$ 的函数图。虚线代表体 LO 和 TO 声子能量。作为比较,点虚线表示 $n=1$ 时 LO 声子的去耦合模[31]。转载自 F. Comas, C. T. Giner and A. Cantarer, Optical phonons and electron-phonon interaction in quantum wires, Phys. Rev. B, **47**, 7602—7605 (1993)

马汉(Mahan)等人[32]研究了在立方极性晶体半导体纳米线中的长程偶极相互作用,考虑到偶极-偶极相互作用导致的局域场的影响,他们计算了光学声子和样品线的纵横比(L/D)之间的关联,计算的体的纵和横声子频率 $\omega_{LO}$ 和 $\omega_{TO}$ 表达如下[33]:

$$\omega_{LO}^2=\omega_0^2+\omega_P^2\frac{2(\varepsilon_z(\infty)+2)}{9\varepsilon_z(\infty)} \tag{8.56}$$

## 第八章 纳米结构拉曼散射的理论基础

$$\omega_{TO}^2 = \omega_0^2 - \omega_P^2 \frac{2(\varepsilon_z(\infty)+2)}{9} \tag{8.57}$$

其中

$$\varepsilon_z(\infty) = 1 + \frac{4\pi\alpha/V_0}{1-4\pi\alpha/3V_0} \tag{8.58}$$

是高频(实的)洛伦茨-洛伦兹(Lorenz-Lorentz)介电常数，$V_0$ 和 $\alpha$ 分别是体积和单胞的极化率。以及等离子体频率

$$\omega_P^2 = \frac{4\pi e^{*2}}{\mu V_0} \tag{8.59}$$

其中 $e^*$ 是西盖蒂(Szigeti)电荷，$\mu$ 是离子对的约化质量。对于纳米线中的光学声子，在 $zz$ 方向的电学常数 $\varepsilon_{zz}(\omega)$ 与体材料在顶点和 0 点的相同，即

$$\omega_{Tz} = \omega_{TO}$$
$$\omega_{Lz} = \omega_{LO} \tag{8.60}$$

在 $xx$ 方向，有

$$\omega_{Tx}^2 = \omega_0^2 + \omega_P^2 \frac{(\varepsilon_x(\infty)+2)}{9(\varepsilon_x(\infty)+1)} \tag{8.61}$$

$$\omega_{Lx}^2 = \omega_0^2 + \omega_P^2 \frac{7(\varepsilon_x(\infty)+2)}{9(\varepsilon_x(\infty)-1)} \tag{8.62}$$

其中

$$\varepsilon_x(\infty) = \frac{3\varepsilon_z(\infty)-1}{\varepsilon_z(\infty)+1} \tag{8.63}$$

对于在 $yy$ 方向的 $\omega_{Ty}$ 和 $\omega_{Ly}$，只需要把上式中的下标 $x$ 换成 $y$。

计算表明在纳米线中纵光学声子和横光学声子的频率对纳米线的纵横比很敏感，在体材料立方极化半导体中，两个光学声子模因为长程偶极相互作用和样品的形状(线的几何形状)而劈裂。一些典型的极性半导体的 $\omega_{Tz}$、$\omega_{Lz}$、$\omega_{Tx}$ 和 $\omega_{Lx}$ 列在表 8.1 中。从表中可以看出，形状效应使得声子在 $q=0$ 时劈裂。

表 8.1　文中所述的立方极性半导体中体纵光学声子和横光学声子模的频率[34,35]和纳米线的计算模的频率 $\omega_{Tz}$、$\omega_{Lz}$、$\omega_{Tx}$ 和 $\omega_{Lx}$。介电常数数据 $\varepsilon_z(\infty)$ 来自参考文献[36]

| 晶体 | $\omega_{TO}(\omega_{Tz})/\text{cm}^{-1}$ | $\omega_{LO}(\omega_{Lz})/\text{cm}^{-1}$ | $\omega_{Tx}/\text{cm}^{-1}$ | $\omega_{Lx}/\text{cm}^{-1}$ |
|---|---|---|---|---|
| GaAs | 268.6 | 292 | 290.2 | 292.7 |
| GaP | 367 | 403 | 399.5 | 404.3 |
| ZnS | 274 | 349 | 337.9 | 353.6 |

续表

| 晶体 | $\omega_{TO}(\omega_{T\tau})/\mathrm{cm}^{-1}$ | $\omega_{LO}(\omega_{Lz})/\mathrm{cm}^{-1}$ | $\omega_{Tx}/\mathrm{cm}^{-1}$ | $\omega_{Lx}/\mathrm{cm}^{-1}$ |
|---|---|---|---|---|
| SiC | 796 | 972 | 950.5 | 980.6 |
| ZnSe | 206 | 252 | 248.9 | 254.4 |
| ZnTe | 179 | 206 | 202.9 | 207.2 |
| CdTe | 140 | 171 | 167.3 | 172.4 |
| AlP | 440 | 501 | 494.2 | 503.6 |
| InP | 303.7 | 345 | 341.3 | 346.4 |
| InSb | 179 | 200 | 198.8 | 200.4 |
| AlSb | 319 | 340 | 338.2 | 340.8 |

资料来源:G. D. Mahan, R. Gupta, Q. Xiong, C. K. Adu, and P. C. Eklund, Optical phonons in polar semiconductor nanowires, Phys Rev B, **68**, 073402 (2003)。

#### 8.2.5.2 界面模

基于黄-朱模型,朱邦芬[37]计算了一维量子阱线的界面模,计算结果表明,其在许多方面与二维特性相似。例如,光学声子依然可以被分为两类:限制声子模和界面声子模,界面声子模也有体纵声子模和横声子模的杂化特征等。

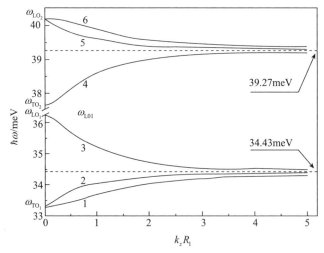

图 8.27 四层量子阱线 GaAs/Ga$_{0.6}$Al$_{0.4}$As/GaAs/Ga$_{0.6}$As$_{0.4}$Al$_{0.4}$As(厚度分别为 5mm/5mm/5mm/∞),角量子数 $m=0$ 的界面模的色散关系[38]。转载自 L. Zhang and H. J. Xie, Transfer Matrix Method for the FRO HLICH Electron-Interface Optical Phonon Interaction in Multilayer Coaxial Cylindrical Quantum-Well Wires, International journal of Modern Physics B, **18**, 379—393 (2004)

谢洪鲸和张立用介电连续模型计算了多层空心圆筒量子阱线的界面声子，图 8.27 是厚度分别为 $5\text{mm}/5\text{mm}/5\text{mm}/\infty$ 的四层量子阱线 $GaAs/Ga_{0.6}Al_{0.4}As/GaAs/Ga_{0.6}As_{0.4}Al_{0.4}As$ 的界面模的色散关系，有 6 个界面模。这些模仅在小声子波矢 $k_z$ 时出现明显的色散，并且接近相应量子阱结构的 $\omega_{TO1}$、$\omega_{LO1}$、$\omega_{TO2}$ 和 $\omega_{LO2}$（下标 1 和 2 分别代表材料 GaAs 和 $Ga_{0.6}Al_{0.4}As$）。当 $k_z$ 增加，频率 1，2，3 和 4，5，6 支分别接近两个固定值 39.72meV 和 34.43meV。

## §8.3 微晶(MC)模型

在小尺寸半导体的拉曼散射研究中，一些唯象理论被广泛应用，其中微晶(MC)模型是相当有名的一个。微晶模型是 RWL 模型和空间关联模型的通称，这两个模型都被用来解释由于小尺寸半导体引起的观察到的拉曼谱频率位移和谱线展宽。可是，两者谱特征变化的起源是不同的，特别是在这两个模型中。前一个模型关注的是微晶颗粒的小尺寸出现的声子限制，而后一个模型讨论的问题是 $Ga_{1-x}Al_xAs$ 合金化过程中出现的声子局域化。一方面，微晶理论尤其被实验研究者广泛和成功地应用；另一方面，许多研究者对这两个模型提出了疑问。在这一节中，我们要详细介绍和评论微晶理论。

### 8.3.1 微晶模型的原型

#### 8.3.1.1 RWL 模型

RWL 模型最早由里克特(Richter)等人于 1981 年提出[18]，这就是该模型被称为 RWL 的原因。在 1986 年，坎贝尔(Campbell)和福切特(Fauchet)进一步讨论和发展了 RWL 模型[39]。在参考文献[39]中，基于布里渊法则，作者写出了无限晶体中波矢 $q_0$ 声子的波函数：

$$\Phi(q_0, r) = u(q_0, r)e^{-iq_0 \cdot r} \tag{8.64}$$

其中 $u(q_0, r)$ 是周期函数，其周期用晶格常数定义，$\exp(iq_0 \cdot r)$ 是个平面波。进而，他们假设一个直径为 $L$ 的微晶其波矢 $q_0$ 声子的波函数

$$\Psi(q_0, r) = W(r, L)\Phi(q_0, r) = \Psi'(q_0, r) u(q_0, r) \tag{8.65}$$

其中 $W(r, L)$ 是声子权重函数，它表明微晶的声子波函数是一个 $q$ 矢量集中在 $q_0$ 的本征函数的叠加。对 $\Psi'$ 做傅里叶级数展开：

$$\Psi'(q_0, r) = \int d^3q C(q_0, r) e^{iq \cdot r} \tag{8.66}$$

傅里叶系数 $C(q_0, r)$ 由下式决定：

$$C(\boldsymbol{q}_0, \boldsymbol{q}) = \frac{1}{(2\pi)^3} \int d^3 \boldsymbol{q} \, \Psi'(\boldsymbol{q}_0, \boldsymbol{r}) e^{-i\boldsymbol{q} \cdot \boldsymbol{r}} \tag{8.67}$$

由于 $\Psi'(\boldsymbol{q}_0, \boldsymbol{r})$ 反映声子密度在微晶实空间的分布,所以 $C(\boldsymbol{q}_0, \boldsymbol{q})$ 是声子密度在波矢空间的分布函数。$\Psi'(\boldsymbol{q}_0, \boldsymbol{r})$ 的表达式(8.66)表明,声子密度分布函数在坐标空间可以表达为平面波和不同波矢(声子动量)$\boldsymbol{q}$ 的结合,这反映了一个新的特征,即晶粒的动量是弥散的。不同 $\boldsymbol{q}$ 的平面波在组合中贡献的权重是不同的,它由权重函数决定。所以,一级拉曼谱可以表示为

$$I(\omega) = \int \frac{d^3 \boldsymbol{q} \cdot |C(\boldsymbol{q}_0, \boldsymbol{q})|^2}{[\omega - \omega(q)]^2 + (\Gamma_0/2)^2} \tag{8.68}$$

其中 $\omega(q)$ 是相应体材料的声子色散曲线,$\Gamma_0$ 是体材料的拉曼线宽,积分区域遍及整个布里渊区。

在参考文献[18]中,在 $\boldsymbol{q}_0 = \boldsymbol{0}$ 处 $C(\boldsymbol{q}_0, \boldsymbol{q})$ 取高斯函数形式,即

$$|C(\boldsymbol{0}, \boldsymbol{q})|^2 = \exp(-q^2/4\alpha L^2) \tag{8.69}$$

其中 $L$ 是晶粒尺寸,$\alpha$ 是一个调节尺寸参量的系数,它由计算结果和实验结果的拟合决定。参考文献[39]的作者指出,原始 RWL 模型中将权重函数 $W(\boldsymbol{r}, L)$ 取作高斯函数 $\exp(-2r^2/L^2)$,即在微晶界面声子振幅等于峰振幅 $1/e$,但这种取法是没有物理根据的。

在球形晶粒中,里克特等人提出了一个在 $\boldsymbol{q}_0 = \boldsymbol{0}$ 处的权重函数[18]:

$$|C(\boldsymbol{0}, \boldsymbol{q})|^2 \approx e^{-q^2 L^2/c} \tag{8.70}$$

坎贝尔和福切特提出了许多种的权重函数 $W(\boldsymbol{r}, L)$ [39],他们相信高斯型的分布函数用以下形式表示更加合适:

$$W(\boldsymbol{r}, L) = \exp(-4\pi \cdot r/L) \tag{8.71}$$

以上方程反映声子密度是对称型分布,它的值在中心最强,而在界面接近 0。方程(8.56)的波函数假设粒子是球形的。对于不规则的微晶形状,限制方程的差别非常小,所以引起的误差可以忽略。

由于积分的主要贡献来自布里渊区中心,模型中所用的声子色散函数通常采用一种简单形式。例如,Si 的声子色散函数通常表达为如下的一维形式:

$$\omega(q) = \omega_0 \cdot \cos\left(\frac{aq}{2}\right), \quad 0 \leqslant q \leqslant \frac{\pi}{2a} \tag{8.72}$$

$$\omega(q) = \omega_0 \cdot \sin\left(\frac{aq}{2}\right), \quad \frac{\pi}{2a} \leqslant q \leqslant \frac{\pi}{a} \tag{8.73}$$

其中 $a$ 是晶格常数,积分区间简化为在 $[0, \pi/a]$。

#### 8.3.1.2 空间关联(SC)模型[40,41]

在 $Ga_{1-x}Al_xAs$ 混合晶体中无序诱导效应和非简谐振动的拉曼谱研究

中,朱瑟朗(Jusserand)和萨普里尔(Sapriel)发现 $Ga_{1-x}Al_xAs$ 中 GaAs 的光学声子拉曼峰随 Al 含量 $x$ 的增加出现一个不对称展宽。他们提出一个基本的唯像模型去解释这个现象。在一维模型中,他们假设不同模对散射光的贡献在频率 $\omega(q)$ 和线宽 $\Gamma(q)$ 周围具有洛伦兹分布,这里 $q$ 等于 $k/Q,Q$ 对应于布里渊区极值的波矢幅度。拉曼强度 $I(\omega)$ 就是有贡献谱线的加权和:

$$I(\omega)=\int_0^1 P(q)\frac{\Gamma(q)/\pi}{[\omega-\omega(q)]^2+\Gamma(q)^2}\mathrm{d}q \quad (8.74)$$

其中 $P(q)$ 是权重因子,它代表不同模对光谱贡献的概率。进而,作者假设:

(1) 光学支 $\omega(q)=\omega_0-\beta q^2$;

(2) $\Gamma$ 独立于 $q$;

(3) 权重因子 $P(q)$ 的分布是洛伦兹型的,半宽为 $\alpha$,

$$P(q)=\frac{2\alpha}{\pi}\frac{1}{q^2+\alpha^2} \quad (8.75)$$

如果我们假设在方程(8.74)中的 $\Gamma(q)$ 与 $q$ 无关,方程(8.75)中的 $P(q)=|C(\mathbf{0},\mathbf{q})|^2$,RWL 模型和空间关联模型在形式上是等价的,所以,在使用中不需要区分 RWL 模型和空间关联模型。下面,我们将用微晶模型代表以上两种模型。

### 8.3.2 微晶模型的基本假设

我们已经说过 RWL 模型是基于声子限制起源于小尺寸晶体,空间关联模型声子的局域化基于合金过程引入的杂质效应。从 RWL 模型和空间关联模型的介绍我们可以发现,他们在建立模型时,的确做了一些物理学和光谱学上的假设:

• 物理上的假设:

(1) 在小尺寸和局域化区域,晶体周期性排列基本存在,即基本保持平移对称性和动量守恒。

(2) 基于测不准原理,小尺寸和局域化在可见光拉曼散射中导致动量弥散和波矢选择定则 $\mathbf{q}=\mathbf{0}$ 弛豫。

• 光谱学假设:

通过 8.3.1 小节,我们可以理解,当提出拉曼强度方程(8.74)时,空间关联模型的作者做了一个特殊的假设,它被认为是合理的。

### 8.3.3 微晶模型的成功应用

微晶模型提出以后,它在不同的领域被广泛应用并取得成功,像纳米半导体、离子注入半导体和合金半导体等。

例如,图 8.28 是非极性纳米半导体:多孔 Si、Si 纳米线和纳米金刚石拟合的结果,可以看出拟合度非常好。

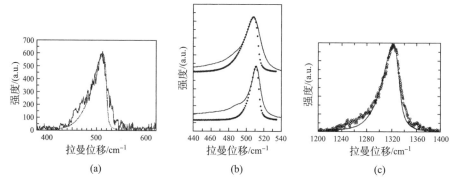

图 8.28 实验与微晶模型计算的拉曼谱比较。(a)多孔 Si(虚线)[42],转载自 Z. Sui, P. P. Leong, I. P. Herman, et al., Raman analysis of light-emitting porous silicon. Appl. Phys. Lett., **60**, 2086—2088 (1992);(b)Si 纳米线(点线)[43],转载自 B. Li, D. P. Yu and S. L. Zhang, Raman spectral study of silicon nanowires, Phys. Rev. B, **59**, 1645—1648 (1999);(c)纳米金刚石(实线)[44],转载自 M. Yoshikawa, Y.Mori, H. Obata, et al., Raman scattering from nanometer-sized diamond, Appl. Phys. Lett., **67** (1995)

在处理极性纳米半导体中合金化和局域化导致的拉曼特征变化,微晶模型也能得到好的结果[45,46],图 8.29 是两个成功的例子。

在微晶模型的 3 个因素 $W(r,L)$、$\omega(q)$ 和 $\Gamma_0$ 中,声子权重函数 $W(r,L)$ 的具体表达在拟合中起关键作用。到目前为止,权重函数选择的表达有各种形式,它们都与 RWL 模型的原始表达式有所不同,其中方程(8.69)表达的函数被广泛应用。在方程(8.69)中有两个可调参数,一个是样品的尺寸 $L$,另一个是强度限制参数 $\alpha$。通过拟合可以得到样品尺寸和形状等参数,例如,从图 8.30(a)和(b)给出的多孔 Si 的拟合结果,可以分别知道多孔 Si 的形状不像线以及多孔 Si 中拉曼位移和平均尺寸的关系。

事实上,在很多成功的应用中,其他两个元素的选择,即色散关系 $\omega(q)$ 和线宽 $\Gamma_0$ 在模型中也与原始的 RWL 模型不同。例如,帕亚尔(Paillard)等人提出用方程(8.76)中的 $\bar{\omega}$ 去替代传统的各向同性的一维的 $\omega(q)$,以反映三维的各向异性的声子色散曲线[47]。

# 第八章 纳米结构拉曼散射的理论基础

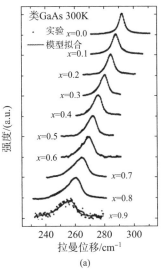

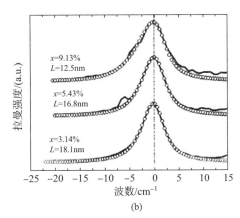

图 8.29 (a)$Ga_{1-x}Al_xAs$ 合金薄膜中类-GaAs 纵光学模的实验拉曼谱[45],转载自 Y. T. Hou, Z. C. Feng, M. F. Li and S. J. Chua, Characterization of MBE-grown $Ga_{1-x}Al_xAs$ alloy films by Raman scattering, Surface and Interface Analysis, **28**, 163−165 (1999);(b)在 $Zn_{1-x}Be_xSe$ 合金薄膜中类 ZnSe 纵光学模(实线),及基于微晶模型的拉曼谱计算的随组分参数 $x$ 变化[46]。转载自 L. Y. Lin, C.W. Chang, W. H. Chen, Y. F. Chen, S. P. Guo and M. C. Tamargo, Raman investigation of anharmonicity and disorder induced effects in Zn1-xBexSe epifilms, Phys. Rev. B, **69**, 075204 (2004)

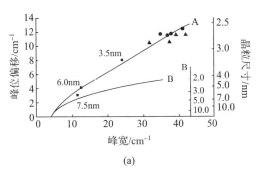

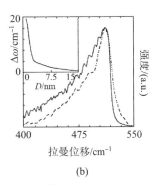

图 8.30 比较多孔 Si 用微晶模型计算的结果(实线)和实验结果[42,43]。(a)A 和 B 分别代表球形和圆柱形多孔 Si 的计算结果,转载自 Z. Sui, P. P. Leong, I. P. Herman, et al., Raman analysis of light-emitting porous silicon, Appl. Phys. Lett., **60**,(1992);(b)插图是多孔 Si 拉曼谱位移 $\Delta\omega$ 和平均尺寸 $D$ 的关系,转载自 S. L. Zhang, et al., Ramaninvestigation with excitation of variouswavelength lasers on porous silicon, J. Appl. Phys. **72**, 4469 (1992)

$$\overline{\omega}_0 = \sqrt{\frac{1}{3}\left(S(q=0) - \sum_{\text{声学声子}} \omega_i^2\right)} = \sqrt{522^2 - \frac{126100 \times q_r^2}{|q_r| + 0.53}}, \quad |q_r| < 0.5$$

(8.76)

进而,如图 8.31 所示,拟合结果表明模型中用的谱线宽度与样品的尺寸有关,而原始模型中所用的是体晶体中的不变线宽。

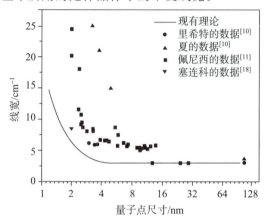

图 8.31 不同学者计算的线宽与量子点尺寸的依赖关系[48]。转载自 S. V. Novikov and G. G. Malliaras, Modified Raman confinement model for Si nanocrystals, Phys. Rev. B, **73**, 033307 (2006)

图 8.32(a)清楚地表明对于尺寸分布的纳米半导体,考虑尺寸分布的计算比不考虑尺寸分布的计算结果要好。图 8.32(b)给出了尺寸分布对拟合结果的影响。参考文献[50]的作者引入了一个尺寸分布函数。

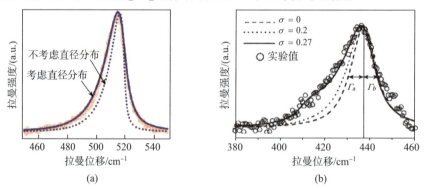

图 8.32 考虑尺寸分布和不考虑尺寸分布对拟合的影响。(a)转载自 K. W. Adu, et al., Confined Phonons in Si Nanowires, Nano Lett., **5**, 409—414 (2005); (b)转载自 K. F. Lin, H. M. Cheng, H. C. Hsu, et al., Band gap engineering and spatial confinement of optical phonon in ZnO quantum dots, Appl. Phys. Lett., **88**, 263117 (2006)

# 第八章 纳米结构拉曼散射的理论基础

$$f(q) = \frac{1}{\sqrt{1+\frac{q^2\sigma^2}{2}}}$$

从图中可以看出当 $\sigma=0$(无尺寸分布)时,拟合结果更差一些。

### 8.3.4 微晶模型的正确表达和应用范围

前面章节的讨论指出,要成功地应用微晶模型,不得不对微晶模型的拉曼强度方程作修订,这也牵涉到正确地表述和合理地使用微晶模型的拉曼强度方程。

#### 8.3.4.1 基于微观计算讨论微晶模型的有效性

参考文献[51]的作者使用一个在局部密度近似框架下的微观键极化率模型,得到了在背散射下具有偏振 $\mu\nu$ 的拉曼强度,表达如下[51]:

$$I_{\mu\nu}(\omega) \propto [n(\omega)+1]\sum_j \delta[\omega-\omega_j(q)]|\Delta\alpha_{\mu\nu}(j\boldsymbol{q})|^2 \quad (8.77)$$

其中 $n(\omega)+1$ 是玻色-爱因斯坦因子。他们计算了不同直径的球形 Si,计算的最多原子数达 657 个。由于振幅可以被看作包络函数,或者前面所述的权重函数,对于含有 357 个原子的 Si 球(直径 $L=23.5\text{Å}$),他们计算了从球心到界面(在球心,振幅被归一化为 1,它也代表权重函数的变化)的振幅,计算结果见图 8.33。

如果拉曼频率位移 $\Delta\omega$ 定义为:

$$\Delta\omega = \omega(L) - \omega_0 \quad (8.78)$$

其中 $\omega(L)$ 是一个尺寸为 $L$ 的 Si 球的拉曼频率,$\omega_0$ 是完美 Si 晶体在 G 点纵光学和横光学声子的频率。图 8.33 是用键极化率模型计算的拉曼频率位移与 Si 球尺寸的关系(实圆圈表示),用键极化率模型得到的拉曼频率位移为

$$\Delta\omega = -A(a/L)^\gamma \quad (8.79)$$

其中 $A=47.41\text{cm}^{-1}$, $\gamma=1.44$,拟合结果见图 8.33 中的实线。在图 8.33 中,用不同权重函数的微晶模型得到的结果也给在图中做比较。可以看出,MC 模型不能令人满意地重复用局部密度方法和键极化率模型得到的拉曼频率位移。与高斯函数计算的结果比较,微晶模型与辛克权重函数一起给出了一个相对好的结果。特别对于小尺寸 Si 球,微晶模型不能同时对权重函数和拉曼位移给出令人满意的描述。

可是帕亚尔等人[52]相信,微晶模型和键极化率模型彼此是一致的,就像参考文献[13]的作者说的那样。如图 8.34 所示,他们相信当颗粒的直径小于 2.2nm,键极化率模型更合适一些。此外,阿杜(Adu)等人[49]指出,模型中的可调参数 $\alpha$(见方程(8.65))对直径在 4~25nm 时不敏感。

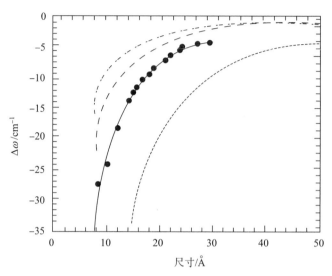

图 8.33 拉曼频率位移与在 $\Gamma$ 点的体纵光学声子和纳米 Si 球尺寸的关系,实心圆圈是用键极化度模型计算的结果,实线是拟合结果。为了比较,用辛克权重函数和高斯权重函数在 $\alpha=8\pi^2$ (点线)和 $\alpha=9.67$ (点划线)计算的结果也在图中给出[51]。转载自 J. Zi, K. Zhang and X. Xie, Comparison of models for Raman spectra of Si nanocrystals, Phys. Rev. B, **55**, 9263—9266 (1997)

### 8.3.4.2 与微晶模型有关因子和参数的讨论

前面的章节都讨论了模型参数和因子以及样品尺寸的选择,微晶模型的要素主要包括权重函数 $C(q_0,q)$、声子色散曲线 $\omega(q)$ 和谱线宽度 $\Gamma_0$。下面我们将一一地分析讨论它们。

• 权重函数 $C(q_0,q)$

权重函数 $C(q_0,q)$ 是声子限制函数 $W(r,L)$ 的傅里叶变换,限制函数 $W(r,L)$ 反映了声子波函数的尺寸限制,等价于实空间声子态密度分布,必须与样品的尺寸关联。$C(q_0,q)$ 反映了在波包中各种波矢的声子出现的概率。波包是由声子的限制效应引起的各种波矢态的叠加,仅是波矢空间各种波矢声子的密度分布。

众所周知,受限制的波函数在无穷势阱中应该是驻波的形式。事实上,超晶格理论也指出声子波函数的限制效应非常强烈,比电子波函数的限制效应还要强。声子限制波函数在势垒层的进入深度仅有 1~2 个原子层[16],而用高斯函数表达的限制效应要弱得多,所以高斯函数不能完全表示尺寸限制效应。这也揭示了参考文献[13]的作者发现的一个现象的物理起源,那就是用辛克函数表达的权重函数要好于用高斯函数表达的形式[52]。

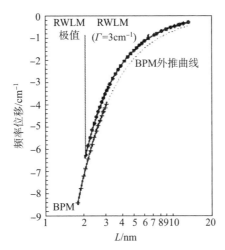

图 8.34 用微晶模型(RWLM)和键极化度模型(BPM)计算的声子频率位移。微晶模型限制在 $L > 2.2$nm,而见极化度模型计算止步在 $L \leqslant 3$nm[52]。转载自 V. Paillard, P. Puech, M. A. Laguna, et al., Improved one-phonon confinement model for an accurate size determination of silicon nanocrystals, J. Appl. Phys, 86, (1999)

而且,限制效应在不同的样品中是不同的,例如,当样品的尺寸是分布的,限制势阱可能多于一个,而且每一个势阱的深度和形状也可能不一样,这就意味着 $C(\boldsymbol{q}_0, \boldsymbol{q})$ 可能有多种表达。所以,要采用哪一种权重函数形式要非常小心,这一点十分依赖研究者的经验。

基于以上的分析和讨论,可以期望权重函数 $C(\boldsymbol{q}_0, \boldsymbol{q})$ 对应不同的样品会有不同的形式。

• 色散关系 $\omega(q)$

8.3.1 小节中提到,微晶模型中的色散关系 $\omega(q)$ 采用相应的体色散关系,可是,另一方面,基于测不准关系 $\Delta r \Delta p \leqslant \hbar/2$,当样品的尺寸 $r$ 变小,相应的波矢动量 $p$(即声子的波矢 $q$)必须变大,声子的色散是无意义的或者是不存在的。参考文献[51]的计算结果表明,2.8nm 的 Si 晶粒的色散关系依然存在,但是能量是弥散的,波矢(即动量)是分立的。

所以,微晶模型的主要前提条件是体色散关系的有效性,而合理性和有效性依赖于系统是否可以应用体色散关系。这就涉及"类体近似"对有关系统是否有效的问题。

• 线宽 $\Gamma_0$

前面大部分计算工作相信线宽对应于体材料自然线宽和材料仪器线宽之和。众所周知,对于小尺寸晶体,纳米体系的线宽 $\Gamma_0$ 随尺寸的减小而增加,所以,上面关于线宽的公式不能反映实际情况。

依据以上分析和讨论,微晶模型基本反映小尺寸体系的有限尺寸效应导致的拉曼散射谱。可是,我们同时也必须注意应用的条件。首先,只有当色散关系 $\omega(q)$ 仍然存在,微晶模型才可以使用。此外,由于样品的晶体条件对权重函数 $C(q_0,q)$ 的选择影响很大,需要对不同的样品采用不同形式的权重函数。最后,也要注意不同的样品谱线宽度 $\Gamma$ 是不同的。

### 8.3.5 微晶模型应用条件的检验[53]

前面几个小节中提到,应用微晶模型需要在样品尺寸和模型参数方面满足一定的条件。在这一节,我们要介绍用 Si 纳米粒子作为样本来检验这些条件。检验的方法是进行用微晶模型计算的拉曼谱和实验观察的近均匀尺寸的纳米晶体(NC)Si 的拉曼谱的拟合比较。

实验中用的样品是 Si 纳米线(NWs),样品的透射电镜图像见图 8.35。从低分辨率的图像可以清楚地看到 Si 纳米线,而在图 8.35(b)的高分辨图像中,我们观察到 Si 纳米线由许多有完整晶体格子的小晶粒组成。已经证明[54],由于存在大量的结构缺陷,Si 纳米线的确是由大量小晶粒组成的,有效的限制尺寸也不是纳米线的直径。这表明,观察到的拉曼谱是来自这些 Si 的晶粒。基于共振尺寸选择效应[55,56]和入射激光的能量,我们可以同时测量 Si 纳米线的拉曼光谱和它们的尺寸。从用波长分别为 488nm、515nm、633nm 和 785nm 的激光激发观察到的 Si 颗粒尺寸分别为 0.8nm、0.9nm、1.2nm 和 2.1nm。

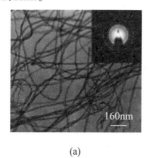
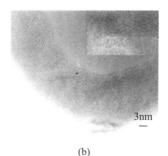

(a)　　　　　　　　　　(b)

图 8.35　Si 纳米线的低分辨率(a)和高分辨率(b)透射电镜(TEM)图像。转载自张树霖著《拉曼光谱学与低维纳米半导体》,科学出版社,2008

三种不同选择的拟合结果见表 8.2。在不同的选择中,组合应用不同的 $W(r,L)$、$\omega(q)$、$\Gamma_0$,例如,选择 I 对应于高斯型的 $W(r,L)$、体 $\omega(q)$ 和 $\Gamma_0=4.5\text{cm}^{-1}$。在选择 II 所列出的选择 2~5 中,每一个选择只有一个参数变化。在选择 III 中,选择参考文献[13]的作者提出的 $\omega(q)$,$\Gamma_0$ 依赖于 $q$,同时,$W(r,L)$分别按两种函数形式选择,分别列在选择6和7中。拟合的结果见图8.36,图中计算和观察的拉曼谱分别用实线和虚线表示,图8.36（a）~（f）分别对应于选择1~6。

表8.2 用微晶模型计算时,对于权重函数 $W(r,L)/C(q_0,q)$、色散曲线 $\omega(q)$ 和线宽 $\Gamma_0$ 在拟合中的不同选择

| 选择 | | I | II | | | | | III |
|---|---|---|---|---|---|---|---|---|
| | | 1 | 2 | 3 | 4 | 5 | 6 | 7 |
| $W(r,L)$ | 高斯型[18] | √ | — | √ | √ | √ | — | √ |
| | 正弦型[49] | — | √ | — | — | — | √ | — |
| $\omega(q)$ | 体材料[18] | √ | √ | √ | — | — | √ | — |
| | 帕亚尔等人[47] | — | — | — | — | √ | — | — |
| | 阿杜等人[49] | — | — | — | √ | — | √ | √ |
| $\Gamma_0$ | 定值为4.5cm$^{-1}$ | √ | √ | √ | √ | — | — | — |
| | 可调的 | — | — | — | — | √ | √ | √ |
| 图8.36 | — | (a) | (b) | (c) | (d) | (e) | (f) | / |

资料来源：S. L. Zhang, et al., Study on the applied limitation of the micro-crystal model for Raman spectra of nano-crystalline semiconductors, J. Raman Spec., **39**, 1578—1583 (2008)。

从图8.36(a)我们可以看到,对于共振谱,结果是一个坏拟合,也就是说,对于接近均匀尺寸的样品,好的拟合是用785nm 激光激发的谱,该谱超过了共振范围,所以是一个尺寸分布样品的谱。这表明选择 I 对于接近均匀尺寸的 NC-Si 不能得到好的拟合,好的拟合出现在尺寸分布的 NC-Si 样品中。这与微晶模型适合于尺寸分布样品的观点巧合[57]。相似的现象可以在 785nm 激发的全谱中看到,见图 8.36(b)~(f)。这个结果确认了以上的争论。在图 8.36(c)~(e)中,与图 8.36(a)和(b)比较,拟合结果没有表现出任何实质的改进。选择 6 和 7 给出的拟合结果非常类似,所以我们仅在图8.36(f)中给出选择 6 的结果。考虑到选择 6 和 7 的唯一区别是权重函数 $W(r,L)$,以上的相似又一次指出权重函数的形式没有明显的影响。如图 8.36(f)所示,除了在 480cm$^{-1}$ 左右的低波数区域外,其他 4 个波长激发的全谱都得到了较好的拟合。已经指出,一个非晶氧化 Si 薄膜包裹着的 Si 纳米线样品,在 480cm$^{-1}$ 有一个拉曼带峰[58]。如果我们认为这个拉曼谱应该扣除非晶氧化 Si 薄膜的成分,图8.36(f)的拟合结果应该是最好的。这个结果确认,如果色散曲线和线宽不同时用体晶体的,微晶模型就是可用的。换句话说,参数 $\omega(q)$ 和 $\Gamma_0$ 基于类体近似的选择在应用微晶模型处理近均匀尺寸

的小 NC-Si 时是不合适的。

图 8.36(f)所示的拟合色散曲线和线宽是最佳的,通过了解它们能够揭示拟合结果的物理本质。这里最好的拟合色散曲线代表散射声子的频率 $\omega$ 和相应的波矢 $q$,称为有效色散曲线,标记为 $\omega_{Eff}(q)$。同样地,最好的线宽拟合称为有效线宽,标记为 $\Gamma_{Eff}(q)$。在相应的有效色散曲线 $\omega_{Eff}(q)$ 的波矢区域 $\Delta q$ 和最好拟合的线宽 $\Gamma_{Eff}(q)$ 的不同尺寸的纳米粒子的光谱用实线分别给出在图 8.37(a)~(c)中。图 8.37(b)和(c)中的实线是用最小二乘法拟合的。

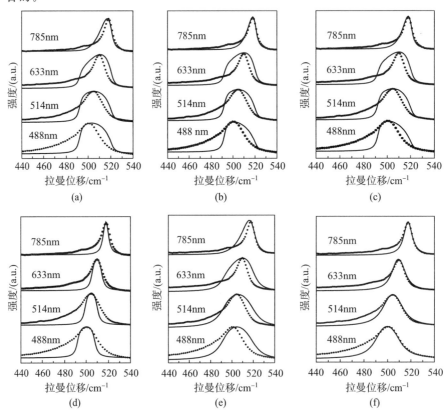

图 8.36 NC-Si 晶粒观察的(点线)和用微晶模型计算的(实线)拉曼谱。其中(a)、(b)、(c)、(d)、(e)和(f)分别对应表 8.2 中的选择 1、2、3、4、5 和 6[53]。拉曼光谱分别激发于 488nm、515nm、633nm 和 785nm,相应的样品尺寸分别为 0.8nm、0.9nm、1.2nm 和 2.1nm[53]。转载自 S. L. Zhang, et al., Study on the applied limitation of the micro-crystal model for Raman spectra of nano-crystalline semiconductors, J. Raman Spec., **39**, 1578—1583 (2008)

从图 8.37(a)可以发现,$\omega_{Eff}(q)$ 在布里渊区中心不存在,这意味着即使

# 第八章 纳米结构拉曼散射的理论基础

对于近均匀尺寸的小晶粒 Si,声子在接近布里渊区中心时也不参加拉曼散射。事实上,仔细考察图 8.37(b) 的拉曼谱,可以看到上述的 $\omega_{\text{Eff}}(q)$ 的特征与观察到的拉曼谱是一致的:对于尺寸分别为 0.8nm、0.9nm 和 1.2nm 的样品,在接近 $q = 0.520\text{cm}^{-1}$ 时声子的色散强度明显非常弱。这个结果与用类体近似理论预测的相反。晶体理论说,对于晶体或者小尺寸晶体,拉曼散射主要来自近 $q = 0$ 区域。

从图 8.37(a) 和 (b) 我们发现,$\Gamma_{\text{Eff}}(q)$ 和 $\Delta q$ 对 $L$ 的依赖关系是指数的,表达如下:

$$1.48 \times \exp(-L/0.29), \quad \text{对于 } \Gamma_{\text{Eff}}(q) \tag{8.80}$$

$$0.92 \times \exp(-L/0.72), \quad \text{对于 } \Delta q \tag{8.81}$$

由方程 (8.80) 和 (8.81) 可知,在 $L$ 无限长时,$\Gamma_{\text{Eff}}(q)$ 和 $\Delta q$ 分别是 $7.61\text{cm}^{-1}$ 和 $0.04\pi/a$,这些基本与体晶体 Si 的 $\Delta q \approx 0$ 和 $\Gamma_{\text{Eff}}(q) \approx 7\text{cm}^{-1}$ 一致,确认两个方程是可靠的。

$\Delta q$ 对 $L$ 的指数依赖关系不是常数,与由类体近似关系[59]导出的众所周知的 $\Delta q$ 对 $L$ 的线性关系 $\Delta q = \dfrac{2\pi}{L}$ 不一致。此外,从方程 (8.81) 我们还发现,当 $\Delta q$ 接近体晶体 Si 的值时,$L \approx 3.9\text{nm}$,这意味着基于类体近似的微晶模型的尺寸极限是 4nm。这与 Si 颗粒 4~5nm 时电子[60,61]和声子[62]不出现量子限制效应相吻合。

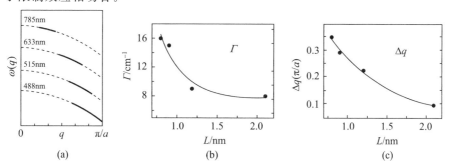

图 8.37 (a) 最佳拟合色散曲线 $\omega_{\text{Eff}}(q)$ (粗实线)和相应的体 Si 色散曲线(虚线);(b) 最佳线宽 $\Gamma(q)$ 和 $\omega_{\text{Eff}}(q)$ 的波矢区域;(3) $\Delta q$ 与样品尺寸 $L$ 的依赖关系(见表 8.2 中的选择 8),这里 $\pi/2$ 是布里渊区的一半。拉曼光谱分别激发于 488nm、515nm、633nm 和 785nm,相应的样品尺寸分别为 0.8nm、0.9nm、1.2nm 和 2.1nm[53]。转载自 S. L. Zhang, et al., Study on the applied limitation of the micro-crystal model for Raman spectra of nanocrystalline semiconductors, J. Raman Spec., **39**, 1578—1583 (2008)

以上结果和讨论表明,如果色散曲线 $\omega(q)$ 和线宽 $\Gamma(q)$ 的选择基于类体模型,微晶模型对于 Si 晶体颗粒小于 4nm 是不适用的。此外,最佳拟合结

果的 $\omega(q)$ 和 $\Gamma(q)$ 的特征和类体近似预期的结果是不同的。以上结果指出，在类体近似框架内的修正，对微晶模型是不合适的。非常小的晶粒的处理需要微观理论。

## §8.4 纳米结构拉曼谱的非晶特征和声子态密度(PDOS)的表达

在 8.1.1 小节中介绍了对于有限厚度 Si 平板的有两个参数的价力场模型的理论计算。计算结果表明，计算的模数的频率分布（即声子态密度 PDOD，或者叫作声子谱）呈现非晶 Si 的特征。这个理论结果先后由离子注入、激光处理的非晶 Si 的实验拉曼谱证实。这表明纳米结构的拉曼谱与声子的态密度直接相关。

### 8.4.1 有限尺寸影响和纳米结构拉曼谱的非晶特性

众所周知，由于有限尺寸的影响，非晶 Si 的平移对称性破坏了，所以，所有的振动模基本都对拉曼散射有贡献，拉曼谱应该与它们的声子态密度关联。这意味着纳米结构的拉曼谱应该是类非晶型的。基于这个想法，有人用非晶模型计算了极化 SiC 纳米棒的拉曼谱，结果表明它与实验结果非常吻合[63]。

上面的介绍意味着，对于极性和非极性纳米半导体，理论拉曼谱也可以通过计算非晶模型的声子态密度得到。

### 8.4.2 声子态密度和非晶拉曼谱

舒克(Shuker)和甘蒙(Gammon)关于非晶拉曼谱的计算已经在 7.5.4 小节做了介绍，它可以用如下方程表示：

$$I(\omega)_{\alpha\beta,\gamma\delta} = \sum_b C_b^{\alpha\beta,\gamma\delta}(1/\omega)[1+n(\omega)]D_b(\omega) \tag{8.82}$$

其中 $D_b(\omega)$ 是拉曼谱带 b 的声子态密度，$n(\omega) = [\exp(\hbar\omega/kT)-1]^{-1}$ 是频率为 $\omega$ 的声子的数量，$C_b$ 是 b 带的权重函数。该模型给出了拉曼谱和声子态密度的直接关联。为了比较计算和实验的结果，方程可以改写成方便的形式：

$$I(\omega)_R = D_\omega(\omega) \tag{8.83}$$

在上式中，$I(\omega)_R = \omega \times I(\omega)/[1+n(\omega)]$ 叫作约化拉曼谱，它可以从实验谱 $I(\omega)$ 中得到，$D_\omega(\omega) = \sum_b C_b D_b(\omega)$ 叫作权重声子态密度，我们可以把所有键的 $C_b$ 设为常数。请注意实验是在室温进行，波数接近 $500\text{cm}^{-1}$，所以 $D_\omega(\omega) \propto D(\omega)$，$I(\omega)_R \approx I(\omega)$，即有

第八章　纳米结构拉曼散射的理论基础

$$I(\omega) \approx D(\omega) \tag{8.84}$$

这里,我们可以从理论上计算出态密度 $D(\omega)$ 并且直接与实验拉曼谱 $I(\omega)$ 比较去检查计算结果并解释实验结果。

体半导体的声子态密度可以通过以下公式计算:

$$D(\omega) = \sum_s \int \frac{1}{\nabla_q \omega_s(q)} \frac{\mathrm{d}s}{(2\pi)^3} \tag{8.85}$$

其中 $s$ 是原胞中的原子数量,$\omega_s(q)$ 是声子的色散关系,积分遍及布里渊区的表面。以上的表达说明对声子态密度的计算可以归结为计算 $\omega(q)$。

第七章已叙述了基于经典力学和量子力学计算 $\omega(q)$ 的各种模型。而在纳米半导体中,可以用第一性原理进行计算,这一点将要在 §8.5 中介绍。

## §8.5　纳米结构拉曼谱的第一性原理(从头计算)

§7.1 中提到,由于固体含有巨大数量的原子,解运动方程是不可能的。但是,可以用合理的近似来简化运动方程,或提出唯象模型,使得计算可以进行。

可喜的是,在 20 世纪 50 年代以后,计算机技术飞速发展,高速度的处理器和高容量的存储器接连出现,这使得复杂的计算从计算工具的角度来看变得可能。此外,由于基于密度泛函理论的科学计算的发展和科学计算软件的发展,不需要任何的假设(例如经验模型和拟合参数)而直接解运动方程变得可能,这意味着直接用量子力学的第一性原理计算原子和分子的结构变得可能,而不必用来自实验的量作为参数。这个模拟的方法称为第一性原理或者从头(ab initio)计算,由于纳米结构的原子数量通常只有 $10^3$ 数量级,从头计算特别适合纳米结构,像在 8.3.5 小节提到那样,用唯象模型计算变得不需要了。

在这一节将简要介绍从头计算和几个计算例子。

### 8.5.1　从头计算

#### 8.5.1.1　基于量子力学的从头计算[65]

从头计算和相应的计算软件建立在密度泛函理论上,它的来源是多体薛定谔方程

$$\hat{H}\psi = -\frac{\hbar^2}{2m}\nabla^2 \psi + V(\boldsymbol{r})\psi = \mathrm{i}\hbar \frac{\partial \psi}{\partial t} \tag{8.86}$$

在 §7.1 节中提到过,在绝热(玻恩-奥本海默)近似和哈特里-福克(Hartree-Fock)近似中,多体的薛定谔方程最终转变成单个电子方程:

$$\hat{H}\psi_e(\boldsymbol{r}) = (T + V + E_{EX})\psi_e(\boldsymbol{r}) = E\psi_e(\boldsymbol{r}) \tag{8.87}$$

这里哈密顿量包含动能项 $T$、库仑势能 $V$ 和交换关联能 $E_{EX}$，而 $\psi_e(\boldsymbol{r})$ 可以表达为

$$\psi_e(\boldsymbol{r}_1, \boldsymbol{r}_2, \cdots, \boldsymbol{r}_n) = \psi_1(\boldsymbol{r}_1)\psi_2(\boldsymbol{r}_2)\cdots\psi_n(\boldsymbol{r}_n) \tag{8.88}$$

考虑到微观粒子的交换对称性，可以将以上方程表达为斯莱特行列式：

$$\psi(\boldsymbol{r}_1, \boldsymbol{r}_2, \cdots, \boldsymbol{r}_n) = \frac{1}{\sqrt{N!}} \begin{vmatrix} \psi_1(\boldsymbol{r}_1) & \psi_2(\boldsymbol{r}_1) & \cdots & \psi_N(\boldsymbol{r}_1) \\ \psi_1(\boldsymbol{r}_2) & \psi_2(\boldsymbol{r}_2) & \cdots & \psi_N(\boldsymbol{r}_2) \\ \vdots & \vdots & & \vdots \\ \psi_1(\boldsymbol{r}_N) & \psi_2(\boldsymbol{r}_N) & \cdots & \psi_N(\boldsymbol{r}_N) \end{vmatrix} \tag{8.89}$$

数学上，这个方程的解依赖于方程系数，$\psi(\boldsymbol{r})$ 必须是系数 $V(\boldsymbol{r})$ 的函数。而物理上，晶体中的势场依赖于电子密度，它正比于波函数模的平方：

$$\rho_e(\boldsymbol{r}) = |\psi_e(\boldsymbol{r})|^2 \tag{8.90}$$

所以，一个自洽的波函数的确存在，它满足方程并且建立了物理上的关系。我们可以用迭代运算得到它的近似解。

从以上介绍可以看到，建立从头计算是为了解电子运动方程，即它适合解决半导体中电子能带结构方面的问题。

### 8.5.1.2 从头计算的应用

- 声子色散关系计算的应用[66]

声子的计算建立在正确计算基态的能量上，声子计算的关键是求出力常数矩阵（黑塞矩阵）的每一个组分。在晶体中，假设第 $l$ 个原子的位置可以表达为

$$\boldsymbol{R}_l = \boldsymbol{R}_{ol} + \boldsymbol{r}_0 + \boldsymbol{u}(l) \tag{8.91}$$

其中方程右边第一项是在单胞布拉维格子中的位置，第二和第三项是单胞中的平衡位置和这个原子相对于平衡位置的位移。

声子的计算首先基于多电子体系运动的薛定谔方程，用迭代运算所有固定离子的总能量，即玻恩-奥本海默能量表面即可以得到。通过解在玻恩-奥本海默能量表面与原子平衡位置相关的能量的二阶导数，可得到常数矩阵（黑塞矩阵）为

$$C_{st}^{\alpha\beta}(l, m) = \frac{\partial^2 E}{\partial u_s^\alpha(l) \partial u_t^\beta(m)} \tag{8.92}$$

声子频率是下列特征方程的解：

$$\det \left| \frac{1}{\sqrt{M_s M_t}} C_{st}^{\alpha\beta}(q) - \omega^2(q) \right| = 0 \tag{8.93}$$

其中下标 $s, t$ 代表不同种类的原子，参数 $l, m$ 代表非平衡原子，$\alpha, \beta$ 是笛卡儿分量。

## 第八章 纳米结构拉曼散射的理论基础

由于一个原子有 3 个运动自由度,由 N 个原子构成的晶体有 $3N$ 个本征振动频率。考虑晶体总体有 3 个平移自由度,$3N$ 个本征频率中的 3 个必须等于 0。由于 N 通常非常大,大概 $10^{23}$ 数量级,我们可以忽略 $3N$ 和 $3N-3$ 的区别。依照方程(8.93),如果算出对应第一布里渊区所有波矢 $q$ 的声子频率,$3N$ 个本征振动频率就得到了,然后我们可以画出声子态密度的分布图。

在实际计算中,通常取样在第一布里渊区,即取一定数量的波矢,然后得到它们的本征频率。这样可以得到声子的频率分布与波矢,于是就得到了声子的色散曲线。

- 在 Si/Ge 超晶格上的应用[67]

魁山德(Qteishand)和莫利纳里(Molinari)用第一性原理计算了纵模在 Si/Ge 超晶格中的晶格动力学。众所周知,Ge 的晶格常数与 Si 的有 6% 的差别,所以 Si/Ge 超晶格是有应力层的超晶格。第一性原理计算与原子层有关,所以它对在原子层面识别 Si/Ge 超晶格的物理特性是有帮助的。

图 8.38(a)~(c)分别是计算的模型和沿(001)方向生长的 $Ge_4/Si_4$ 超晶格的计算结果。图 8.38(b)和(c)是计算的色散曲线和在 $\Gamma$ 点的声子在单胞中沿 z 方向的纵向位移幅度的变化图。

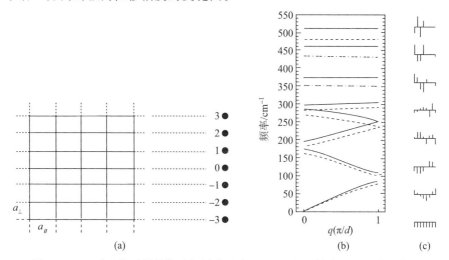

图 8.38 (a)独立的无限晶体几何图表示在(001)面的双轴应变;(b)[001]方向生长的 $Ge_4/Si_4$ 超晶格中纵声子沿[001]方向的色散曲线,这里实线和虚线分别表示与 Si 和 Ge 衬底的晶格匹配;(c)纵 $\Gamma$ 点声子位移幅度与单胞中(001)原子平面的 z 位置的函数关系。转载自 W. Liu, M. X. Liu and S. L. Zhang, Dependence of vibrational density of states and Raman spectra on size in non-polar and polar nano-crystalline semiconductors, Physics Letters A, **372**,2474—2479 (2008)

- 在 Si[111]纳米线的应用

通豪斯(Thonhauser)和马汉用经典动力学理论去解振幅为 $Q_\mu$ 的长波光学声子。它的动力学方程如下:

$$\omega(q)^2 Q_\mu = \omega_0^2 Q_\mu + \omega_c^2 t_{\mu\nu}(q) Q_\nu - F_{\mu\nu\alpha\beta} q_\alpha q_\beta Q_\nu \qquad (8.94)$$

方程右边的第一项来自最邻近的短程力,第二项是长程偶极相互作用,表达为

$$t_{\mu\nu}(q) = 3 q_\mu q_\nu / q^2 - \delta_{\mu\nu} \qquad (8.95)$$

计算模型用六角横截面做了近似,计算结果分别见图 8.39(a)~(d)。

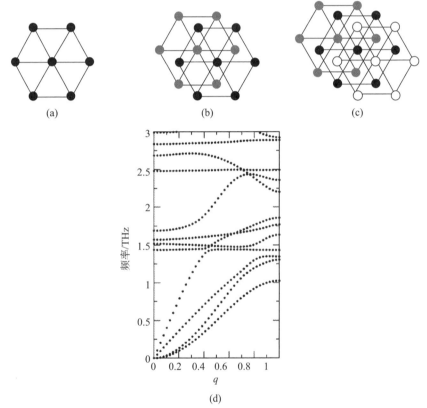

图 8.39 六角横截面对 Si[111]纳米线做的近似。(a)第一,二层用黑色球表示;(b)两个中间层用灰色表示;(c)最后两个层用白色球表示;(d)Si[111]纳米线声子谱中一些低频谱线。在(d)中,$q$ 是简化的波矢[68]。转载自 A. Qteishand and E. Molinary, Phys. Rev. B, **42**, 7090—7096 (1990)

计算结果表明,声学声子的本征矢量与众所周知的失去表面应力的边界条件符合。此外,光学声子的本征矢量揭示所有在纳米线表面的位移都为零。

## 8.5.2 分子动力学计算

用原始的第一性原理计算的原子数量仍然是有限的,所以,就有了基于第一性原理的各种模拟计算方法,其中分子动力学计算被广泛应用。

分子动力学计算是对经典的多体体系进行模拟的技术,其中粒子的核运动遵从经典力学。分子动力学计算提供了在有限计算条件下模拟计算的可能。这个优点使得计算有大量原子的体系成为可能。

原子体系的运动方程可以用许多方法表示,在分子动力学中,通常的形式是运动的拉格朗日方程:

$$\frac{d}{dt}\left(\frac{\partial L}{\partial q_k}\right) - \left(\frac{\partial L}{\partial q_k}\right) = 0 \tag{8.96}$$

这里拉格朗日方程 $L(q,\dot{q})$ 定义为 $L = T - V$。如果我们用笛卡儿坐标而不是广义坐标,方程应该是

$$m_i \ddot{r}_i = f_i \tag{8.97}$$

其中 $m_i$ 是原子 $i$ 的质量,$f_i$ 是原子上的力,等于负的势梯度。所以解了微分方程以后,可以得到每一个原子的运动,进而得到由所有原子的统计力学定义的材料性质。

### 8.5.2.1 分子动力学计算的团簇模型[69]

下面简单介绍一下依照分子动力学模拟和团簇模型来计算声子态密度。第一,要产生一个稳定的簇结构,如果计算的原子簇的体晶体结构是一个面心立方(FCC)格子,所有的簇首先用一个立方排列的原子框架建模。Si、金刚石、SiC 和 InSb 原子簇的原子数量和相应的尺度列在表 8.3 中。有最小能量的稳定结构通过几何优化得到,例如,优化过的不同 Si 原子数量的簇结构见图 8.40。第二,声子频率的计算基于优化的结构。通过计算在一定间隔的声子模的数量得到声子态密度的柱形统计图。最后,当声子态密度用高斯函数卷积以后就得到计算的拉曼谱。图 8.41 是经卷积和归一化的声子态密度,即 Si、金刚石、SiC 和 InSb 的拉曼光谱[69]。

为了方便与实验拉曼谱比较,声子态密度带必须被分类。按照声子态密度和声子色散曲线的关联[64],我们标记 Si 和金刚石的声学声子区为类横声学(TA-like)带和类纵声学(LA-like)带。此外,对于 SiC 和 InSb,我们将类光学(Optical-like)带分为两个子带:类横光学(TO-like)带和类纵光学(LO-like)带。

表 8.3　Si、金刚石、SiC 和 InSb 原子簇的原子数量和相应的尺寸

| 原子数量 | 尺寸/nm | |
|---|---|---|
| | Si | 金刚石 |
| 216 | 1.49 | 0.98 |
| 344 | 1.76 | 1.16 |
| 512 | 2.08 | 1.34 |
| 1000 | 2.57 | 1.69 |
| 728 | 3.12 | 2.05 |
| 2198 | 3.39 | 2.23 |
| | SiC | InSb |
| 512 | 2.12 | 2.42 |
| 730 | 2.40 | 2.75 |
| 1000 | 2.69 | 3.07 |
| 1332 | 2.97 | 3.39 |
| 1728 | 3.25 | 3.72 |
| 2198 | 3.53 | 4.04 |

资料来源:S. L. Zhang, et al., Study on the applied limitation of the micro-crystal model for Raman spectra of nano-crystalline semiconductors, J. Raman Spec., **39**, 1578—1583 (2008)。

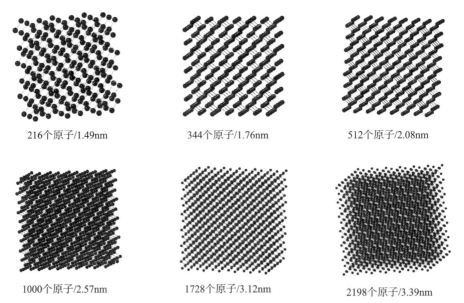

216个原子/1.49nm　　344个原子/1.76nm　　512个原子/2.08nm

1000个原子/2.57nm　　1728个原子/3.12nm　　2198个原子/3.39nm

图 8.40　不同 Si 原子数量和相应的颗粒尺度的簇优化后的簇结构[60]。转载自 T. Thonhauser and G. D. Mahan, Phonon modes in Si〈111〉nanowires, Phys. Rev. B, **69**, 075213 (2004)

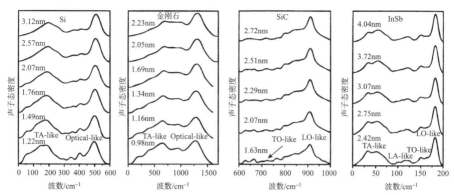

图 8.41　Si、金刚石、SiC 和 InSb 团簇的卷积和归一化声子态密度[69]。转载自 W. Liu, M. X. Liu and S. L. Zhang, Dependence of vibrational density of states and Raman spectra on size in non-polar and polar nano-crystalline semiconductors, Physics Letters A, **372**, 2474—2479 (2008)

在纳米尺度 Si 中,理论和实验 Si 光学声子频率的关系见图 8.42。从图中可以看出理论和实验吻合得相当好。

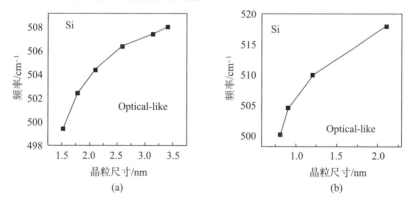

图 8.42　在不同尺度 Si 纳米粒子中,(a)理论与(b)实验与光学声子频率的依赖关系。转载自 W. Liu, M. X. Liu and S. L. Zhang, Dependence of vibrational density of states and Raman spectra on size in non-polar and polar nano-crystalline semiconductors, Physics Letters A, **372**, 2474—2479 (2008)

#### 8.5.2.2　使用经验势的分子力学模拟

这个方法利用了从体材料中的经验赝势法,其中势的结构和形式因子由拟合经验数据决定。在实际计算中,有各种模型。

- 壳模型

在壳模型中,每一个离子被认为是一个环绕着无质量壳的点核。离子在弹性场中用力常数 $k$ 表示:

$$V_s = \frac{1}{2}k_2 r^2 \tag{8.98}$$

中心力和短程势用玻恩-梅耶-白金汉(Born-Mayer-Buckingham)形式表示：

$$V_r = a\exp(-r/r_0) - cr^{-6} \tag{8.99}$$

势参数由调整相应体材料的性能参数得到，这些参数包括晶格常数、弹性和介电常数[70]。

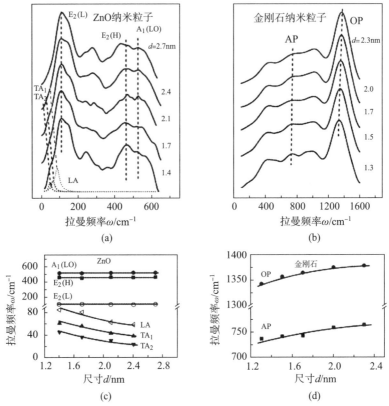

图 8.43 计算的拉曼谱和声子模的分配，(a)ZnO，(b)金刚石纳米粒子；计算的声子频率与样品尺度的依赖关系，(c)ZnO，(d)金刚石纳米粒子。这里 $E_2(L)$ 和 $E_2(H)$ 分别是低频和高频 $E_2$ 对称性光学声子。$A_1(LO)$ 是纵 $A_1$ 对称性光学声子；LA 和 TA ($TA_1$ 和 $TA_2$) 分别是纵的和横的声学声子；OP 和 AP 分别是光学和声学声子。

壳模型在描述离子晶体时相当完美。我们用这个模型计算了 ZnO 纳米粒子，表 8.4 列出了在调整体 ZnO 参数以后，代表晶格中原子间相互作用的模型参数。在计算中，第一，依据晶体结构先构建不同尺度的 ZnO 纳米粒子，然后做几何优化和计算每个颗粒的振动性质，最后给出声子态密度。最终，声子态密度用高斯函数平滑，间隔 $10\text{cm}^{-1}$，得到的拉曼谱见图 8.43(a)。

表 8.4 计算 ZnO 纳米粒子所用的相互作用的经验参数。$O_s$ 和 $O_c$ 表示氧的壳和核,$Zn_c$ 表示锌的核

|  | $A$/eV | $r_0$/Å | $C$/eV·Å$^6$ | $k$/eV·Å$^{-2}$ | 带电量/$|e|$ |
|---|---|---|---|---|---|
| $O_s-O_s$ | 22772.92 | 0.1330 | 89.7564 |  | $Zn_c$ 2.1 |
| $Zn_c-O_s$ | 648.47 | 0.3529 | 0.1034 |  | $O_s-3.49$ |
| $O_c-O_s$ |  |  |  | 54.6594 | $O_c$ 1.39 |

- 反应经验键序模型

反应经验键序(REBO)模型是布伦纳(Brenner)等人在 2002 年建立的[71],且被广泛地应用于金刚石的模拟。我们用 REBO 去优化和计算 5 个不要尺度的金刚石纳米粒子。最终的声子态密度用高斯函数平滑,间隔分别为 $10cm^{-1}$ 和 $5cm^{-1}$,最后得到的拉曼光谱见图 8.43(b)。ZnO 和金刚石纳米粒子计算的声子频率对样品尺度的依赖关系分别见图 8.43(c)和(d)。对比了计算结果和实验数据以后可以发现[72-74],对于 ZnO 和金刚石纳米粒子来说,计算结果和实验数据吻合得很好。

# 参考文献

[1] Fröhlich H. Theory of Dielectrics. Oxford:Oxford University Press,1949.

[2] Roseustock, H.B. (1961) Phys. Rev., **121**, 416—424.

[3] Nair, I.R. and Walker, C.T. (1972) Phys. Rev. B, **5**, 4101—4104.

[4] Martin, T.P. and Genzel, L. (1973) Phys. Rev. B, **8**, 1630—1635.

[5] Jusserand, B., Paquet, D., and Regreny, A. (1984) Phys. Rev. B, **30**, 6248.

[6] Jusserand B, Cardona M. In Raman Spectroscopy of Vibrationin Superlattices,in Light Scattering in Solids V. Berlin:Springer-Verlag, 1989.

[7] Kanallis, G., Morhange, J.F., and Balkanski, M. (1980) Phys. Rev. B, **21**, 1543—1548.

[8] Fuchs, R. and Kliewer, K.L. (1965) Phys. Rev., **140**, A2076—A2088.

[9] Kelly M J. Low-Dimensional Semiconductors:Materials, Physics, Technology,Devices. New York:Oxford University Press,1995.

[10] (a) Colvard, C., Merlin, R., Klein, M.V., and Gossard, A.C. (1980) Phys. Rev. Lett., **45**, 298—301;(b) Colvard, C., Gant, T.A., Klein, M.V., Merlin, R., Fischer, R., Morkoc, H., and Gossard, A.C. (1985) Phys. Rev.

B, **31**, 2080—L-2091.

[11] Rytov, S.M. and Akust, Zh. (1956) Sov. Phys. Acoust., **2**, 68.

[12] Sood, A.K., Menendez, J., Cardona, M., and Ploog, K. (1985) Phys. Rev. Lett., **54**, 2115—2118.

[13] Hu, X. and Zi, J. (2002) J. Phys: Condens. Matter, **14**, L671.

[14] Fasolino, A., Molinary, E., and Maan, J.C. (1986) Phys. Rev. B, **33**, 8889—8891.

[15] (a) Huang, K., Zhu, B.F., and Tang, H. (1990) Phys. Rev. B, **41**, 5825—5842; (b) Huang, K. and Rhys, A. (1951) Acta Phys. Sin., **8**, 207, Chn. Physics.

[16] Yip, S.K. and Chang, Y.C. (1984) Phys. Rev. B, **30**, 7037—7058.

[17] Othman, N. and Kawamura, K. (1990) Solid State Commun., **75**, 711—718.

[18] Richter, H., Wang, Z.P., and Ley, L. (1981) Solid State Commun., **39**, 625—629.

[19] Martin, T.P. and Genzel, L. (1973) Phys. Rev. B, **8**, 1630—1638.

[20] Novoselov, K.S., Geim, A.K., Morozov, S.V. et al. (2004) Science, **306**, 666—669.

[21] Kroto, H.W., Heath, J.R., O'Brien, S.C. et al. (1985) Nature, **318**, 162—163.

[22] Yildirim, T. and Harris, A.B. (1992) Phys. Rev. B., **92**, 7878.

[23] Iijima, S. (1991) Nature, **56**, 354.

[24] Iijima, S. and Ichihashi, T. (1993) Nature, **363**, 603—605.

[25] Bethune, D.S., Kiang, C.H., Vries, M.S. et al. (1993) Nature, **363**, 605—607.

[26] Saito, R., Takeya, T., Kimura, T. et al. (1998) Phys. Rev. B, **57**, 4145—4153.

[27] Dresselhaus, M.S., Dresselhaus, G., and Eklund, P.C. (1996) J. Raman Spectrosc., **27**, 351.

[28] Maultzsch, J., Reich, S., Thomsen, C. et al. (2004) Phys. Rev. Lett., **92**, 075501.

[29] Dubay, O. and Kresse, G. (2003) Phys Rev B, **67**, 035401.

[30] Jorio, A., Saito, R., Hafner, J.H. et al. (2001) Phys. Rev. Lett., **86**, 1118—1121.

[31] Comas, F., Giner, C.T., and Cantarer, A. (1993) Phys. Rev. B, **47**,

7602—7605.

[32] Mahan, G.D., Gupta, R., Xiong, Q. et al. (2003) Phys. Rev. B, **68**, 073402.

[33] Comas, F., Cantarero, A., Giner, C.T., and Moshinsky, M. (1995) J. Phys: Condens. Matter, **7**, 1789—1808.

[34] Mooradian, A. and Wright, G.B. (1966) Solid State Commun., **4**, 431—434.

[35] Wilkinson G R. In Raman Effect. New York: Marcel Dekker,1973.

[36] Yu P, Cardona M. In Physics of Semiconductors.New York:Springer, 2001.

[37] Zhu, B.F. (1991) Phys. Rev. B, **44**, 1926—1929.

[38] Zhang, L. and Xie, H.J. (2004) International journal of Modern Physics B, 18, 379—393.

[39] Campbell, I.H. and Fauchet, P.M. (1986) Solid State Commun., **58**, 739—741.

[40] Jusserand, B. and Sapriel, J. (1981) Phys. Rev. B, **24**, 7194—7205.

[41] Parayanthal, P. and Pollak, F.H. (1984) Phys. Rev. Lett., **52**, 1822—1828.

[42] Sui, Z., Leong, P.P., Herman, I.P. et al. (1992) Appl. Phys. Lett., **60**, 2086—2088.

[43] Li, B.B., Yu, D.P., and Zhang, S.L. (1999) Phys. Rev. B, **59**, 1645—1648.

[44] Yoshikawa, M., Mori, Y., Obata, H. et al. (1995) Appl. Phys. Lett., **67**, 694—696.

[45] Hou, Y.T., Feng, Z.C., Li, M.F., and Chua, S.J. (1999) Surf. Interface Anal., **28**, 163—168.

[46] Lin, L.Y., Chang, C.W., Chen, W.H. et al. (2004) Phys. Rev. B, **69**, 075204.

[47] Paillard, V., Puech, P., Laguna, M.A. et al. (1999) J. Appl. Phys., **86**, 1921.

[48] Novikov, S.V. and Malliaras, G.G. (2006) Phys. Rev. B, **73**, 033308.

[49] Adu, K.W., Gutierrez, H.R., Kim, U.J. et al. (2005) Nano Lett., **5**, 409—414.

[50] Lin, K.F., Cheng, H.M., Hsu, H.C., and Hsieh, W.F. (2006) Appl. Phys. Lett., **88**, 263117.

[51] Zi, J., Zhang, K., and Xie, X. (1997) Phys. Rev. B, **55**, 9263—9266.

[52] Paillard, V., Puech, P., Laguna, M.A. et al. (1999) J. Appl. Phys,

**86**, 1921—1924.

[53] Zhang, S.L., Wu, S.N., Yan, Y. et al. (2008) J. Raman Spec., **39**, 1578—1583.

[54] Zhang, S.L., Hou, Y., Ho, K.S., Qian, B., and Cai, S. (1992) J. Appl. Phys. Rev., **72**, 4469.

[55] Rao, A.M., Richter, E., Bandow, S. et al. (1997) Science, **275**, 188.

[56] Zhang, S.L., Ding, W., Yan, Y. et al. (2002) Appl. Phys. Lett., **81**, 4446—4448.

[57] Eklund P K. In The XVIIIth International Conference on Raman Spectroscopy. Budapest:John Wiley and Sons,2000.

[58] Kanellis, G., Morhange, J.F., and Baslkanski, M. (1980) Phys. Rev. B, **21**, 1543.

[59] Li, B.B., Yu, D.P., and Zhang, S.L. (1999) Phys Rev B, **59**, 1645—1648.

[60] Shen, M. and Zhang, S.L. (1993) Phys. Lett. A, **176**, 254—258.

[61] Nemanich, R.J., Solin, S.A., and Martin, R.M. (1981) Phys. Rev. B, **23**, 6348—6356.

[62] Yip, S.K. and Chang, Y.C. (1984) Phys. Rev. B, **30**, 7037—7059.

[63] Zhang, S.L., Zhu, B.F., Huang, F. et al. (1999) Solid State Commun., **111**, 647—651.

[64] Yu P Y, Cardona M. In Fundamentals of Semiconductors. Berlin: Springer-Verlag,2004.

[65] Kittel C.Introduction to Solid State Physics.New York: John Wiley and Sons,1986.

[66] Baroni, S., Gironcoli, S., Corso, A.D., and Giannozzi, P. (2001) Rev. Mod. Phys., **73**, 515—562.

[67] Qteishand, A. and Molinary, E. (1990) Phys. Rev. B, **42**, 7090—7096.

[68] Thonhauser, T. and Mahan, G.D. (2004) Phys. Rev. B, **69**, 075213.

[69] Liu, W., Liu, M.X., and Zhang, S.L. (2008) Phys. Lett. A, **372**, 2474—2479.

[70] Özgür,Ü. and Ya, I. J. (2005). Appl. Phys. **98**, 041301.

[71] Donald W Brenner, Olga A Shenderova. (2002) J. Phys.: Condens. Matter, **14**, 783—802.

[72] Zhang, S. L., Zhang, Y., and Fu, Z. et al. (2006) Appl Phys Lett. **89**, 243108.

[73] Yadav, H. K., Gupta, V., and Sreenivas K. et al. (2006) Phys. Rev.

Lett. **97**, 085502.

[74] Chassaing_P_M"P.-M. Chassaing, HYPERLINK F. Demangeot, and HYPERLINK Combe_N"N. Combe (2009) Phys. Rev. B **79**, 155314.

# 第九章 纳米结构的常规拉曼光谱

常规的拉曼谱定义为在常规环境下用纯净样品得到的拉曼谱,也就是说,在大气环境下用普通的激光激发产生的拉曼谱。通常,得到的单声子的斯托克斯谱被称为样品的特征谱或者指纹谱。一个特定物质的特征拉曼谱是用拉曼光谱学研究和表征该物质的基础。

在第八章,基于物理分析和理论推论,我们介绍了纳米结构常规拉曼谱的特性。在这一章,我们将基于一些典型样品的实验测量,展示纳米结构的拉曼光谱特性。纳米结构拉曼谱的实验测量有一些先天性的困难,例如:

(1)纳米结构的拉曼散射讯号通常很弱。

(2)很多纳米结构材料很难得到高纯的样品。例如,纳米半导体样品很容易含有未反应的原材料、中间产物、杂质和反应过程产生的缺陷,以及由于纳米样品巨大的比表面积导致的污染和氧化而出现的变质。这些都加大了测量特征谱的难度。

(3)观察到的新的和反常的谱线经常带来依照传统理论很难解释的困难。

前面提到的各种困难导致得到可信的特征拉曼谱是一件困难的工作,以至于连续出现了错误的指认[1, 2]。例如,一个用等离子体增强化学气相沉积法(plasma enhanced chemical vapor deposition,PSCVD)生长的纳米晶金刚石被错误指认的拉曼特征峰就被使用了 10 年以上。

为了克服这些先天性的困难,避免错误的出现,首先,做实验时要对技术规程给予重视,这些规程已经在本书的第四、五章叙述过了,本章不再赘述。其次,理论和实验的水平必须不断地提高和丰富。

在第七章提到,具有相同晶体结构和对称性的体材料具有共同的拉曼谱特征,它们的拉曼谱可以用材料结构的对称性分类。可是,正如在第八章提到的,属于纳米结构的超晶格和其他纳米结构的拉曼谱有重要的不同,极性和非极性的半导体拉曼谱也有所不同。所以,拉曼谱的分类和介绍将依据前面提到的纳米材料的分类进行。

## §9.1 半导体超晶格的特征拉曼谱

在第八章的实验证明和理论计算以后,我们已经知道,在半导体超晶格中有 3 个类型和 5 个种类的声子模：一个类型分别包含限制在势垒层和阱层的限制光学声子模；另一个类型是折叠的声学声子模；最后一个类型是与超晶格界面关联的界面模。最后一个类型还可以分为两个种类：宏观界面模和微观界面模。此外，根据振动的方向，它们进一步被分为纵的模和横的模。图 9.1 图示了超晶格声子的振动方式。限制在势垒层和阱层的光学模分别被标志为 $O_W$ 和 $O_B$。折叠的声子模标志为 A，这个模存在于整个超晶格中。宏观的界面模和微观的界面模分别标志为 IF 和 MIF，IF 的最大振幅局域在界面然后向体内指数衰减，MIF 的振动仅局域在几个原子层中。在这一节，我们将介绍这些模的实验鉴认和分析。

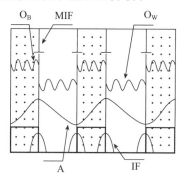

图 9.1　5 种超晶格声子的振动方式。$O_W$ 和 $O_B$ 分别是限制在势垒层和阱层的光学模，A 是折叠的声学模，IF 和 MIF 分别是宏观和微观的界面模。转载自张树霖著《拉曼光谱学与低维纳米半导体》，科学出版社，2008

在上面提到的声子模中，科尔瓦德[3]于 1980 年正确地观察到了折叠的声学声子模，朱瑟朗等人[4]（1984 年）和张树霖等人[5]（1986 年）分别在阱层和势垒层观察到了限制光学模。索德（Sood）等人[6]（1985 年）和金鹰等人[7]（1992 年）第一次分别鉴认了宏观和微观界面模。

### 9.1.1　折叠声学声子模

在 §8.1 中已经指出，由于在超晶格生长方向产生新的大周期，大布里渊区的体色散曲线被折叠入小布里渊区的色散曲线。由于折叠效应，声学声子的色散曲线和光的色散曲线有了交叉，所以，在体材料中非拉曼活性的声学声子在超晶格中变成了活性声子。观察声学声子的拉曼谱可以测试超晶格的晶格动力学。所以，在实验上观察超晶格的声学声子是超晶格拉曼光谱学研究第一个关心的问题。

在 1978 年，巴克（Barker）等人报道在超晶格拉曼光谱中首次观察到了声学声子[8]，后来证明他们观察到的是样品表面的空气谱。直到 1980 年，才由科尔瓦德等人在 GaAs/AlAs 超晶格的拉曼光谱中观察到了真正的折叠声学声子,这一结果已在图 9.2 中给出[3]。该图清楚地表明,在 $63.1 \text{cm}^{-1}$ 和 $66.9 \text{cm}^{-1}$ 存在一个双模结构。考虑弗罗利希耦合修正和电声子耦合的形变势,科尔瓦德等人用一个声子弹性连续模型和电子的克罗格-彭尼(Kroig-Penney)模型去计算折叠的声学模。如图 9.3 所示,计算结果不仅符合实验数据,也解释了双模谱结构和其他观察到的实验现象,例如拉曼谱选择定则和共振增强效应。从那以后,人们观察到其他组分的超晶格和多层膜中的折叠声学声子。图 9.4 是在由不同 Si 和 Ge 的单层原子组成的不同周期的非晶 Si/Ge 多层结构中折叠声学声子模的拉曼谱。

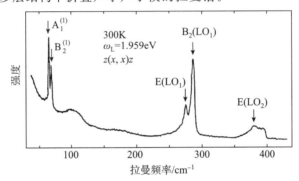

图 9.2 超晶格 GaAs/AlAs 的拉曼谱,$A_1$ 和 $B_2$ 被指认为折叠声学声子[3]。转载自 C. Colvard, R. Merlin, M.V. Klein and A. C. Gossard, Observation of Folded Acoustic Phonons in a Semiconductor Superlattice, Phys. Rev. Lett., **45**, 298—301 (1980)

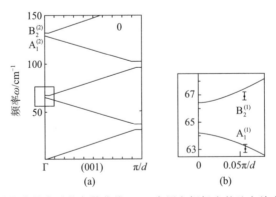

图 9.3 超晶格中纵声子的色散曲线。(a)中用方框标出的地方放大在(b)中,图中点是声子频率的实验值[3]。转载自 C. Colvard, R. Merlin, M.V. Klein and A. C. Gossard, Observation of Folded Acoustic Phonons in a Semiconductor Superlattice, Phys. Rev. Lett., **45**, 298—301 (1980)

第九章　纳米结构的常规拉曼光谱　　119

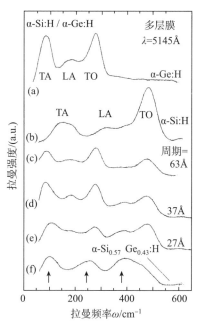

图 9.4　拉曼谱：(a) α-Ge:H；(b) α-Si:H；(c)～(e)是不同周期的 α-Si:H/α-Ge:H超晶格；(f) α-Si$_{0.57}$Ge$_{0.43}$:H 合金[9]。转载自 P. V. Somtos and L. Ley, Characterization of α-Si:H/α-Ge:H superlattices by Raman scattering, Phys. Rev. B, **36**, 3325—3335 (1987)

### 9.1.2　限制光学模

#### 9.1.2.1　超晶格阱层中的限制纵光学模(LO)

朱瑟朗等人在 GaAs/Ga$_{1-x}$Al$_x$As 超晶格量子阱结果的阱层中首次发现限制光学声子[4]。4个样品在 $z(x,y)\bar{y}$ 构型的拉曼谱的参数(表 9.1)见图 9.5，其中弧线 1,2,3,4 代表相同限制级别的声子的拉曼频率峰的变化。从图 9.5 和表 9.1 可以看出相同限制级别声子的绝对频率和不同限制级别声子之间的频率差随 GaAs 阱的厚度 $n_1$ 的变化。于是，超晶格中光学声子尺寸限制效应被形象地证明了。

自从朱瑟朗等人的工作发表后，更多量子阱结构的光学声子方面的进一步研究工作被报道，其中一些例子见图 9.6。图 9.6(a)～(c)是索德等人[10]、汪兆平等人[11]以及张树霖等人[12]在 GaAs/AlAs 超晶格中观察到的 GaAs 和 AlAs 限制纵光学声子的拉曼谱。从图 9.6 可以发现，不但奇数的，而且偶数的纵光学声子也会出现。上述结果反映了一个选择定则：限制级别是奇和偶宇称的声子分别出现在非偏振 $(x,y)$ 和偏振 $(x,x)$ 几何构型中。

表 9.1  图 9.5 中样品的参数，这里 $d, \bar{x}, n_1$ 和 $n_2$ 分别代表 $(GaAs)_{n_1}/(Ga_{1-x}Al_xAs)_{n_2}$ 的周期、Al 的平均含量和层厚（数字代表原子单层数）

|    | $d/Å$ | $\bar{x}$ | $n_1$ | $n_2$ |
|----|-------|-----------|-------|-------|
| S2 | 29.2  | 0.123     | 6     | 4     |
| S5 | 51    | 0.147     | 9     | 9     |
| S7 | 54.4  | 0.141     | 12    | 7     |
| S9 | 81.4  | 0.145     | 17    | 12    |

资料来源：B. Jusserand, D. Paquet and A. Regreny, "Folded" optical phonons in GaAs/$Ga_{1-x}Al_xAs$ superlattices, Phys. Rev. B, **30**, 6245—6247 (1984)，获得美国物理学会的许可。

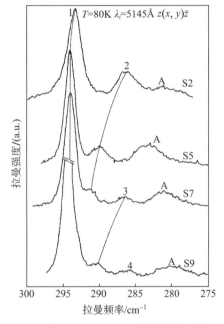

图 9.5  超晶格 $(GaAs)_{n_1}/(Ga_{1-x}Al_xAs)_{n_2}$（周期数分别为 2,5,7,9）超晶格中限制光学声子的拉曼谱[4]。转载自 B. Jusserand, D. Paquet and A. Regreny, "Folded" optical phonons in GaAs/$Ga_{1-x}Al_xAs$ superlattices, Phys. Rev. B, **30**, 6245—6247 (1984)

黄昆等人基于他们自己发展的拉曼散射的微观理论，给出了以上结果的解释[13]。众所周知，体半导体在偶极近似下，极性半导体中弗罗利希相互作用在拉曼散射中是无效的，意味着偶极模是禁戒的。然而，由拉曼散射的微观理论推知，即使在偶极近似下，由于在多层量子阱和超晶格中存在势垒穿透和空穴混合效应，弗罗利希相互作用也对拉曼散射有贡献，即对偶极模的禁戒去除了。可是,纵光学声子模的弗罗利希相互作用在所有非偏振的几何配置中都是无效的。

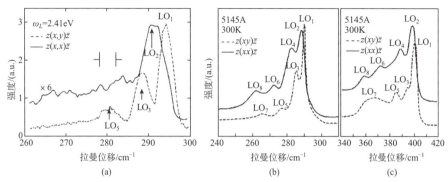

图 9.6 拉曼谱:(a),(b) GaAs 中限制的 LO 声子;(c) GaAs/AlAs 超晶格中 AlAs 中限制 LO 声子[10-12]。转载自 S. L. Zhang,T. A. Gant,M. Delane,et al.,Resonant Behaviour of GaAs LO Phonons in GaAs-AlAs Superlattice,Chin. Phys. Lett.,**5**,113—116 (1988)

#### 9.1.2.2 超晶格势垒层中的限制光学模

超晶格势垒层中的限制光学模,直到 1987 年才由张树霖等人[5]在 GaAs/AlAs 超晶格势垒层中观察到。观察到的这个模的谱强度只有 2~4 个光子;这可能就是在势垒层中限制光学模没有与阱层限制模同期被观察到的原因。

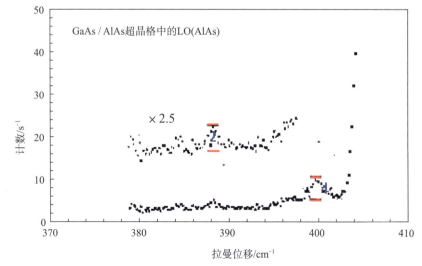

图 9.7 GaAs/AlAs 超晶格势垒层中观察到的限制光学模的拉曼谱[5]。转载自张树霖著《拉曼光谱学与低维纳米半导体》,科学出版社,2008

### 9.1.3 界面模

#### 9.1.3.1 宏观界面模

超晶格中的界面模是一个独特的振动模,在体材料中并不存在。在 1984 年,拉辛(Lassing)等人发表了一个关于极性双异质结中声子的色散和弗罗利希相互作用的理论工作,文中预言了在超晶格中存在宏观界面模[14]。后来,索德等人在 GaAs/AlAs 超晶格的拉曼散射中发现了这个界面模,它的频率接近体材料 GaAs 和 AlAs 的光学声子,当激光能量接近 GaAs 量子阱的激子能级时它们出现了共振增强[6]。

考虑到散射光 $\omega_s$ 是与 GaAs 量子阱中一级激子 $\omega_1$ 共振,图 9.8 显示了在 GaAs 光学声子频率范围,样品 A($d_1=2$nm, $d_2=2$nm, $d_1$ 和 $d_2$ 分别是 GaAs 和 AlAs 的层厚)和 B($d_1=2$nm, $d_2=6$nm)的典型的界面模拉曼谱。

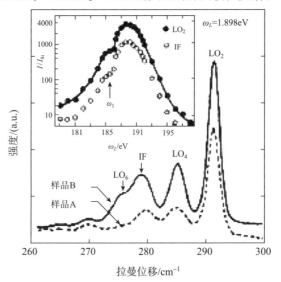

图 9.8 样品 A 和 B 在 $z(x,x)\bar{z}$ 散射构型($x=[100]$,$z=[001]$)下的拉曼谱。被标记为 $LO_m$ 的峰是限制的 LO 声子,IF 对应于类 GaAs 界面模。插入图是 $LO_2$ 和 IF 模的共振行为,其中峰的强度是对 Si 峰强归一化的结果。转载自 A. K. Sood, J. Menéndez, M. Cardona, et al., Resonance Raman Scattering by Confined LO and TO Phonons in GaAs-AlAs Superlattices, Phys. Rev. Lett., **54**, 2115—2118 (1985)

在图 9.8 中,标志为 $LO_m$($m$ 为整数)的峰对应于超晶格中点群 $D_{2d}$ 对称性 $A_1$ 的 LO 声子。它的能量由 $\Omega_m=\Omega(m\pi/d_1)$ 决定,这里 $\Omega(q)$ 是体材料 GaAs 中 LO 模沿[001]的色散关系。由于样品 A 和 B 的 $d_1$ 相同,它们的限制声子具有相同能量。可是,对于 $LO_6$ 在高能一边的 IF 峰,它在样品 A 和 B 中是不一样的。进而,如果 IF 峰和 $LO_6$ 都被看作是 LO 的限制模,它们就不可能同时用 $\Omega(q)$ 很好地拟合。所以,它们被指认为界面模。图 9.9 是在 AlAs 声子频率范围内样品 $d_1=d_2$,$3d_1=d_2$ 和 $d_1=3d_2$ 的拉曼谱。如图 9.9 所示,在 LO 和 TO 模中间的拉曼频率与图 8.7 中计算得到的界面模结果相符,这进一步证明,新观察到的拉曼峰来自界面模的散射。

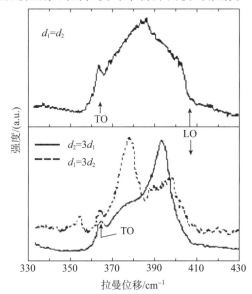

图 9.9　具有不同 $d_1$ 和 $d_2$($d_1$ 和 $d_2$ 分别是 GaAs 和 AlAs 的层厚)的样品的类 AlAs 界面模,所有的谱图对应于 $z(x,x)\bar{z}$ 散射构型。转载自 A. K. Sood, J. Menéndez, M. Cardona, et al., Resonance Raman Scattering by Confined LO and TO Phonons in GaAs-AlAs Superlattices, Phys. Rev. Lett., **54**, 2115—2118 (1985)

#### 9.1.3.2　微观界面模

1986 年,法索利诺等人用线性链模型和晶面间力常数计算了 InAs/GaSb 超晶格的声子谱[15],计算表明,有局域在晶面的新模,它分别高度依赖和不依赖于晶面的组分(AsGa 和 SbIn)和超晶格的厚度。除此以外,他们还发现,如果晶面位于 In 和 Sb 原子间,模的能量就在体材料 InSb 的声子谱范围内,并且类似于 GaAs 型界面。在他们看来,由于局域模的本质是如此清楚,这些新的模应该很容易被观察到。然而事实是,在他们预言 6 年以后,这个模才由金鹰等人[7]在 CdSe/ZnTe 中观察到。

金鹰等人用两个样品做实验,样品 S1 是 80 个周期的 $(CdSe)_4/(ZnTe)_8$,样品 S2 是 35 个周期的 $(CdSe)_8/(ZnTe)_{12}$ 超晶格。图 9.10 是观察

到的拉曼谱,从图中可以看到两个峰:标志为 A 的峰在 $209cm^{-1}$,另一个标志为 B 峰在 $222cm^{-1}$。从谱的偏振看,2 个模是对称性 $A_1$ 的偏振模,峰 A 和 C 是 ZnTe 的限制 LO 模,而峰 B 和 D 当时还没有被指认。

从图 9.10 可以看到,尽管样品 S1 和 S2 的 GaAS 和 ZnTe 的厚度不同,但是峰 B 和 D 的频率却是一样的($222cm^{-1}$)。依据法索利诺的判断,这一特点给出了识别峰 B 和 D 是界面模的定性证据。为了充分肯定这个鉴认,金鹰等人用法索利诺曾经用过的线性链模型和平均力常数计算了样品的色散曲线,发现计算的频率是 $211cm^{-1}$,与观察到的结果不符。当他们取超晶格中 4 种键的力常数与相应的体材料中的值相同时,计算得到的频率是 $222cm^{-1}$,与实验值一致,完全肯定了上述鉴认。

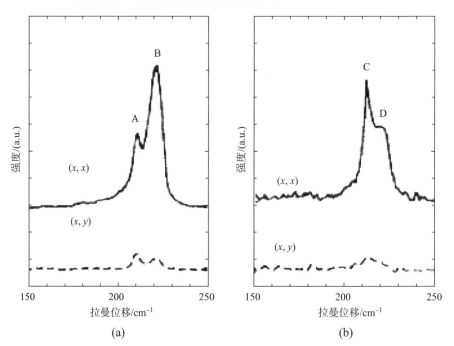

图 9.10 拉曼谱:(a)样品 S1 用 502nm 激光激发;(b) 样品 S2 用 488nm 激光激发,构型为 $z(x,x)\bar{z}$(实线)和 $z(x,y)\bar{z}$(虚线)。转载自 Y. Jin, Y. T. Hou, S. L. Zhang, et al., InInterface Vibration Mode in CdSe/ZnTe Superlattices, Phys. Rev. B, **45**, 12141—12143 (1992)

图 9.11(a)和(b)分别给出了样品 S1 沿[001]方向计算的声子谱和界面模(IF)的离子位移示图。从图 9.11(b)可以看出,IF 模的离子位移被强烈地限制在 Zn-Se 界面。这个结果不仅完全肯定了上述对峰 B 和 D 的鉴认,而且还直接证明微观界面模确实高度局域在超晶格界面。

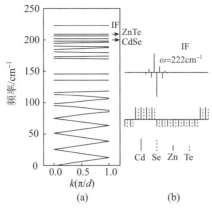

图 9.11 (a)沿(001)方向生长的$(CdSe)_4/(ZnTe)_8$超晶格计算的纵声子色散曲线,体材料 CaSe 和 ZnTe 的 LO(Γ)声子的频率用箭头标出。(b)上半部是标志为 IF 的最顶端模的离子位移图像,下半部是离子的位置[7]。转载自 Y. Jin, Y. T. Hou, S. L. Zhang, et al., InInterface Vibration Mode in CdSe/ZnTe Superlattices, Phys. Rev. B, **45**, 12141—12143 (1992)

## §9.2 纳米硅的特征拉曼谱

在 20 世纪 90 年代初,不包括超晶格的纳米材料拉曼光谱研究是从代表性的多孔硅非极性半导体的研究开始的。所以,介绍这方面的工作从纳米硅(Si)开始。

### 9.2.1 多孔硅的特征拉曼谱

由于在可见光区具有强的光发射特性,因而多孔硅有应用于光电器件方面的潜力,使它成为第一个引起极大兴趣和被广泛研究的纳米材料。所以,正确地识别它的拉曼本征谱在科学和应用方面都有很重要的意义。可是,早先对它的拉曼谱的识别和指认是错误的。

#### 9.2.1.1 多孔硅早期的拉曼谱研究

最早关于多孔硅的拉曼谱研究是古兹(Goodes)等人在 1988 年报道的[16],它的谱图由两个峰组成,结果给出在图 9.12(a)。古兹等人相信两个峰来自非晶 Si 和单晶 Si 的散射。众所周知,多孔硅是由在 HF 酸中腐蚀单晶 Si 片后残留的纳米尺度单晶 Si 组成,所以,前面提到的关于非晶 Si 的解释与多孔硅的组成不相符。

#### 9.2.1.2 多孔硅拉曼谱的正确鉴认

在 1992 年,拉斐尔·特苏(R.Tsu)在多孔硅研究热潮开始时第一次报道了多孔硅的拉曼谱。谱图也是由两个峰组成,见图 9.12(b),他对两个峰的解释是其由小尺度效应引起的 Si 的光学声子简并的解除,这两个峰分别源于纵的和横的光学声子的散射[17]。所以,正确鉴认多孔硅的拉曼谱成了首要工作。

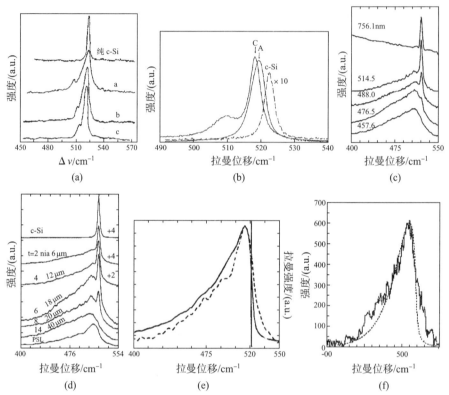

图 9.12　(a)古兹等人[16]观察到的多孔硅的拉曼谱,转载自 S. R. Goodes, et al., The characterisation of porous silicon by Raman spectroscopy, Semicond. Sci. Tech., **3**, 483—487 (1988);(b)特苏等人的结果[17],转载自 R. Tsu, H. Shen and M. Dutta, Correlation of Raman and photoluminescence spectra of porous silicon, Appl. Phys. Lett., 60, (1992);(c)~(e)是张树霖等人的结果[18],转载自 S. L. Zhang, Y. Hou, K. S. Ho, et al., Raman investigation with excitation of various wavelength lasers on porous silicon, J. Appl. Phys., **72**, 4469—4471 (1992);(f)隋等人的结果[19],转载自 Z. Sui, P. P. Leong, I. P. Herman, et al., Ramananalysis of light-emitting porous silicon, Appl. Phys. Lett., **60**, 2086—2088 (1992)。在(d)中,标记为 PSL 的拉曼谱是剥离的多孔硅膜,并也出现在(e)中。(e)和(f)中的实线和虚线分别是用微晶模型理论计算的谱图。

张树霖等人考虑到多孔硅样品是由 Si 衬底和多孔硅薄膜组成这个事

实,相信图 9.12(a)和(b)中的双峰一定是 Si 衬底和多孔硅薄膜拉曼峰的叠加[18]。基于这一猜想,并利用不同波长光的吸收系数不同导致在样品中的穿透深度不同这个事实,他们用不同波长的激光激发,测量样品中不同层的拉曼谱,结果见图 9.12(c)[18]。

图 9.12(c)清楚地表明,不同波长激发光在不同层中得到的拉曼谱特性是不同的。用 756.1nm 长波长激发的谱图是类 Si 的拉曼谱,由于激光穿透到 Si 衬底,它可以被认为是来自 Si 衬底。用短波长 457.9nm 激发得到的拉曼谱显示了一个宽的且非对称的峰,由于激光进入样品很浅,这个峰很可能来自样品表面。然而,用中等波长 488.0nm 和 514.5nm 激发对应于激光在样品中的中等穿透深度,得到的谱图由两个峰组成,并且非常类似于图 9.12(a)和(b)。基于仔细地观察,他们发现这两个峰像 756.1nm 和 457.9nm 两个波长激发峰的叠加。所以,有理由认为 457.9nm 激发的峰来自样品表面,是多孔硅的本征谱。

为了进一步肯定上面的推测,张树霖等人测量了在 Si 衬底上的不同厚度多孔硅薄膜(6~42$\mu$m)样品的拉曼谱,以及体材料 Si 和剥离下来的多孔硅薄膜(标记为 PSL)的拉曼谱,实验均用同一波长激发,结果见图9.12(d)。图9.12(d)表明,非常厚和非常薄的膜的拉曼谱与图 9.12(c)中最短和最长波长激发的情况类似,因而证实了以上关于多孔硅本征拉曼谱图的分析。参考文献[19]的作者独立地报道了剥离多孔硅膜的拉曼谱,结果见图 9.12(e)中的实线。以上的实验结果说明,多孔硅的本征拉曼谱是一个单峰,也确定了前面关于多孔硅拉曼谱的鉴认[16,17]是错误的。

### 9.2.2 硅纳米线(Si NWs)的特征拉曼谱

#### 9.2.2.1 硅纳米线中光学声子的特征拉曼谱

Si 纳米线是最早用激光蒸发法合成的 Si 纳米材料[20]。样品中除了 Si 纳米线外,还含有 $SiO_2$ 纳米材料,以及结构缺陷、像位错等。图 9.13(a)是 Si 纳米线样品的高分辨电镜照片。Si 纳米线、单晶 Si 和纳米 $SiO_2$ 的拉曼谱见图 9.13(b)。为了比较,Si 纳米线的拉曼谱放在图 9.13(c)中用实线表示。

#### 9.2.2.2 硅纳米晶声学声子的特征拉曼谱

在 8.2.1 小节中我们提到了,与体材料相比,纳米结构的对称性发生变化或者降低了,在体材料中的非拉曼活性模在纳米晶体中可能发展成拉曼活性模。由于波矢的选择定则 $q=0$,在体材料中声学声子是拉曼非活性的,可是,在纳米晶体中,波矢选择定则弛豫,所以声学声子成为拉曼活性的,有望被观察到。实际情况正是这样。图 9.14(a)就是在 Si 纳米晶体中观察到的这类声学声子的拉曼谱[22]。拉曼谱呈现一个不对称的变宽的线型,在高频区有一个"尾巴"。这个尾巴展开的方向与图 9.12 和 9.13 中光学声子的相反,可是,它们仅仅适合体材料中光学声子和声学声子色散曲线的斜率分别大于 0 和小于 0 的情况。图 9.14(b)是计算的限制在 Si 球中声学声子的拉曼谱,该图表明,例如,在偏振和退偏振拉曼谱中不同的频率值上,计算结果与实验结果均符合得很好[23]。

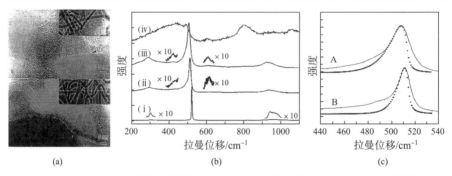

图 9.13 (a)Si 纳米线的高分辨电镜照片。(b)拉曼谱:(i)c-Si;(ii)Si 纳米线样品 B;(iii)Si 纳米线样品 A;(iv)纳米 $SiO_2$[21]。(c)Si 纳米线样品 A 和 B 的一级拉曼谱(实线)和计算谱(虚线)。转载自 B. Li, D. Yu, and S. L. Zhang, Raman spectral study of silicon nanowires, Phys. Rev. B, **59**, 1645—1648 (1999)

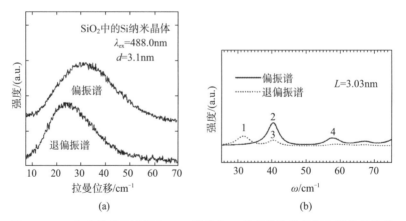

图 9.14 (a)实验得到的镶嵌在 $SiO_2$ 母体中 Si 纳米晶体的偏振和退偏振拉曼谱[22]。转载自 M. Fujii, Y. Kanzawa, S. Hayashi et al., Raman scattering from acoustic phonons confined in Si nanocrystals, Phys Rev B, **54**, R8373—R8376 (1996),获得美国物理学会的许可;(b)限制在 Si 球中的声学声子的计算拉曼谱。虚线和实线分别代表偏振和退偏振拉曼谱[23]。转载自 J. Zi, K. Zhang and X. Xie, Microscopic calculations of Raman scattering from acoustic phonons confined in Si nanocrystals, Phys Rev B, **58**, 6712—6715 (1998)

### 9.2.2.3 硅纳米线拉曼谱的理论计算

- 微晶模型(MC)计算

用§8.3中叙述的MC模型模拟长度$L=13$nm的Si纳米线的拉曼谱，见图9.13(c)中的点线。从中可以看出，拟合的结果非常好。以上结果表明，一方面证实上面的实验可以鉴别纳米线的拉曼谱；另一方面，Si纳米线的特征拉曼谱与尺寸限制效应有关联，正像MC模型仅仅基于尺寸限制效应那样。

表9.2列出了用MC模型理论模拟的尺度$L_{cal}$，多孔硅和Si纳米线的实际尺度和形状从TEM图像中得到。从表9.2可以发现，以上拟合的尺度分别与电子显微图像中得到的多孔硅柱的尺度$d_{pillar}$和具有完整晶格的小粒子的尺度$d_{grain}$符合得很好。换句话说，对于没有完整晶格的Si纳米线，只有量子线中的晶粒尺度，而不是量子线的表观直径与计算的拉曼谱符合得很好。对于此类的纳米样品，拉曼散射源自有完整晶格的颗粒。要注意多孔硅短柱是用氢氟酸腐蚀Si晶体剩余的Si，它们一定有完整的晶格结构。依据以上结果，一方面，我们知道用MC模型拟合的长度$L$应该是完整的晶体结构尺度，因为MC模型就是建立在晶体材料的基础上。另一方面，也表明参考文献[21]中用的纳米线样品是由许多晶粒组成的。

**表9.2 用MC模型拟合的尺度$L_{cal}$、从透射电子显微镜图像测量的多孔硅实际尺度$d_{pillar}$和Si纳米线直径和晶粒的实际尺度$d_{wire}$和$d_{grain}$**

| | 多孔硅[18] | | Si纳米线[21] | | |
|---|---|---|---|---|---|
| 尺寸 | $L_{cal}$ | $d_{pillar}$ | $L_{cal}$ | $d_{wire}$ | $d_{grain}$ |
| | 2.0 | 1.8 | 9.5 | 13 | 10 |
| 形状 | 短柱 | | 颗粒 | | |

资料来源：(1)Shu-Lin Zhang, et al., Raman investigation with excitation of various wavelength lasers on porous silicon, J. Appl. Phys. **72** 4469 (1992); (2)B. Li, D. Yu, and S.L. Zhang, Raman spectral study of silicon nanowires, Phys. Rev. B, **59**, 1645—1648 (1999)。

对比图9.12和9.13中的多孔硅和Si纳米线的拉曼谱可以发现，两个谱图的特征非常相似，即频率下移和谱图线型不对称变宽。这个事实反映两个样品都是由Si的颗粒组成。

- 极化率模型计算

为了进一步从微观角度去认识纳米Si的拉曼谱特性，申猛燕等人用极化率模型计算了颗粒尺度从1到5个晶格常数$a$（即0.54nm、1.09nm、1.63nm、2.17nm和2.71nm）的Si颗粒的拉曼谱，结果见图9.15(a)。

在图9.15(a)中，LO和TO模在最小尺度时明显劈裂，劈裂的程度随样品尺度增加而减小。这个结果证明了尺寸限制效应和特苏等人[17]的解释，但是它与测量的谱图差距很大。可是，考虑到图 9.15(b)中样品尺度的分布，根据图 9.15(c)(ii) HRTEM 照片测量的颗粒分布计算的权重叠加谱图，其中图 9.15(c)(i)与图 9.15(c)(ii)中的实验结果吻合得很好。这个结果说明，具有均匀尺度的小尺度 Si 颗粒的拉曼谱应该出现 LO-TO 劈裂，劈裂随尺度增加而减小。显然，由实验结果判定这个争论是非常有价值的。

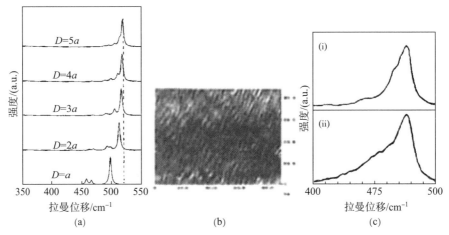

图 9.15  (a)用极化率模型计算的颗粒尺度从 1 到 5 个晶格常数 $a$ 的 Si 颗粒的拉曼谱；(b)多孔硅的 HRTEM 照片；(c)(i)测量和(ii)计算的拉曼谱，后者是根据 HRTEM 照片测量的颗粒分布计算的权重叠加谱图[27]。转载自张树霖著《拉曼光谱学与低维纳米半导体》，科学出版社，2008

### 9.2.3 硅纳米线拉曼谱起源的讨论

在上面我们已经提到，纳米 Si 的拉曼谱有两个特征：频率下移和线型不对称展宽，并且我们认为这些特征来自尺寸限制效应。可是，对以上的拉曼谱特征来源有不同的解释，其中激光热效应是最主要的观点。

#### 9.2.3.1 激光热效应的解释[19,20]

在 2000 年，古普塔(Gupta)等人测量了小直径 Si 纳米线(5~15nm)的激光功率密度对拉曼谱的影响，直径 8nm 的纳米线测量结果见图 9.16。从图中可以看到，在低功率密度时，在 520cm$^{-1}$ 处观察到洛伦兹线型，这个值与体材料 Si 在布里渊区中心的 LO(TO)声子的一样。随着激光照射能量增加，拉曼谱下移，在低频区有线型不对称展宽。图 9.16 中 7 条线上面的那一条线是从法诺(Fano)线型分析得来的，表明与上一结果吻合得很好。基于以上结果，他们认为，谱线下移是激光热效应引起的，而线型不对称展宽则

是由于波矢 $q=0$ 的光学声子的散射与激光引起的导带中电子的连续散射相互干涉引起的。

2007 年,康斯坦丁诺维奇(Konstantinović)测量了长度 $10\mu m$、直径大概 $50\sim500nm$ 的 Si 纳米线的拉曼谱,结果见图 9.16(b)[25]。结果与图 9.16(a)中的非常相似。作者认为拉曼峰强的位移和展宽是由于激光加热造成的,而限制效应的影响位居其次。

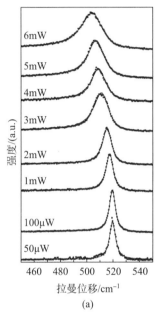
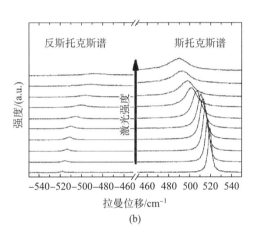

图 9.16 (a)在石英衬底上,直径 $d\approx8nm$ 的 Si 纳米线,在空气中用不同功率激光激发的斯托克斯拉曼谱[24],转载自 R. Gupta, Q. Xiong, C. K. Adu, et al., Laser-Induced Fano Resonance Scattering in Silicon Nanowires, Nano Lett., **3**,627—631 (2003),获得美国化学学会的许可;(b)用不同激光功率密度测量的 Si 纳米线的斯托克斯和反斯托克斯拉曼谱[25],转载自 M. J. Konstantinović, Interplay between phonon confinement effect and anharmonicity in silicon nanowires Physica E, **38**,109—111 (2007)

我们对以上解释做如下分析:

(1)在 8.3.4 小节中,我们已经提到声子的限制效应远比电子的限制效应强[26],而理论计算电子在 Si 中的限制效应大概为 $5nm$[27]。于是,可以推测参考文献[24]中用到的 Si 纳米线的直径大于 $5nm$ 时就没有限制效应,参考文献[15]中的纳米线直径为 $50\sim500nm$,也应该没有限制效应。

(2)与室温下测量相比,加热样品的拉曼频率产生位移,测量的样品在拉曼谱仪中应该保持低的激光能量,以避免温度上升。于是,基本的一条就是,探测本征谱特征根源的测量必须在室温下进行。

(3) 众所周知,出现法诺线型的原因是电子与声子耦合产生的连续散射。而参考文献[24]和[25]中没有解释为什么纳米晶体 Si 样品温度升高会激发法诺线型散射。

以上分析表明,作为一个纳米 Si 的拉曼谱特征的测试实验,由于样品的使用和实验条件的不正确,参考文献[19]和[20]的实验在开始时就被排除在试验外。所以,这些结果不能否定尺寸限制效应。相反,实验测试在多孔硅和 Si 纳米线中的尺度效应的结果表明[18, 21],二者都符合以上的实验要求。

#### 9.2.3.2 应力效应的解释

应力效应的解释认为,原子之间空间的变化会导致出现宏观应力,然后影响拉曼光谱的频率和谱的其他特性。

毫无疑问,在纳米材料中原子之间的空间与相应体材料的不同导致出现应力和拉曼谱位移。可是,对于一个 10nm 的实际的纳米 Si 样品,它的晶格常数为 0.5425nm,比体材料 Si 的晶格常数 0.541nm 大了 0.4%。依照频率位移公式

$$\Delta \omega = -n\nu\omega_0 a - a_0/a_0$$

可以推出应力引起的拉曼位移大概是 $2\text{cm}^{-1}$,其中 $n$ 是样品的维度,$\nu$ 是格林艾森常数,$\omega_0$ 是体材料 Si 晶体的拉曼频率。在小尺度样品中,纳米 Si 中尺寸限制效应引起的拉曼位移经常大于 $2\text{cm}^{-1}$,并且大于应力引起的位移,这表明应力引起的拉曼位移通常可以被忽略,应力效应的观点缺乏基础。

## §9.3 纳米碳的特征拉曼谱

在 8.2.4 小节中已经提到,碳的同素异形体有金刚石、石墨、石墨烯和富勒烯。不同的同素异形体碳的拉曼谱特征将要在下面讨论。

### 9.3.1 纳米金刚石的特征拉曼谱

#### 9.3.1.1 爆炸法制备纳米金刚石的特征拉曼谱

人们关注人工合成小尺度金刚石的特征拉曼谱已经有很长时间[28-32]。吉川(Yoshikawa)等人[29]在 1995 年第一次发表了纳米金刚石的特征拉曼谱,图 9.17 是用 TNT 爆炸法制备的 4.3nm 立方金刚石的拉曼谱。在图 9.17(a)中,我们可以清楚地看到体金刚石与纳米金刚石特征峰在频率和线型方面的不同。图 9.17(b)表明,用微晶模型计算的拉曼谱与实验得到的谱图吻合得很好,说明图 9.17(a)中纳米金刚石特征拉曼谱来源于尺寸限制效应。

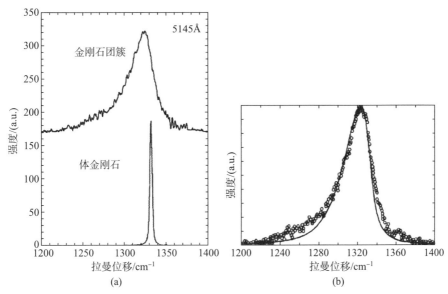

图 9.17 (a)5.4nm 金刚石和体金刚石的拉曼谱;(b)尺度 5.5nm 金刚石的计算拉曼谱。圆圈和实线分别是实验值和计算曲线[29]。转载自 M. Yoshikawa, Y. Mori, H. Obata, et al., Raman scattering from nanometer-sized diamond, Appl. Phys. Lett., **67** (1995)

### 9.3.1.2　化学气相沉积法(CVD)制备纳米晶金刚石的特征拉曼谱

化学气相沉积法可以合成大数量的纳米晶金刚石,这个方法在纳米金刚石应用方面有重要的意义。1988 年,内马尼奇(Nemanich)等人[33]报道了 $1145cm^{-1}$ 是化学气相沉积法合成纳米晶金刚石的特征峰。从那以后,这个峰成了鉴别化学气相沉积法合成纳米晶金刚石的一个准则,例如,依照在图 9.18 中出现在 $1150cm^{-1}$ 的拉曼峰,参考文献[30]的作者相信,在 $Ar^+$ 浓度大于 90% 的化学气相沉积环境中,生成了纳米晶金刚石。

在参考文献[30]中,$1145cm^{-1}$ 的拉曼峰被认为是化学气相沉积合成的纳米晶金刚石的特征峰,并且认为由于尺寸限制效应,这个峰是体金刚石在 $1332cm^{-1}$ 的峰下移造成的。依据金刚石在图 7.13(b)的色散曲线可以发现,尺寸限制效应引起对大晶体频率的下移。但是根据色散曲线,即使对于最小的晶体也不可能达到 $1332-1145=187cm^{-1}$ 的下移。所以,这个准则在根本上就是有疑问的。

事实上,剑桥大学工程系的费拉里(Ferrari)小组就质疑位于 $1150cm^{-1}$ 的峰不应该是纳米金刚石或者与 $sp^3$ 键相关的峰。2001 年,罗伯逊(Robertson)和费拉里发表了题目是《纳米金刚石中 $1150cm^{-1}$ 拉曼模的来源》的文章。在这篇文章中,他们认为这个拉曼模来自化学气相沉积法制备金刚石过程中产生的中间物——乙炔（TPA）片段，它存在于晶界或者表面。最后，他们否定了 1150cm$^{-1}$ 拉曼模与金刚石结构的关联。

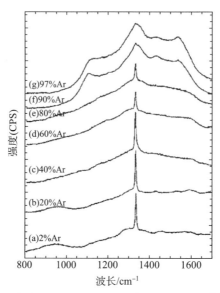

图 9.18  不同 Ar 气氛下生长的金刚石薄膜的拉曼谱[30]。转载自 DM. Gruen, Nanocrystalline Diamond Films, Annual Rev. of Mat. Sci., **29**, 211—259 (1999)

同样地，北京大学张树霖小组也提出了与费拉里小组一样的质疑。他们通过变化激发光的波长和样品的温度，测量了化学气相沉积法制备的纳米金刚石的拉曼谱，图 9.19 中（a）和（b）是样品 HETEM 图像中两个代表性的区域。图中显示晶粒的平均尺度大概是 20nm，而条纹间距值在两个区域是不同的，在（a）和（b）区分别是 2.1Å 和 3.3Å，分别与体金刚石（2.1Å）和石墨（3.4Å）相匹配，意味着样品含有纳米金刚石和纳米石墨。

图 9.20(a)是用不同波长激发的化学气相沉积法制备的纳米金刚石的拉曼谱[34]，每一个谱都可以用 7 个峰来拟合。峰 1 和 5 的拉曼频率与激发光波长的依赖关系见图 9.20(a)的插图。从插图中可以发现，峰 1 和 5 的拉曼频率分别下移了 84cm$^{-1}$ 和 64cm$^{-1}$。乙炔峰随激光波长的增加而下移类似于在金刚石膜中乙炔（见图 9.20(b)）的表面增强拉曼散射（SERS）[32]。峰 1 和 5 的下移与激发光波长的关系可以用直线拟合，它们的斜率分别是 $-0.27$ 和 $-0.21$。二个斜率的比率 $R$ 为 1.29，与单键和双键 TAP 的斜率比 1.20 非常接近[32]。于是，以上结果可以使我们鉴别出峰 1 和 5 分别是单键和双键乙炔。对 7 个峰的最终指定列在表 9.3 中，图 9.20(a)中的峰 2，3，4，6 被指认为无定型金刚石（α-金刚石）、纳米金刚石、石墨的 D 模和 G 模[35]。

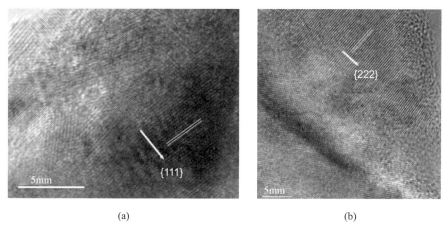

图 9.19 化学气相沉积法制备的纳米金刚石两个区域(a)和(b)的 HRTEM 图像

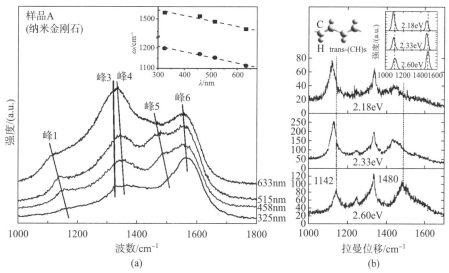

图 9.20 (a)不同激发光波长激发的化学气相沉积法制备的金刚石膜样品 A 的拉曼谱[34],转载自 Y. Yan, et al., Study of 1145cm$^{-1}$ Raman Peak of CVD Diamond Film, Chinese Journal of Light Scattering, **16**, 131—135 (2004); (b)不同激发能量下金刚石膜中乙炔的 SERS 谱,插图是计算的乙炔拉曼谱,乙炔的共轭长度等于 20 个 C=C 双键[32]。转载自 T. López-Ríos, É. Sandré, S. Leclercq and É. Sauvain, Polyacetylene in Diamond Films Evidenced by Surface Enhanced Raman Scattering, Phys. Rev. Lett., **76**, 4935—4938 (1996)

表 9.3　化学气相沉积法生长的纳米金刚石的拉曼频率和指认的拉曼峰

| 峰 | 1 | 2 | 3 | 4 | 5 | 6 |
|---|---|---|---|---|---|---|
| $\omega/\mathrm{cm}^{-1}$ | 1125 | 1240 | 1328 | 1360 | 1474 | 1547 |
| 指认 | SB-乙炔 | 非晶金刚石 | 纳米金刚石 | D模-石墨 | DB-乙炔 | G模-石墨 |

知道了乙炔的热性质,可以用蒸发法来去除样品中的乙炔,加热过的样品的拉曼谱见图 9.21,当加热温度达到 600℃时,与乙炔关联的峰 1 和 5 消失,而其他峰依然存在。加热的结果显然给我们提供了又一个 $1145\mathrm{cm}^{-1}$ 峰与乙炔关联的证据。

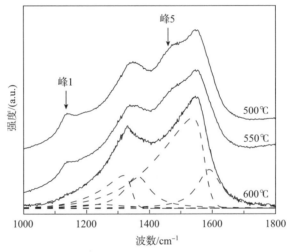

图 9.21　不同温度下化学气相沉积法制备的纳米金刚石的拉曼谱[35]。转载自张树霖著《拉曼光谱学与低维纳米半导体》,科学出版社,2008

#### 9.3.1.3　纳米金刚石特征拉曼谱的一般特性

众所周知,特征拉曼谱指认的前提是要用纯净材料的拉曼谱来指认,可是,表 9.3 中指定的结果表明样品含有许多成分和结构。为了满足指认特征拉曼谱的要求,人们应用了谱图拟合和扣除方法。基于纳米材料和体材料的谱图线型分别是非对称的和洛伦兹线型[36],选择相应的线型去拟合不同成分和结构样品(在 600℃加热)的谱图,结果见图 9.21 中的虚线。图 9.22 是仅含有纳米金刚石和纳米石墨的特征拉曼谱。为了肯定和区别以上的拟合结果,用微晶模型进行了理论分析。计算结果见图 9.22 中的虚线。表 9.4 列出了观察和计算的纳米金刚石/纳米石墨(体材料金刚石和石墨)的拉曼频率 $\omega_\mathrm{D}$ 和 $\omega_\mathrm{G}$,线宽 $\varGamma_\mathrm{D}$ 和 $\varGamma_\mathrm{G}$。可以发现符合得非常好,表明纳米金刚石的特征谱得到了证实。

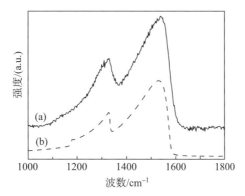

图 9.22 化学气相沉积法制备的纳米金刚石中纳米金刚石和纳米石墨的实验(a)和计算(b)谱图。转载自张树霖著《拉曼光谱学与低维纳米半导体》，科学出版社，2008年

表 9.4 观察和计算的纳米金刚石和纳米石墨的拉曼频率 $\omega_D$ 和 $\omega_G$，线宽 $\Gamma_D$ 和 $\Gamma_G$

|  | $\omega_D$ | $\Gamma_D$ | $\omega_G$ | $\Gamma_D$ |
| --- | --- | --- | --- | --- |
| 观察 | 1328 | 106 | 1534 | 168 |
| 计算 | 1326 | 103 | 1536 | 168 |
| 体材料 | 1332 | ~2 | 1580 | ~2 |

与体金刚石相比，纳米金刚石的特征谱的特点是非对称变宽，下移 $4 cm^{-1}$。以上的特性与图 9.17 中的结果非常类似，该图中的纳米金刚石是用爆炸法（TNT）制备的[29]。这表明无论用什么方法制备，纳米金刚石的特征谱都有共同的特征。

### 9.3.2 石墨烯的特征拉曼谱

石墨烯是单层的石墨片，可以认为是典型的纳米结构石墨。图 9.23(a) 是体石墨和石墨烯的拉曼谱，该图有两个强的谱结构分别在 $\sim 1580 cm^{-1}$ 和 $\sim 2720 cm^{-1}$，分别被指认为 G 和 2D 模。

G 模是沿切线伸缩振动的 $E_{2g}$ 模，G 模是单胞中两个不同碳原子 A 和 B 之间的光学声子模，它在 $1582 cm^{-1}$ 呈现单个的洛伦兹峰。

2D 谱结构是 D 模的双声子峰，D 模是布里渊区界面声子，而且不满足波矢选择定则，它不能在无缺陷石墨的一级拉曼谱中出现，而仅出现在有杂质和缺陷的样品中。所以，在图 9.23 中不能观察到 2D 模，这个事实证明了在石墨烯样品中没有数量显著的缺陷。除此以外，有双峰的 2D 模在石墨烯中变成单峰，结果见图 9.23(b)。这个现象也可能是由石墨和石墨烯有不同浓度的杂质和缺陷造成的。

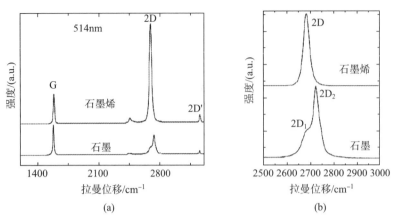

(a)  (b)

图 9.23 (a) 用 514.5nm 波长测量的石墨和石墨烯的拉曼谱;(b) 石墨和石墨烯中放大的 2D 峰[37,38]。转载自 A.C. Ferrari, Raman spectroscopy of graphene and graphite: Disorder, electron-phonon coupling, doping and nonadiabatic effects, Solid State Communications **143**, 47 (2007)

### 9.3.3 富勒烯的特征拉曼谱

在 8.2.4 小节中提到,富勒烯是完全由碳组成的分子,可以是空心球,椭球或者管状结构。巴基球 $C_{60}$ 是第一个制备的富勒烯,所以,我们首先讨论 $C_{60}$ 的拉曼谱。

#### 9.3.3.1 $C_{60}$ 的特征拉曼谱[39]

最早的富勒烯 $C_{60}$ 的发现极大地扩展了碳的同素异形体数量,而碳的同素异形体此前还只有石墨、金刚石和无定型碳(例如烟灰和木炭)。由于 $C_{60}$ 在科学和技术上有非同寻常的意义,科学家迅速地扩展了它的研究领域,其中之一就是拉曼光谱学。

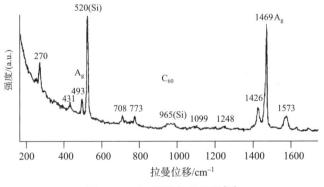

图 9.24 $C_{60}$ 薄膜的拉曼谱[40]

图 9.24 是 $C_{60}$ 的特征拉曼谱。表 9.5 和 9.6 列出了 $C_{60}$ 分子中的振动模的对称性和频率。所有在 8.2.4 小节中理论预测的 $A_g$ 和 $H_g$ 拉曼活性模都已经被观察到，观察到的频率见表 9.5。

**表 9.5** $C_{60}$ 分子振动模的拉曼谱和它们的对称性，理论和实验值

| $\omega_i(R)$ | 实验 | | 理论 | |
|---|---|---|---|---|
| | $D^{(1)}$ | $J^{(2)}$ | $Q^{(3)}$ | $F^{(4)}$ |
| $\omega_1(A_g)$ | 497.5 | 492 | 478 | 483 |
| $\omega_2(A_g)$ | 1470.0 | 1468 | 1499 | 1470 |
| $\omega_1(A_g)$ | 273.0 | 269 | 258 | 268 |
| $\omega_2(A_g)$ | 432.5 | 439 | 439 | 438 |
| $\omega_4(A_g)$ | 711.0 | 708 | 727 | 692 |
| $\omega_5(A_g)$ | 775.0 | 788 | 767 | 782 |
| $\omega_6(A_g)$ | 1101.0 | 1102 | 1093 | 1094 |
| $\omega_7(A_g)$ | 1251.0 | 1217 | 1244 | 1226 |
| $\omega_8(A_g)$ | 1426.5 | 1401 | 1443 | 1431 |
| $\omega_9(A_g)$ | 1577.5 | 1575 | 1575 | 1568 |

资料来源：M. S. Dresselhaus, G. Dresselhaus and P. C. Eklund, Raman Scattering in Fullerenes, J. Raman Spectroscopy, **27**, 351—371 (1996)。

注：(1) 表中所有实验模的波数源自一阶和高阶拉曼谱[42]；
(2) 参考文献[43]中计算的模的波数；
(3) 参考文献[44]中计算的模的波数；
(4) 参考文献[45]中计算的模的波数。

**表 9.6** 高取向热解石墨(HOPG)、直流电弧放电法制备的碳纳米管(D-CNT)和催化剂法制备的碳纳米管(C-CNT) 3 种样品的拉曼谱频率($\omega$)，半高宽(FWHM)和 D 模相对于 G 模的积分强度比($I_D/I_G$)

| 材料 | 参数 | D 模 | G 模 |
|---|---|---|---|
| 高取向热解石墨 (HOPG) | $\omega/cm^{-1}$ | 1332 | 1583 |
| | $\Delta\omega/cm^{-1}$ | 34 | 14 |
| | $I_D/I_G$ | 0.051 | |
| 直流电弧放电法制备的碳纳米管 (D-CNT) | $\omega/cm^{-1}$ | 1336 | 1584 |
| | $\Delta\omega/cm^{-1}$ | 42 | 22 |
| | $I_D/I_G$ | 0.430 | |
| 催化剂法制备的碳纳米管(C-CNT) | $\omega/cm^{-1}$ | 1337 | 1604 |
| | $\Delta\omega/cm^{-1}$ | 164 | 64 |
| | $I_D/I_G$ | 3.564 | |

#### 9.3.3.2 碳纳米管的特征拉曼谱[46,47]

1991年,饭岛(Iijima)[46]在生长富勒烯的过程中发现了副产物碳纳米管。碳纳米管是研究一维体系拉曼谱一个独特的样本,同时,拉曼光谱学也为研究单壁碳纳米管的特性提供了一个强有力的工具。

霍尔登(Holden)观察到了第一个单壁碳纳米管(SWCNT)的拉曼谱,结果见图9.25[48]。完整的单壁碳纳米管的拉曼谱见图9.26,(a)和(b)分别是一束单壁碳纳米管和单根底部是半导体、顶部是金属的碳纳米管的拉曼谱[39]。两个主要的拉曼特征是在低频的径向呼吸模(radial breathing mode,RBM)和在高频的切向多特征模(G带),其他次要的特征,例如无序引起的D带,面内光学和声学模的组合(iTOLA)带,M带(iTOLA模的谐波)也都有所表现。此外,当背景强度增加时,观察到了中频声子模(IFM)区出现了丰富的拉曼谱,它们介于RBM和G带特征之间[49,50]。

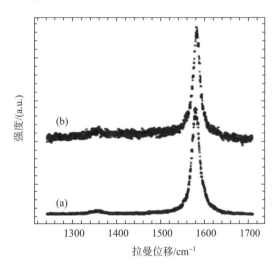

图9.25 单壁碳纳米管的拉曼谱[48]。转载自 J. M. Holden, P. Zhou, X. X. Bi, et al., Raman scattering from nanoscale carbons generated in a cobalt-catalyzed carbon plasma Chem. Phys. Lett., **220**, 186 (1994)

在图9.26的声子模中,有一些是非常重要的,下面将详细叙述:

(1) 径向呼吸模

这是一个与碳纳米管直径有关的特征模,对应于垂直于石墨平面的0能量振动模。可以通过径向呼吸模的频率($\omega_{RBM}$)去研究碳纳米管的直径($d_t$)通过它的强度($I_{RBM}$)去探测电子结构,还可以通过单根单壁碳纳米管的$d_t$和$I_{RBM}$去进行碳管类型($n,m$)的认定。

第九章　纳米结构的常规拉曼光谱　　141

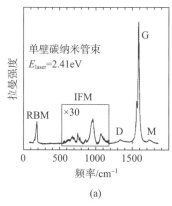
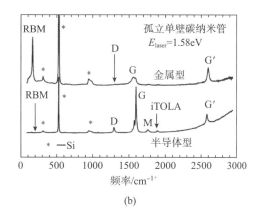

(a)　　　　　　　　　　　　　(b)

图 9.26　(a)在高压气相分解 CO(HiPco)过程中产生的单壁碳纳米管束的拉曼谱[51]。转载自 M.S. Dresselhaus, G. Dresselhausb, R. Saitoc, et al., Raman spectroscopy of carbon nanotubes, Physics Reports **409**, 47—99 (2005); (b)一根底部是半导体、顶部是金属的碳纳米管的拉曼谱。这里"＊"表示 Si 衬底的谱峰[52]。

径向呼吸模(RBM)拉曼谱对应于 C 原子在径向的关联振动,就像图 9.27 所示那样,碳纳米管在"呼吸"。这些特征是碳纳米管特有的,对于直径 $0.7\text{nm} < d_t < 2\text{nm}$ 的单壁碳纳米管,它们的频率出现在 $120\text{cm}^{-1}$ 到 $350\text{cm}^{-1}$。径向呼吸模是非常有用的,通过径向呼吸模是否存在,可以判断一个碳材料是否含有单壁碳纳米管,通过关系式 $\text{RBM}=A/d_t+B$,可以得到碳纳米管的直径,这里 $A$ 和 $B$ 是实验确定的参数[54,55]。

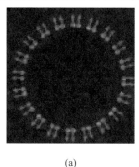
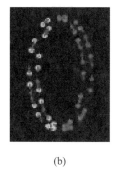

(a)　　　　　　　　　　　(b)

图 9.27　径向呼吸模(a)和 G 模(b)的特定的振动方式[53]。转载自张树霖著《拉曼光谱学与低维纳米半导体》,科学出版社,2008

(2)类石墨模(G 模)

单壁碳纳米管中的 G 模由几个峰组成,所以变成 G 带,见图 9.28(a),这是由于与碳纳米管曲率有关联的沿碳纳米管圆周方向的限制效应和对称破缺效应造成的,见图 9.28(b)。

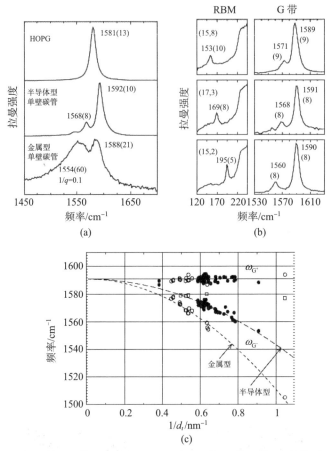

图 9.28 拉曼谱:(a)高取向热解石墨(HOPG)的 G 带、一根半导体单壁碳纳米管、一根金属单壁碳纳米管。(b)3 根分离的半导体单壁碳纳米管的 G 带拉曼谱,$(n,m)$ 被标出。(c)分立的单壁碳纳米管中两个最强的 G 带特征频率 ($\omega_{G^-}$ 和 $\omega_{G^+}$)与 $1/d_t$ 的关系[56]。转载自 A. Jorio, A. G. Souza Filho, G. Dresselhaus, et al. G-band resonant Raman study of 62 isolated single-wall carbon nanotubes, Phys. Rev. B, **65**, 155412 (2002)

单壁碳纳米管的 G 带的线型见图 9.28(a)和(b)。图 9.28(a)指出,单壁碳纳米管的 G 带有两个主要成分,一个峰在 1590 cm$^{-1}$ 处（G$^+$),另一个在 1570 cm$^{-1}$ 处（G$^-$）。G$^+$ 的特征与碳原子沿纳米管的轴向振动有关(LO 声子模),它的频率 G$^+$ 对电荷从添加物到单壁碳纳米管转移很敏感(正如在石墨层间化合物(GICs)[57,58]一样,对于受主,G$^+$ 上移;对于施主,G$^+$ 下移)。相反,G$^-$ 的特征与单壁碳纳米管中碳原子沿圆周方向振动关联(TO 声子),它的线型对碳纳米管是金属的[布雷特-威格纳-法诺(Breit-Wigner-Fano)线型]还是半导体的[洛伦兹（Lorentzian）线型]很敏感,结果见图 9.28(a)[59,60]。单壁碳纳米管的电荷转移可以导致布雷特-威格纳-法诺线型特性强度增加或者减小[61,62]。

测量单根纳米管中 G 带的结果显示 G 带是一个一级过程[31],频率 $G^+$ 基本独立于 $d_t$ 或者手性角,而对于 $G^-$,无论单壁碳纳米管是金属的还是半导体的,都依赖于 $d_t$,但是与手性角无关。这种直径依赖关系的测量只能对单根纳米管进行,其结果可以与其他拉曼特征测量一起,去证实 $(n,m)$ 的指认。从图 9.28(c)中 G 带模的直径依赖特征清楚地知道,大直径碳纳米管的 G 带与石墨中一个 G 带峰类似。

于是,基于以上的讨论,G 带特征可以用于:(1)直径特征的描述;(2)通过它们拉曼谱线型的不同, 区别单壁碳纳米管是金属的还是半导体的[63,64];(3)探测起因于掺杂单壁碳纳米管中的电荷转移;(4)在各种拉曼散射过程和散射几何配置中研究选择定则。

(3) 无序诱导模(D 模)

在碳纳米管拉曼谱的 $1280\sim1350\,\text{cm}^{-1}$ 区域也观察到了出现在无序石墨中的 D 模。谭平恒等人从无序的观点研究了高取向热解石墨（HOPG）的拉曼谱,直流电弧放电法制备的碳纳米管（D-CNT）和催化剂法制备的碳纳米管（C-CNT）的拉曼谱[65]。图 9.29(a)是观察到的拉曼谱,从其结果得到的频率($\omega$),线宽(FWHM) 和 D 模相对于 G 模的积分强度比($I_D/I_G$)见表 9.6 和图 9.29(b)。

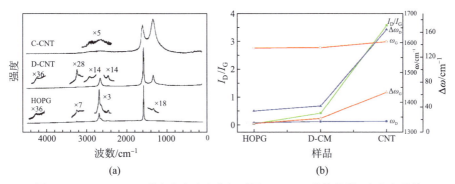

图 9.29 (a)632.8nm 激发的高取向热解石墨（HOPG）的拉曼谱、直流电弧放电法制备的碳纳米管（D-CNT）和催化剂法制备的碳纳米管（C-CNT）的拉曼谱;(b)3 种样品的拉曼谱频率($\omega$),线宽(FWHM) 和 D 模相对于 G 模的积分强度比($I_D/I_G$)[65]。转载自 P. Tan, et al., Comparative Study of Carbon Nanotubes Raman Prepared by D.C. Arc Discharge and Catalytic Methods, J. Raman Spectroscopy, **28**, 369—372 (1997)

从图 9.29(b)可以看出,D-CNT 的 $I_D/I_G$ 和线宽变化十分明显,而在其他样品中无明显变化。C-CNT，D-CNT 和高取向热解石墨（HOPG）样品的 $I_D/I_G$ 依次一个比一个大 8 倍。斋藤（Saito）等人进行了电子显微镜和 X 射线衍射实验，他们认为，D-CNT 具有较好的质量，意味着 D-CNT 中的无序度要小于 C-CNT[66]。所以，以上拉曼光谱结果确认参数 $I_D/I_G$ 可以像在石墨中那样，作为一个敏感的参数去表示碳纳米管的无序度[67]。

## §9.4 极性纳米半导体的特征拉曼谱

§9.2 中讨论的纳米 Si 和§9.3 中讨论的碳纳米结构的拉曼谱都仅涉及非极性材料。在这一部分，我们要讨论极性半导体的特征拉曼谱。SiC 是第一个报道的非极性纳米半导体[68]，并且是用拉曼光谱做了仔细地研究的[69]。所以，SiC 纳米半导体的拉曼谱将作为极性半导体的样本首先进行讨论，然后讨论其他极性纳米半导体。

### 9.4.1 SiC 纳米棒的特征拉曼谱

#### 9.4.1.1 结晶性质和尺度

SiC 纳米棒（SiC NR）的 X 射线衍射谱见图 9.30(a)，结果表明，SiC 纳米棒的晶体结构属于闪锌矿 3C-SiC[70]。电子显微镜图像见图 9.30(b)，结果表明，大部分纳米棒含有高密度缺陷，它们被认为是转动的孪晶和堆垛层错等，所以，尽管纳米棒的直径从 3nm 到 30nm，长度大于 1mm，但是纳米棒中晶粒的尺度小于棒的直径。在 9.2.2 小节中已经证明，对于没有完整晶格的纳米半导体来说，它们的拉曼谱起源于样品中有完整晶格结构的颗粒。所以，只有在 SiC 纳米棒中有完整晶格结构的颗粒产生纳米半导体的拉曼散射。

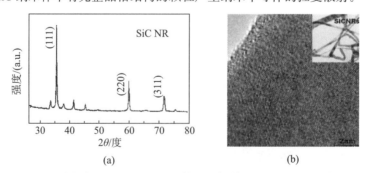

图 9.30 SiC 纳米棒（SiC NR）的(a)X 射线衍射谱；(b)HRTEM 图像，插图是完整 SiC 纳米棒的 TEM 照片[70]。转载自 W. Han, et al., Continuous synthesis and characterization of silicon carbide nanorods, Chem. Phys. Lett., **265**, 374—378 (1997)

## 9.4.1.2 拉曼谱特征和指认

图9.31(a)是SiC纳米棒的拉曼谱,可以看到两个谱图的特征,第一个是谱峰都展宽,非常类似于荧光谱(PL)。为了确认这些峰是拉曼峰,测量了SiC纳米棒的反斯托克斯谱和斯托克斯谱,结果见图9.31(b)。依据拉曼谱的普适特征,斯托克斯和反斯托克斯频率必须相等,所以图9.31(b)是拉曼谱而不是荧光谱。

在图9.31(a)可以清楚地看到另一个特征,即在低(~791nm)、中(~864nm)、高频(~924nm)区分别存在3个拉曼谱结构,这些特征与相应的体材料3C-SiC膜有很大的不同。体材料薄膜有两个光学声子模:一个在796cm$^{-1}$的TO模和一个在972cm$^{-1}$的LO模[71]。在6.3.3小节和8.2.1小节中曾经说过,在一般情况下,纳米材料和体材料的晶体结构基本是一样的,所以体材料的色散曲线可以被借用到纳米材料。我们认为SiC纳米棒中的791cm$^{-1}$是类TO模是合理的,因为它非常接近体材料SiC在796cm$^{-1}$的TO模。可是,在~864cm$^{-1}$和~924cm$^{-1}$的两个峰没有在体材料中对应的峰,还不能被认定。

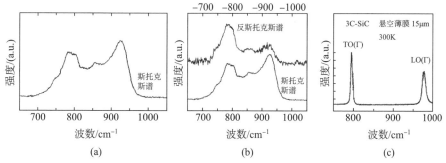

图9.31 SiC纳米棒的(a)斯托克斯和(b)反斯托克斯拉曼谱[69],转载自S. L. Zhang, et al., Effect of defects on optical phonon Raman spectra in SiC nanorods, Solid State Commun., **111**, 647—651 (1999); (c)体材料3C-SiC膜的拉曼谱,转载自Z. C. Feng, A. J. Mascarenhas, W. J. Choyke et al., Raman scattering studies of chemical vapor deposited cubic SiC films of (100) Si, J. Appl. Phys., **64**, 3176—3186 (1988)

为了搞清楚位于~864cm$^{-1}$和~924cm$^{-1}$处拉曼峰的认定,用§8.3中的微晶模型计算了SiC纳米棒的拉曼谱,结果见图9.32(a)。图中虚线是计算曲线,实线是实验曲线。计算表明在高频区967cm$^{-1}$有一个峰,它的频率比在924cm$^{-1}$观察到的峰要高很多,这意味着这个峰不可能是尺寸限制效应导致的。众所周知,缺陷可以产生新的拉曼峰,所以,可以假定这两个峰源自样品中类缺陷的拉曼散射。可是,我们没有在实验谱中看到任何与传统缺陷有关联的新的拉曼峰。所以,传统的限制效应和通常的缺陷效应都不能指认这两个峰。除此以外,计算谱中没有在中频区出现散射峰,这与实验谱也不符合。

有一个通常被忽略的事实,那就是随着纳米晶体尺度的减小,破坏了平移对称性,拉曼谱显示出非晶的特征。据此,张树霖等[69]基于微观偶极量子线模型[72],利用非晶拉曼谱公式(7.141)计算了 SiC 纳米棒的拉曼谱,结果见图 9.32(b)(ii)。计算的 LO 峰在 936cm$^{-1}$ 处,非常接近实验值。更有趣的是,一个介于 LO 和 TO 峰之间的 840cm$^{-1}$ 处的峰出现了,它与在中频区观察到的拉曼峰一致,所以,在 ~ 864cm$^{-1}$ 和 ~ 924cm$^{-1}$ 处观察到的峰可以分别被指认为类界面模和 LO 模。

#### 9.4.1.3 新拉曼光谱特征的起源

上面 SiC 纳米棒拉曼谱的认定表明,正确的认定必须基于非晶拉曼谱公式。可是,应该注意的是,由于是非晶材料,SiC 纳米棒计算的 LO 模和类界面模峰在声子态密度(PDOS)中不是峰,如果不把弗罗利希电声子相互作用考虑在内,就没有这个峰。此外,人们对 SiC 纳米棒 PDOS 随不同尺寸的权重也作了计算,结果表明 LO 模和类界面模对尺寸不敏感。这充分表明,在极性半导体 SIC 纳米棒中,对光学声子拉曼特性有影响的仅仅是弗罗利希相互作用,而不涉及尺寸限制效应。

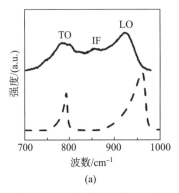
(a)

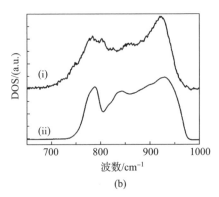
(b)

图 9.32 (a)实验拉曼谱(实线)和用微晶模型计算的拉曼谱(虚线)[73],转载自张树霖著《拉曼光谱学与低维纳米半导体》,科学出版社,2008;(b)与 SiC 纳米棒对应的约化拉曼谱(i),横截面为 24×24 个单层、用有效 PDOS 计算的立方 SiC 纳米棒到的拉曼谱(ii),高斯展宽约为 5cm$^{-1}$,这里 LO、TO 和 IF 分别代表纵的、横的光学声子模和界面模[69]。转载自 S. L. Zhang, et al., Effect of defects on optical phonon Raman spectra in SiC nanorods, Solid State Commun., **111**, 647—651 (1999)

## 9.4.2 ZnO 纳米粒子的拉曼谱

下面将用纳米粒子(NP)作为样本讨论 ZnO 纳米材料的特征拉曼谱。

### 9.4.2.1 ZnO 纳米粒子的结晶学性质和尺度

如图 9.33 所示，ZnO 纳米粒子是六方纤锌矿结构，晶粒的平均直径~8nm[74]。

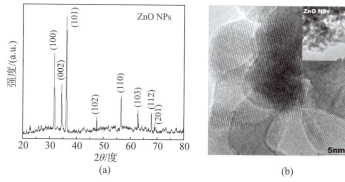

图 9.33 ZnO 纳米粒子的 X 射线衍射谱(a)和 HRTEM 图像(b)[74]。转载自 F. Yuan, et al., Preparation and properties of zinc oxide nanoparticles coated with zinc aluminate, J. Mater. Chem., **13**, 634—637 (2003)

### 9.4.2.2 ZnO 纳米粒子拉曼谱的特征

用 515nm 激发的体材料和纳米粒子的拉曼谱[73]见图 9.34，它们的拉曼谱和单声子拉曼峰的指认列在表 9.7 中。从表中可以发现一个新的特征峰，就是 ZnO 纳米粒子的频率在实验误差范围内与 ZnO 体材料的相等。

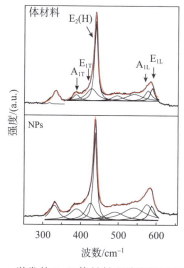

图 9.34 515nm 激发的 ZnO 体材料和纳米粒子(NPs)的拉曼谱

表 9.7  观察到的 ZnO 体材料和纳米粒子样品声子的平均频率 $\omega_{ave}/cm^{-1}$

| 样品 | $E_2(L)$ | $A_{1T}$ | $E_{1T}$ | $E_2(H)$ | $A_{1L}$ | $E_{1L}$ |
|---|---|---|---|---|---|---|
| 体材料 | 99 | 385 | 426 | 437 | 572 | 584 |
| 纳米粒子 | 97 | 387 | 424 | 436 | 574 | 584 |
| 差别 | 2 | 2 | 2 | 1 | −2 | 0 |

### 9.4.3 其他极性纳米半导体的拉曼谱

9.4.1 小节和 9.4.2 小节中讨论的新的拉曼特征都与极性纳米半导体有关。很明显，如果前面发现的新的拉曼谱特征对所有极性纳米半导体是通用的，这就是一个很有趣的科学问题。要回答这个问题，需要观察更多极性纳米半导体的拉曼谱，其中已有 GaN 纳米粒子(NPs)和 CdSe 纳米棒(NRs)被研究了。

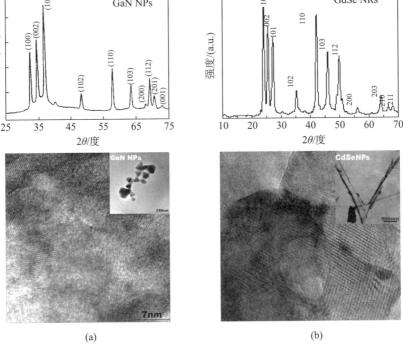

图 9.35  (a)GaN 纳米粒子[75]和(b)CdSe 纳米棒[76]的 X 射线衍射谱(上部)和 RHTEM 图像(下部)。插图是低分辨率透射电镜的样品全貌图像。转载自 Z. X. Deng, L. B. Li and Y. D. Li, Novel inorganic − organic − layered structures: Crystallographic understanding of both phase and morphology formations of one-dimensional CdE (E ¼ S, Se, Te) nanorods in ethylenediamine, Inorg. Chem., 42, 2331 (2003)

#### 9.4.3.1 结晶学性质和尺度

图 9.35 是 GaN 纳米粒子[75]和 CdSe 纳米棒的 X 射线衍射谱和 RHTEM 图像[76]。X 射线衍射谱表明样品都是晶态的,HRTEM 图像显示样品由许不同尺寸的晶粒聚集而成,GaN 纳米粒子和 CdSe 纳米棒的平均尺寸分别大概是 7nm 和 4nm。

#### 9.4.3.2 实验拉曼谱

GaN 纳米粒子和 CsdSe 纳米棒的实验拉曼谱分别见图 9.36(a)[77]和 (b)[72]。表 9.8 列出了 GaN 纳米粒子[77]和体材料[78]拉曼峰的认定和频率。

从图 9.36 和表 9.8 中可以清楚地看到,谱的特征在频率方面非常类似于前面在 ZnO 体材料和纳米样品中的实验结果。

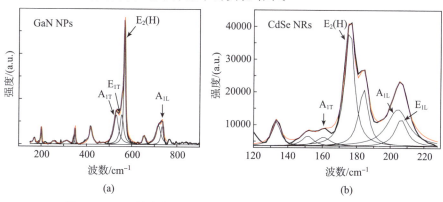

图 9.36 GaN 纳米粒子(a)和 CdSe 纳米棒(b)的实验拉曼谱[72]

表 9.8 GaN 纳米粒子实验拉曼频率 $\omega/\mathrm{cm}^{-1}$ 和拉曼峰指认

| 样品 | $E_2(L)$ | $A_{1T}$ | $E_{1T}$ | $E_2(H)$ | $A_{1L}$ | $E_{1L}$ |
|---|---|---|---|---|---|---|
| GaN 纳米粒子 | | 531 | 556 | 568 | 733 | |
| 体 GaN [78] | 144.0 | 531.8 | 558.8 | 567.6 | 734.0 | 741.0 |
| 误差 | | 1 | 3 | 0 | 1 | |

表 9.9 CdSe 纳米粒子实验拉曼频率 $\omega/\mathrm{cm}^{-1}$ 和拉曼峰指认

| 峰 | 1 | 2 | 3 | 4 | 5 | 6 | 7 | 8 |
|---|---|---|---|---|---|---|---|---|
| 指认 | $A_{1T}/E_{1T}$ | $E_2$ | $A_{1L}/E_{1L}$ | | | 2LO | | |
| $\omega/\mathrm{cm}^{-1}$ | 17.5 | 183.6 | 205.3 | | 298.7 | 408.5 | 464.0 | 583.6 |

总之,以上实验结果表明,极性半导体中的光学声子的拉曼散射频率与相应的体材料半导体中的结果一致。

## §9.5 多声子拉曼谱

在前面的章节,我们仅讨论了单声子拉曼谱,也就是一阶拉曼谱。在这一部分,我们将介绍纳米结构的高阶即多声子(MP)拉曼谱。多声子拉曼谱一个重要的特性是,$k$级拉曼谱峰的频率$\omega_k$与$k=1$的一级单声子的拉曼频率有关系:

$$\omega_k = k\omega_1 \tag{9.1}$$

另一个重要的特性是,多声子拉曼散射的强度随多声子的级别$k$增加降低很快。这导致观察多声子散射谱变得较困难,多声子拉曼谱常常不得不在共振散射条件下测量。在出射道共振,就是在入射光能量$E_i$、声子能量$E_{ph}$和电子能隙能量$E_g$满足以下关系式的共振:

$$E_g = E_i - kE_{ph} \tag{9.2}$$

但是,热荧光过程也满足这个关系。因此,热荧光和与出射道共振过程的相关的多声子散射显示相似的光谱特征,从而使得区别它们成为多声子拉曼散射研究中非常重要的工作。

### 9.5.1 超晶格(SLs)的多声子拉曼散射

从19世纪80年代开始,超晶格的限制光学模和宏观界面模的多声子拉曼谱就被广泛研究。

#### 9.5.1.1 限制光学模和宏观界面模的多声子拉曼谱

图9.37(a)和(b)是不同厚度GaAs/AlAs和HgTe/CdTe超晶格的限制光学模和宏观界面模的多声子拉曼谱。该图清楚地给出了限制的纵光学声子(LO)、限制的横光学声子(TO)和宏观界面模的多声子拉曼谱。可是,在1993年以前,还没有势垒层中限制光学声子模和微观界面模多声子拉曼谱的报道。我们现在重点讨论这两类多声子拉曼谱。

#### 9.5.1.2 局域在势垒层的限制光学模的多声子拉曼谱[85]

图9.38(a)是一个多量子阱、短周期超晶格$(CdTe)_2(ZnTe)_4/ZnTe$中的第13级多声子拉曼谱。由于测量在出射道共振条件下进行,排除光谱来自热荧光的可能性成为首要的工作。基于共振拉曼散射是一步相干过程,共振散射谱与入射光的能量和偏振精确地关联,因此可以通过偏振谱的退偏比具有记忆性来排除来自热荧光的可能性[86]。

表9.10列出了观察到的不同级别多声子谱的退偏比,并且发现,整体而言,偏振记忆并没有失去。于是可以确定,图9.38(a)中是出射道共振下的多

声子拉曼谱。

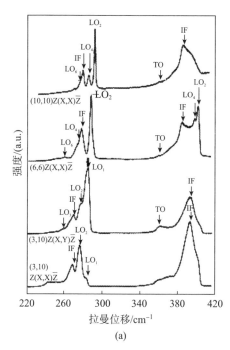
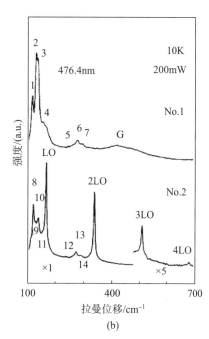

图 9.37 (a) $(GaAs)_m/(AlAs)_n$ ($m$, $n=10$, 10; 6, 6; 3, 10 单原子层) 超晶格[79]和 (b) HgTe/CdTe (样品 1=6.4/6.0nm, 样品 2=8.0/4.0nm) 超晶格[82]的多声子拉曼谱。(a) 转载自 D. J. Mowbray, M. Cardona, and K. Ploog, Multiphonon resonant Raman scattering in short-period GaAs/AlAs superlattices, Phys. Rev. B, **43**, 11815—11824 (1991); (b) 转载自 Z. C. Feng, S. Perkowitz, and O. K. Wu, Raman and resonant Raman scattering from the HgTe/CdTe superlattice, Phys. Rev. B, **41**, 6057—6060 (1990)

表 9.10 ZnTe 纵光学模多声子拉曼谱的退偏比 $I_{dp}$

| $E_{in}/eV$ | | 1 LO | 2 LO | 3 LO | 4 LO | 5 LO | 6 LO | 7 LO | 8 LO | 9 LO |
|---|---|---|---|---|---|---|---|---|---|---|
| 2.41 | $\omega$ | | 209.5 | 420 | 630 | 836 | (1040) | 1244 | 1454 | 1658 |
| | $I_{dp}$ | | 2.5 | 1.7 | 1.6 | 2 | 1.6 | 2 | 2 | 1.5 |

为了鉴别相应于多声子的单声子类型,比较观察到的多声子频率与按照公式 (9.1)(用来计算在阱层和势垒层的 $LO_W$ 和 $LO_B$ 的限制 LO 声子的频率) 计算的多声子频率, 比较结果见图 9.38(b)。从图中可以看出, 在用 476.6nm 光激发的多声子拉曼谱中, 观察到的声子 $LO_B$ 的多声子频率与计算结果吻合, 这表明在势垒层的 LO 声子的多声子频率被观察到了。

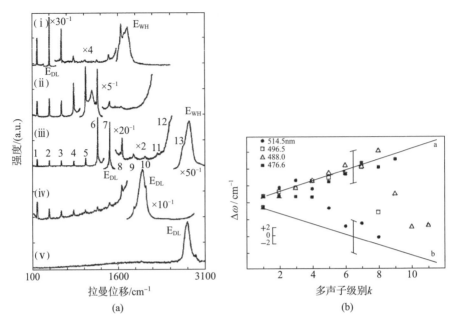

图 9.38 （a）一个在 $z(xx)\bar{z}$ 几何配置观察到的多声子拉曼谱,激发光的波长分别为（i）514.5nm、（ii）496.5nm、（iii）488.0nm、（iv）476.5nm 和（v）and 457.9nm,对应的入射光子的能量 $E_{in}$ 分别为 2.41,2.50,2.60 和 2.71eV。（b）$\Delta\omega$ 是实验观察和利用 $k\omega_{LO}$ 计算的 ZnTe $LO_B$ 和 $LO_W$ 多声子频率之间差值,其中 $k$ 是多声子的级别。$\omega_{LO}$ 等于观察到的一级 $LO_B$（用实线 a 表示）或者 $LO_W$（实线 b 表示）的频率。在整数位置的 $k(k>1)$ 的实线 a 和 b 代表了计算的 ZnTe 声子 $LO_B$ 和 $LO_W$ 多声子频率,它们被画成这样,使得在同一 $k$ 值实线 a 和 b 之间的间隔等于计算的 $LO_B$ 和 $LO_W$ 之间的差值。垂直短线是误差棒[85]。转载自 S. L. Zhang, et al., Multiphonon Raman scattering resonant with two kinds of excitons in a $(CdTe)_2(ZnTe)_4$/ZnTe short-period-superlattice multiple quantum well, Phys. Rev. B, **47**, 12937—12940 (1993)

### 9.5.1.3 微观界面声子的多声子拉曼谱[87]

张树霖等人用 488nm 和 497nm 的激光测量了 80 个周期的 $(CdTe)_2/(ZnTe)_4$ 超晶格（AB/CD 型）的多声子拉曼谱,结果见图 9.39。从图中可以发现,存在另外一个多声子模,它的频率 $\omega_k$、线宽 $\Delta\omega_k$ 和强度 $I_k$ 与多声子的级别 $k$ 的依赖关系与图 9.40(a)中类体材料 LO 模是不同的。这意味着它与体材料中公认的规则和微观界面模的多声子拉曼散射是不同的。

第九章 纳米结构的常规拉曼光谱 153

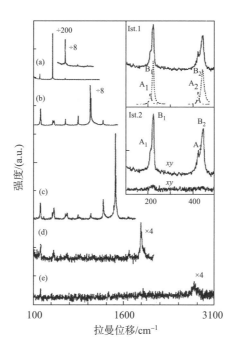

图 9.39 用(a) 514.5nm、(b) 496.5nm、(c) 488.0nm、(d) 476.5nm 和(e) 457.9nm激发的(CdSe)$_4$/(ZnTe)$_4$超晶格样品在 80K 时的多声子拉曼谱[87]。转载自 S. L. Zhang, et al., Defect-like nature of the interface in AB/CD type superlattices，Phys. Rev. B，**52**，1477—1480 (1995)

图 9.40(b)是频率 $\omega_k$，线宽 $\Delta\omega_k$ 和强度 $I_k$ 与 色心 SrI 的多声子拉曼谱局域模随多声子级别 $k$ 变化的关系[88]。比较图 9.40(a)和(b)，可以看到它们之间非常相似，这表明微观界面模的多声子拉曼谱呈现缺陷谱的特征，意味着超晶格中微观界面模是类缺陷模。所以，利用多声子拉曼谱，我们揭示了超晶格的界面类似体材料中的缺陷，表明超晶格是缺陷结构。

### 9.5.2 其他纳米材料的多声子拉曼谱

#### 9.5.2.1 多孔硅的多声子拉曼谱

在体材料 Si 中，二级拉曼谱已经被观察到并进行了研究[89-91]，其中在 960cm$^{-1}$ 的声子模的二级多声子很容易被观察到，并且被指认为在布里渊区边界的 2LO 模的散射。

观察到的无衬底多孔硅膜的多声子拉曼谱和体材料 Si 的拉曼谱分别见图 9.41(a)和(b)[92]。图 9.41(a)表明，在 632cm$^{-1}$ 和 956cm$^{-1}$ 有两个高阶峰，它们分别被指认为双声子 TA+TO 和 2TO 模。对比多孔硅和体材料 Si

的双声子谱,可以发现如下有趣的现象:首先,双声子(TA+TO)模在多孔硅中观察到,而在体材料 Si 中没有,这个可以归结为尺寸限制效应。其次,与观察到的双声子 2TO 对应的单声子 TO 模局域在布里渊区的边界,而不是与体材料 Si 一样在布里渊区的中心。第三,在多孔硅中观察到的 2TO 模的频率比在体材料 Si 中的低,这可能反映用体材料的色散关系分析纳米材料在有些情况下并不合适。这一点已经被随后 Si 纳米粒子的理论分析所证实[93],详细的分析见§8.3。

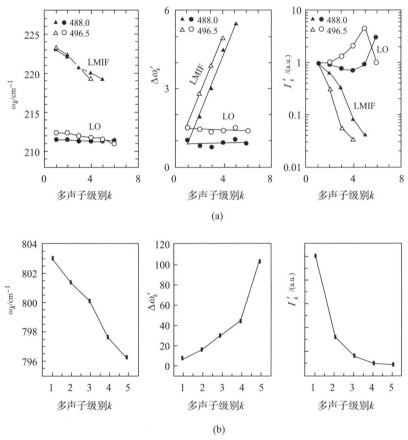

图 9.40　(a)用 488.0nm 和 496.5nm 激光激发的(CdSe)$_4$/(ZnTe)$_4$ 超晶格中 Zn-Se LMIF 模和 ZnTe 类体材料 LO 模的多声子拉曼谱频率 $\omega_k$,线宽 $\Delta\omega_k$ 和强度 $I_k$ 与多声子级别 $k$ 的关系[87],转载自 S. L. Zhang, C. L. Yang, Y. T. Hou, et al., Defect-like nature of the interface in AB/CD type superlattices, Phys. Rev. B, **52**, 1477—1480 (1995);(b)SrI 色心的局域模[88],转载自 T. P. Martin, Multiple-order Raman scattering by a localized mode, Phys. Rev. B, **13**, 3617—3622 (1976)

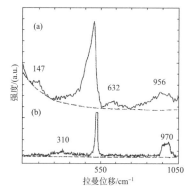

图 9.41 无衬底多孔硅膜的多声子拉曼谱(a)和体材料 Si 的拉曼谱(b)。转载自 S. L. Zhang, X.Wang, K. S. Ho, J. Li, P. Diao and S. Cai, Raman spectra in a broad frequency region of p-type porous silicon, J. Appl. Phys., **76**, 3016—3019 (1994)

#### 9.5.2.2 碳纳米管的多声子拉曼谱

自从发现碳纳米管以来,多声子拉曼谱很快就被观察到。图 9.42 是多壁碳纳米管(MWCNT)和高取向热解石墨(HOPG)的多声子拉曼谱。局部放大的多壁碳纳米管以及高取向热解石墨的拉曼谱也在图中。从图 9.42 中可以发现第四级多声子谱被清楚地观察到。基于洛伦兹拟合,多声子拉曼模的频率、线宽、强度比(相对于 G 峰)和模的指认见表 9.11。可以发现,在高取向热解石墨中观察到的峰远比在多壁碳纳米管中少。在图 9.42 的高取向热解石墨拉曼谱中,单声子模 D 和 $E_{2g}$,多声子模 D+G,2G+D,4D 和 2G+2D 都没有出现。

以上的结果可以考虑有以下解释。众所周知,声子模的拉曼散射由声子的色散关系和声子的波矢选择定则 $q=0$ 决定。在 8.2.4 小节中已经提到,对于碳纳米管,它的色散曲线可认为是石墨片声子色散曲线的折叠,所以,声子色散曲线的支数大大增加。因此,可以期望在碳纳米管中观察到的声子模数量远大于在高取向热解石墨中的数量。事实上,类似的情况也出现在超晶格中,在那里超晶格的声子色散曲线也被认为是体材料色散曲线的折叠。

#### 9.5.2.3 极性纳米半导体的多声子拉曼谱

关于极性纳米半导体的多声子拉曼谱研究工作不断地在发表。例如,德蒙若(Demangeot)等人[95]在 8nm 直径的 ZnO 纳米粒子中观察到了 LO 声子的 3 级多声子拉曼散射,结果与体材料 ZnO 的数据见图 9.43。从图中可以看到,与多孔硅的多声子拉曼谱的结果不同,ZnO 纳米粒子多声子的频率与公式(9.1)吻合。

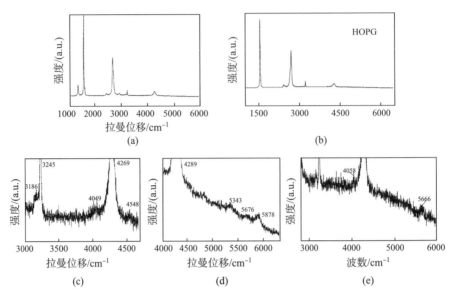

图 9.42 多壁碳纳米管（a）和高取向热解石墨（HOPG）（b）的多声子拉曼谱，局部放大的多壁碳纳米管（c）和（d），以及高取向热解石墨（e）的拉曼谱[94]。转载自 H. Fumin, Y. K. To, T. Pingheng, et al., Raman Spectra of Carbon Nanotubes and Their Temperature Effect, Chn J. Light Scattering, **10**, 10 (1998)

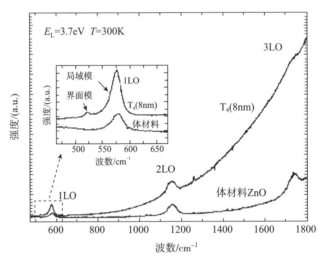

图 9.43 8nm 直径的 ZnO 纳米粒子和 ZnO 体材料的多声子拉曼散射谱。插图是一级区域谱图的放大[95]。转载自 F. Demangeot, V. Paillard, P. M. Chassaing, et al., Experimental study of LO phonons and excitons in ZnO nanoparticles produced by room-temperature organometallic synthesis, Appl. Phys. Lett., **88**, 071921 (2006)

## 第九章　纳米结构的常规拉曼光谱

**表 9.11**　多壁碳纳米管和高取向热解石墨的多声子拉曼模的频率、线宽、强度比（相对于 G 峰）

| 样品 | | D | G | $E'_{2g}$ | $G+A_{2u}$ | $D^*$ | $D+G$ | $2G$ | $2E'_{2g}$ | $3D$ | $2D+G$ | $D+2G$ | $4D$ | $3D+G$ | $2D=2G$ |
|---|---|---|---|---|---|---|---|---|---|---|---|---|---|---|---|
| 多壁碳纳米管 (MWCNT) | $\omega/\text{cm}^{-1}$ | 1356 | 1582 | 1623 | 2456 | 2708 | 2949 | 3186 | 3245 | 4049 | 4289 | 4548 | 5343 | 5676 | 5878 |
| | $\text{FWHM}/\text{cm}^{-1}$ | 32 | 16 | 10 | 82 | 50 | 116 | | 14 | | 76 | | | | |
| | $I$ | 0.13 | 1.00 | 0.063 | 0.026 | 0.47 | 0.019 | | 0.064 | | 0.051 | | | | |
| 高取向热解石墨 (HOPG) | $\omega/\text{cm}^{-1}$ | | 1574 | | 2445 | 2682 2720 | | 3164 | 3240 | 4058 | 4294 | | | 5666 | |
| | $\text{FWHM}/\text{cm}^{-1}$ | | 16 | | 50 | 50 50 | | | 12 | | 90 | | | | |
| | $I$ | | 1.00 | | 0.033 | 0.18 0.46 | | | 0.092 | | 0.051 | | | | |

近来,夏磊等人报道了在极性纳米半导体 ZnO 的纳米粒子中观察到的多声子拉曼谱,包括纵声学声子(LA)、光学声子的极性和非极性模 $A_{1L}$ 和 $E_2(H)$,结果见图 9.44,其中多声子拉曼峰的频率已经被列在表 9.12。结果表明,包括极性和非极性多声子光学声子的频率很好地符合方程(9.1)。

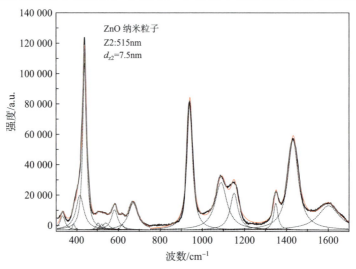

图 9.44 实验极性纳米半导体 ZnO 纳米粒子的多声子拉曼谱[96]

表 9.12 极性纳米半导体 ZnO 纳米粒子多声子拉曼峰的频率和指认[96]

|  | ZnO 纳米粒子 | ZnO 体材料[76] |
| --- | --- | --- |
| $2E_2(L)^M$ | 331 | 334 |
| $A_{1T}$ | 385 | 380 |
| $E_{1T}$ | 415 | 407 |
| $E_2(H)$ | 438 | 437 |
|  | 540 |  |
| $A_{1L}$ |  | 574 |
| $A_{1L}+E_2(L)$ | 670 |  |
| $2E_2(H)$ | 940 |  |
|  | 1089 | 1084 |
|  | 1151 | 1149 |
|  | 1349 |  |
| $3E_2(H)$ | 1431 |  |
|  | 1601 |  |

## §9.6 反斯托克斯拉曼谱

在本章前面的讨论中,我们仅涉及斯托克斯拉曼谱,在这一部分,我们将讨论反斯托克斯谱。

### 9.6.1 反斯托克斯拉曼谱的普适特性

在第一章已经指出,斯托克斯和反斯托克斯拉曼谱频率的绝对值是相等的,这是拉曼散射两个普适特性之一。如果 $\omega_S$ 和 $\omega_{AS}$ 分别代表斯托克斯和反斯托克斯拉曼频率,定义 $\Delta$ 是二频率绝对值之差,于是,上述普适特性可以表示如下:

$$\Delta \equiv |\omega_{AS}| - |\omega_S| \equiv 0 \tag{9.3}$$

图 9.45 给出了观察到的活性炭的斯托克斯和反斯托克斯拉曼谱,它清楚地表明 $\Delta = 0$ 的普适特性。

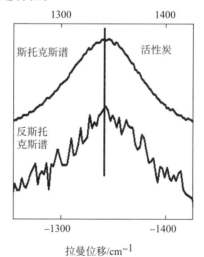

图 9.45 实验得到的活性炭的斯托克斯和反斯托克斯拉曼谱。转载自张树霖著《拉曼光谱学与低维纳米半导体》,科学出版社,2008

这一普适特性经常被用来区分拉曼谱和其他种类的例如荧光的光谱。在 9.4.1 小节中,这个特性已经被用来鉴别 SiC 纳米棒的拉曼谱。

### 9.6.2 碳纳米管的反常反斯托克斯拉曼散射(AARS)[97]

张树霖等人[98,99]首次在碳纳米管中观察到了反常反斯托克斯拉曼散射(AARS)。他们发现多壁碳纳米管的 D 模 $\Delta \neq 0$,结果见图 9.46。随后,克奈普(Kneipp)等人也观察到了单壁碳纳米管 G 模 $\Delta \neq 0$ 的反常反斯托克斯拉曼散射现象[102]。对这个 $\Delta \neq 0$ 的现象,克奈普等人认为,是因为分别在斯托克斯和反斯托克斯一边的峰不是同一个模产生的,一个是金属的,而另一个是半导体的[100]。有些人认为这个现象可能是碳纳米管是多壁的或者温度效应造成的。很明显,对以上普适特性真实性的检验将对理解基本的物理定律——时间反演不变性是否在纳米结构的光散射过程中依然有效做出贡献。

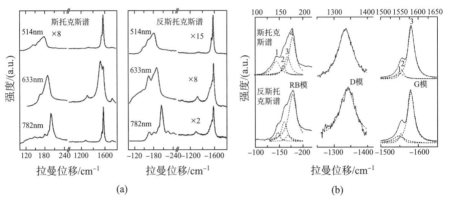

图 9.46 (a)用 515nm、633nm 和 782nm 波长激发的单壁碳纳米管的斯托克斯和反斯托克斯拉曼谱;(b)用 515nm 波长激发的单壁碳纳米管的 RB、D、和 G 带的洛伦兹拟合[97]。转载自 S. L. Zhang, et al., Abnormal anti-Stokes Raman scattering of carbon nanotubes, Phys. Rev. B, **66**, 035413 (2002)

为了充分揭示导致反常反斯托克斯拉曼散射的原因,张树霖等人进行了较多的研究,结果已发表在参考文献[97]中。图 9.46(a)给出了用 515nm、633nm 和 782nm 波长激发的单壁碳纳米管样品的斯托克斯和反斯托克斯拉曼谱[99],从图中可以清楚地看到用 515nm 和 782nm 波长激发的斯托克斯和反斯托克斯 G 峰的形状是半导体型碳纳米管的特征[101]。相反,用 633nm 波长激发的谱图表现出了不对称的线型,表明在斯托克斯和反斯托克斯区分别是金属型的和半导体型的碳纳米管。515nm 波长激发的谱图中的 RB、D 和 G 带作洛伦兹型谱图拟合,拟合结果见图 9.46(b)和表 9.13。图 9.46(b)和表 9.13 表明 RB 和 G 模由多重峰 $RB_1$、$RB_2$、$RB_3$、$RB_4$ 和 $G_1$、$G_2$、$G_3$ 组成,而 D 峰可以只用一个峰拟合,这使得可以用单个斯托克斯峰和它对应的反斯托克斯峰进行比较,从而使比较变得容易。

表 9.13　单壁碳纳米管和多壁碳纳米管的 RB、D 和 G 模的斯托克斯和反斯托克斯拉曼频率差 $\Delta/\text{cm}^{-1}$，$\lambda_L/\text{nm}$ 和 $P/\%$ 分别是激发光波长和 782nm 激光的能量

| $\dfrac{\lambda_L}{P}$ | $RB_1$ | $RB_2$ | $RB_3$ | $RB_4$ | D | $G_1$ | $G_2$ | $G_3$ |
|---|---|---|---|---|---|---|---|---|
| 单壁碳纳米管 | | | | | | | | |
| 515 | $-2$ | 0 | $+2$ | $+1$ | $+5$ | $-1$ | $-1$ | $-1$ |
| 633 | 0 | $-1$ | $-2$ | | $+8$ | $+5$ | 0 | $-1$ |
| 782 | $+1$ | $-1$ | | | $+11$ | 0 | $+1$ | 0 |
| 100% | | | | | $+14$ | $+1$ | | |
| 50% | | | | | $+13$ | $+1$ | | |
| 多壁碳纳米管 | | | | | | | | |
| 633 | | | | | $+7$ | $-1$ | | |

表 9.13 表明在拉曼谱仪频率的精确范围内，对于 G 和 RB 模，不同波长的光激发都没有反常反斯托克斯拉曼散射现象，但用 633nm 激发谱图的 $G_1$ 峰除外，后者正如在参考文献[102]中提到的，是由线型的不对称造成的。相反，所有 D 峰的 $\Delta$ 都大于零。所以，反常反斯托克斯拉曼散射不是由斯托克斯或(和)反斯托克斯峰不对称线型造成的。进而，所有激发波长下 D 模均存在反常反斯托克斯拉曼散射现象散射，排除了反常反斯托克斯拉曼散射源自不同激发波长的可能性。

### 9.6.3　碳纳米管反常反斯托克斯拉曼散射(AARS)的本质和起源[97]

以上结果指出，碳纳米管的反常反斯托克斯拉曼散射明确地存在于 D 模中，并且与激发光波长、样品温度和碳纳米管的管壁数无关。

众所周知，斯托克斯和反斯托克斯频率相同这个普适特性是时间反演不变性的体现，是基本的物理定律之一。所以，搞清楚反常反斯托克斯拉曼散射的本质和起源与基本定律在纳米结构中的有效性有关。下面我们将回答这个问题。

改变样品的温度、壁的层数和激发光波长都不改变纳米尺度的管状结构，这是碳纳米管的特征。改变激发波长会选择性地激发不同直径的碳纳米管[53]，而改变温度会改变 C—C 键的长度[104]。这意味着反常反斯托克斯拉曼散射可能是纳米尺度管状结构的一个基本特性。由于碳纳米管本质上是由石墨片卷曲而成的纳米直径的管状结构，显然，与平面石墨片比较，管状结构可视为一个类缺陷结构。所以，参考文献[97]的作者建议碳纳米管的反常反斯托克斯拉曼散射来自纳米尺度管状结构的类缺陷性质。为了检

验这个观点,他们测量了单壁碳纳米管、多壁碳纳米管、纯的晶体石墨(高取向热解石墨)和掺 Au 的高取向热解石墨(HOPG$_{Au}$)的斯托克斯和反斯托克斯谱,得到的 △ 值列在表 9.14 中。从表中可以看到,对于单壁碳纳米管、多壁碳纳米管、高取向热解石墨和 HOPG$_{Au}$ 分别有 △＝0 和 △≠0,从而证实了上述建议。

表 9.14 测量的单壁碳纳米管、多壁碳纳米管、高取向热解石墨和掺 Au 的高取向热解石墨(HOPG$_{Au}$)的 △ 值[94]

| 样品 | 多壁碳纳米管 | 单壁碳纳米管 | 高取向热解石墨 | HOPG$_{Au}$ |
|---|---|---|---|---|
| △ | +7(≠0) | +7(≠0) | /(=0) | −7.7(≠0) |

资料来源:S. L. Zhang, F. M. Huang, L. X. Zhou, Y. Zhan, K. T. Yue, Study on the Abnormal Anti2Stokes Raman Spectra of Carbon Nanotubes, Chin. J. Light Scattering,**11**,110 (1999)的表 1。

管状结构和石墨片频率差别的量可以用来表示纳米管中类缺陷的程度,这意味着可以用纳米管的直径 $d$ 来表示其类缺陷度。可以导出,$d \to \infty$ 代表完美的高取向热解石墨,$d$ 减少表示碳纳米管的类缺陷度增加。所以,△ 应该随着 $d$ 的增加而减小,当 $d \to \infty$ 时减小到零。为了探查这个预言,同时测量了平均尺度⟨$d$⟩和相应的碳纳米管的 △,结果见图 9.47。该图表明 △ 的趋向的确随 $d \to \infty$ 而减小,证明了反常反斯托克斯拉曼散射来源于碳纳米管的管状结构,并且反映了碳纳米管结构的类缺陷本质。

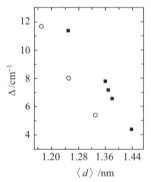

图 9.47 斯托克斯与反斯托克斯频率差 D 与平均直径⟨$d$⟩的关系。对于 D 模,不同样品点用 515nm 波长激发(实线),对于单壁碳纳米管样品,分别用 616nm,633nm 和 782nm 波长进行激发(圆圈)[99]。转载自 S. L. Zhang, X. Hu, H. Li, et al., Abnormal anti-Stokes Raman scattering of carbon nanotubes, Phys. Rev. B,**66**,035413 (2002)

为了给反常反斯托克斯拉曼散射一个理论解释,张树霖等人[99]计算了 3 种碳纳米管结构(14,0)、(9,9)和(17,0)的电子能带、电子态密度和声子色散曲线,结果见图9.48。从图中电子能带结构可以看到在碳纳米管中有一个产生双共振拉曼散射的条件,并且用到了双共振理论公式[102]。

依据图9.48中电子能带和声子色散曲线,计算碳纳米管的Δ。表9.16列出了3个碳纳米管样品(14,0),(9,9),(17,0)的计算结果。从表中可以看出计算结果与实验值符合得很好,证明可以用双共振机理解释Δ≠0的拉曼散射。

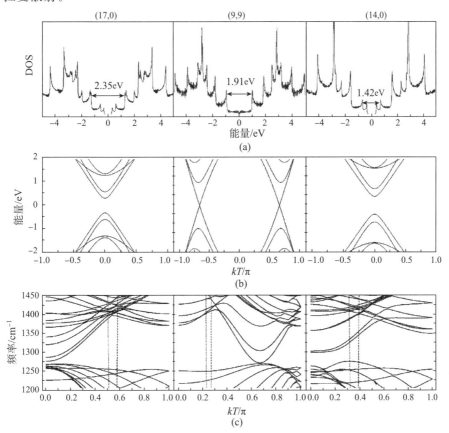

图9.48 计算的碳纳米管(17,0),(9,9),(14,0)的电子态密度(DOS)(a)和声子色散曲线(b)[99]。转载自 S. L. Zhang, X. Hu, H. Li, et al., Abnormal anti-Stokes Raman scattering of carbon nanotubes, Phys. Rev. B, **66**, 035413 (2002)

由于在体材料中双共振产生的原因只能是缺陷和应力[100],所以,双共振证明的成功也提供了一个证据去证实碳纳米管是缺陷结构。由于Δ≠0来源于碳纳米管特殊的管状结构,所以,一方面不应该认为传统的拉曼散射原理不适用于碳纳米管,另一方面可以推测在其他特殊形状的纳米体系,例如管状结构中,普适的斯托克斯特征的反常现象可能会出现。

碳纳米管结构具有缺陷本质的观点非常类似于超晶格界面结构具有类缺陷本质的结论[103]。

**表 9.15** 碳纳米管(17, 0),(9, 9),(14, 0)计算和实验的斯托克斯和反斯托克斯频率 $\omega_S$ 和 $\omega_{AS}$ 和相应的频率差 $\Delta$[99]

| 纳米管 | | $v(eV/q)$ | $q$ | $\omega_s/cm^{-1}$ | $\omega_{As}/cm^{-1}$ | $\Delta/cm^{-1}$ |
| --- | --- | --- | --- | --- | --- | --- |
| (17,0) | 计算 | 4.44 | 0.50 | 1388 | | |
| | | | 0.58 | | −1349 | +6 |
| | 观察 | | | 1337 | −1342 | +5 |
| (9,9) | 计算 | 7.92 | 0.22 | 1399 | | |
| | | | 0.27 | | −1408 | +9 |
| | 观察 | | | 1314 | −1322 | +8 |
| (14,0) | 计算 | 4.49 | 0.32 | 1324 | | |
| | | | 0.39 | | −1342 | +18 |
| | 观察 | | | 1287 | −1298 | +11 |

# 参 考 文 献

[1] (a) Zhang, S.L., Hou, Y.T., He, G.S., Qian, B.D., and Cai, S.M. (1992) J. Appl. Phys., **72**, 4469—4471.

(b) 张树霖. 拉曼光谱学与低维纳米半导体. 北京:科学出版社,2008.

[2] Ferrari, A.C. and Robertson, J. (2001) Phys. Rev., **64**, 075414.

[3] Colvard, C., Merlin, R., Klein, M.V., and Gossard, A.C. (1980) Phys. Rev. Lett., **45**, 298—301.

[4] Jusserand, B., Paquet, D., and Regreny, A. (1984) Phys. Rev. B, **30**, 6245—6247.

[5] Zhang, S.L., Levi, D.H., Gant, T.A., Klein, M.V., and Klem, J., and Morko, C, H. (31 Aug-3 Sep 1986) Raman Investigation of Confined Optic Phonons and their Annealing Effects in GaAs/AlAs Superlattices. Proc. 10th of ICORS, Eugene Oregon, USA pp. 9—4;

(b).

[6] Sood, A.K., Menéndez, J., Cardona, M., and Ploog, K. (1985) Phys. Rev. Lett., **54**, 2115—2118.

[7] Jin, Y., Hou, Y.T., Zhang, S.L., Li, J., Yuan, S.X., and Qin, G.G. (1992) Phys. Rev. B, **45**, 12141—12143.

[8] Barker, A.S. Jr., Merz, J.L., and Gossard, A.C. (1978) Phys. Rev. B, **17**, 3181—3196.

[9] Somtos, P.V. and Ley, L. (1987) Phys. Rev. B, **36**, 3325—3335.

[10] Sood, A.K., Menéndez, J., Cardona, M., and Ploog, K. (1985) Phys. Rev. Lett., **54**, 2111—2114.

[11] Wang, R.P., Jiang, D., and Ploog, K. (1988) Solid State Commun., **65**, 661—663.

[12] Zhang, S.L., Gant, T.A., Delane, M., Klein, M.V., Klem, J., and Morkoc, H. (1988) Chin. Phys. Lett., **5**, 113—116.

[13] Huang, K., Zhu, B.F., and Tang, H. (1990) Phys. Rev. B, **41**, 5825—5842.

[14] Lassing, R. (1984) Phys. Rev. B, **30**, 7132—7137.

[15] Fasolino, A., Molinari, E., and Maan, J.C. (1986) Phys. Rev. B, **33**, 8889—8891.

[16] Goodes, S.R., Jenkins, T.E., Beale, M.I.J., Benjamin, J.D., and Pickering, C. (1988) Semicod. Sci. Tech., **3**, 483—487.

[17] Tsu, R., Shen, H., and Dutta, M. (1992) Appl. Phys. Lett., **60**, 112—114.

[18] Zhang, S.L., Hou, Y., Ho, K.S., Qian, B., and Cai, S. (1992) J. Appl. Phys., **72**, 4469—4471.

[19] Sui, Z., Leong, P.P., Herman, I.P., Higashi, G.S., and Temkin, H. (1992) Appl. Phys. Lett., **60**, 2086—2088.

[20] Yu, D.P., Lee, C.S., Bello, I., Zhou, G.W., and Bai, Z.G. (1998) Solid State Commun., **105**, 403—407.

[21] Li, B., Yu, D., and Zhang, S.L. (1999) Phys. Rev. B, **59**, 1645—1648.

[22] Fujii, M., Kanzawa, Y., Hayashi, S., and Yamamoto, K. (1996) Phys. Rev. B, **54**, R8373—R8376.

[23] Zi, J., Zhang, K., and Xie, X. (1998) Phys. Rev. B, **58**, 6712—6715.

[24] Gupta, R., Xiong, Q., Adu, C.K., Kim, U.J., and Eklund, P.C.

(2003) Nano Lett., **3**, 627—631.

[25] Chang, G. (2007) Physica E, **38**, 109—111.

[26] Yip, S.K. and Chang, Y.C. (1984) Phys. Rev. B, **30**, 7037—7059.

[27] Shen, M.Y. and Zhang, S.L. (1993) Phys. Letts. A, **176**, 254—258.

[28] Yoshikawa, M., Mori, Y., Maegawa, M., Katagiri, G., Ishida, H., and Ishitani, A. (1993) Appl. Phys. Lett., **62**, 3114—3116.

[29] Yoshikawa, M., Mori, Y., Obata, H., et al. (1995) Appl. Phys. Lett., **67**, 694—696.

[30] Gruen, D.M. (1999) Annu. Rev. of Mat. Sci., **29**, 211—259.

[31] Ferrari, A.C. and Robertson, J. (2001) Phys. Rev. B, **64**, 075414.

[32] Lópe-Ríos, T., Sandré, E., Leclercq, S., and Sauvain, É. (1996) Phys. Rev. Lett., **76**, 4935—4938.

[33] Nemanich, R.J., Glass, J.T., Lucovsky, G., and Shroder, R.E. (1988). J. Vac. Sci. Technol. A, **6**, 1783—1787.

[34] Yan, Y., Zhang, S.L., Hark, S.K., et al. (2004) Chinese J. Light Scattering, **16**, 131—135.

[35] Yan, Y., Zhang, S.L., Zhao, X., Han, Y. and Hou, L. (Dec 07—12 2001) Proc. Chinese Conf. Light Scattering, Xiamen Fujian; (2003) Chinese Sci. Bull., **48**, 2562—2563.

[36] Zi, J., Zhang, K.M., and Xie, X.D. (1997) Phys. Rev. B, **55**, 9263—9266.

[37] Farrari, A.C., Meyer, J.C., Scardaci, C., et al. (2006) Phys. Rev. Lett., **97**, 187410.

[38] Calizo, I., Balandin, A.A., Bao, W., Miao, F., and Lau, C.N. (2007) Nano Lett., **9**, 2645—2649.

[39] Dresselhaus, M.S., Dresselhaus, G., and Eklund, P.C. (1996) J. Raman Spectrosc., **27**, 351—371.

[40] Wang, K.A., Wang, Y., Zhou, P., et al. (1992) Phys. Rev. B, **45**, 1955—1958.

[41] Eklund, P.C., Zhou, P., Wang, K.A., Dresselhaus, G., and Dresselhaus, M.S. (1992) J. Phys. Chem. Solids, **53**, 1391—1413.

[42] Dong, Z.H., Zhou, P., Holden, J.M., Eklund, P.C., Dresselaus, M.S., and Dresselhaus, G. (1993) Phys. Rev. B, **48**, 2862—2865.

[43] Jishi, R.A., Mirie, R.M., and Dresselhaus, M.S. (1992) Phys. Rev. B, **45**, 13685—13689.

[44] Quong, A.A., Rederson, M.R., and Feldman, J.L. (1993) Solid State Commun., **87**, 535—539.

[45] Feldman, J.L., Broughton, J.Q., Boyer, L.L., Reich, D.E., and Kluge, M.D. (1992) Phys. Rev. B, **46**, 12731—12736.

[46] Iijima, S. (1991) Nature, **354**, 56—58.

[47] Iijima, S. and Ichihashi, T. (1993) Nature, **363**, 603—605.

[48] Holden, J.M., Zhou, P., Bi, X.X. et al. (1994) Chem. Phys. Lett., **220**, 186.

[49] Fantini, C., Jorio, A., Souza, M. et al. (2004) Phys. Rev. Lett., **93**, 087401.

[50] Brar, V.W., Samsonidze, G.G., Dresselhaus, M.S. et al. (2002) Phys. Rev. B, **66**, 155418.

[51] Dresselhausa, M.S., Dresselhaus, G., Saito, R., and Jorio, A. (2005) Phys. Rep., **409**, 47.

[52] Eklund, P., Holden, J., and Jishi, R. (1995) Carban, **33**, 959.

[53] Zhang, S.L. (2008), Raman spectroscopy and Low − dimensional Nano−semiconductors, Science Press, Beijing China. Filho, A.G.S., Saito, R., Dresselhaus, G., and Dresselhaus, M.S. (2003) New J. Phys., **5**, 1—17.

[64] Dresselhaus, M.S., Dresselhaus, G., Jorio, A., Souza Filho, A.G., Samsonidze, G.G., and Saito, R. (2003) J. Nanosci. Nanotechnol., **3**, 19—37.

[65] Tan, P., Zhang, S.L., Yue, K.T., Fumin, Z., Shi, X., and Zhou and, Z. (1997) J. Raman Spectrosc., **28**, 369—372.

[66] Saito, Y., Yoshikawa, T., Bandow, S., Tomita, M., and Hayashi, T. (1993) Phys. Rev. B, **48**, 1907—1909.

[67] Nakamura, K., Fujitsuka, M., and Kitajima, M. (1990) Phys. Rev. B, **41**, 12260—12263.

[68] Dai, H., Wong, E.W., Lu, Y.Z., Fan, S., and Lieber, C.M. (1995) Nature, **375**, 769—772.

[69] Zhang, S.L., Zhu, B.F., Huang, F., et al. (1999) Solid State Commun., **111**, 647—651.

[70] Han, W., Fan, S., Li, Q., Liang, W., Gu, B., and Yu, D. (1997) Chem. Phys. Lett., **265**, 374—378.

[71] Feng, Z.C., Mascarenhas, A.J., Choyke, W.J., and Powell, J.A.

(1988) J. Appl. Phys., **64**, 3176—3186.

[72] Huang, K. and Zhu, B.F. (1988) Phys. Rev. B, **38**, 13377—13386.

[73] Zhang, S.L., Shao, J., Hoi, L.S., et al. (2005) Phys. Stat. Sol. (c), **2**, 3090.

[74] Yuan, F., Hu, P., Yin, C., Huang, S., and Li, J. (2003) J. Mater. Chem., **13**, 634—637.

[75] Li, H.D., Yang, H.B., Zou, G.T., et al. (1997) J. Cryst. Growth, **171**, 307—310.

[76] Deng, Z.X., Li, L.B., and Li, Y.D. (2003) Inorg. Chem., **42**, 2331.

[77] Li, H.D., Zhang, S.L., Yang, H.B., et al. (2002) J. Appl. Lett., **91**, 4562—4567.

[78] Davydov, V.Y., Kitaev, Y.E., Goncharuk, I.N., et al. (1998) Phys. Rev. B, **58**, 12899—12907.

[79] Mowbray, D.J., Cardona, M., and Ploog, K. (1991) Phys. Rev. B, **43**, 11815—11824.

[80] Meynadier, M.H., Finkman, E., Sturge, M.D., Worlock, J.M., and Tamargo, M.C. (1987) Phys. Rev. B, **35**, 2517—2520.

[81] Nakashima, S., Wada, A., Fujiyasu, H., Aoki, M., and Yang, H. (1987) J. Appl. Phys., **62**, 2009.

[82] Feng, Z.C., Perkowitz, S., and Wu, O.K. (1990) Phys. Rev. B, **41**, 6057—6060.

[83] Shahzad, K., Olego, D.J., Van de Walle, C.G., and Cammack, D.A. (1990) J. Lumin., 46, 109—136.

[84] Suh, E.K., Bartholomew, D.U., Ramdas, A.K. et al (1987) Phys. Rev. B, **36**, 4316—4331.

[85] Zhang, S.L., Hou, Y.T., Shen, M.Y., Li, J., and Yuan, S.X. (1993) Phys. Rev. B, **47**, 12937—12940.

[86] Takagahara, T. (1980) Relaxation of Elementary Excitations, Springer Series in Solid State Sciences, vol. 18 (eds R. Kuboand E. Hanamrura), Springer-Verlag, New York, p. P45.

[87] Zhang F S.L., Yang, C.L., Hou, Y.T. et al (1995) Phys. Rev. B, **52**, 1477—1480.

[88] Martin, T.P. (1976) Phys. Rev. B, **13**, 3617—3622.

[89] Rajalakshmi, M., Arora, A.K., Bendre, B.S., and Mahamuni, S. (2000) J. Appl. Phys., **87**, 2445—2448.

[90] Fonoberov, V.A. and Balandin, A.A. (2004) Phys. Rev. B, **70**, 233205.

[91] Alim, K.A., Fonoberov, V.A., Shamsa, M., and Balandina, A.A. (2005) J. Appl. Phys, **97**, 124313.

[92] Zhang, S.L., Wang, X., Ho, K.S., Li, J., Diao, P., and Cai, S. (1994) J. Appl. Phys., **76**, 3016—3019.

[93] Hu, X. and Zi, J. (2002) J. Phys.: Condens. Matter, **14**, L671—L677.

[94] Huang, F., Yue, K.T., Tan, P. et al. (1998) Chn J. Light Scattering, **10**, 10.

[95] Demangeot, F., Paillard, V., Chassaing, P.M. et al (2006) Appl. Phys. Lett., **88**, 071921.

[96] Xia, L. (2011) Phd Thesis, Peking University.

[97] Zhang, S.L., Hu, X., Li, H. et al (2002). Phys. Rev. B, **66**, 035413.

[98] Zhang, S.L., Huang, F.M., Zhou, L.X., Zhan, Y., and Yue, K.T. (1999) Chin. J. Light Scattering, **11**, 110.

[99] Li, H. et al. (August 20—25 2000) Proceedings of the Seventeenth International Conference on Raman Spectroscopy (eds S.L. Zhang and B.F. Zhu), Pub. by JohnWiley & Sons, Ltd, Beijing China, Invited Talk, p. 532.

[100] Kneipp F.K., Kneipp, H., Corio, P. et al (2000) Phys. Rev. Lett., **84**, 3470—3473.

[101] Pimenta, M.A., Marucci, A., Empedocles, S.A. et al (1998) Phys. Rev. B, **58**, R16016—R16019.

[102] Kneipp, K., Kneipp, H., Corio, P. et al (2000) Phys. Rev. Lett., **84**, 3470—3473.

[103] Zhang, S.L., Yang, C.L., Hou, Y.T. et al. (1995) Phys. Rev. B, **52**, 1477—1480.

# 第十章 与激发光特性相关的纳米结构拉曼光谱学

拉曼光谱记录物体在光照射下产生的拉曼散射,所以与激发光的特性密切关联。光有三个主要特征:波长、偏振和强度。波长反映光的能量,偏振是光传播方向上光场的振动方向,强度则反映光的振幅。这一章我们要介绍的纳米结构主要是纳米半导体随激发光特性改变的拉曼光谱。

## §10.1 拉曼光谱与激发光波长的关系——共振拉曼谱

光波长的改变意味着改变光(光子)的能量。从§2.3 和§7.5 的叙述中我们知道,当入射光的能量 $E_i$ 被调整,使得它或者散射光的能量 $E_s$ 恰好与散射物体中电子能隙 $E_g$ 相等时,拉曼散射的强度大增,导致出现了所谓共振拉曼散射。

### 10.1.1 由共振拉曼散射导致的拉曼散射强度的增强

共振散射导致拉曼散射强度的增强,使得散射强度很弱的拉曼谱容易观察到。例如,在体材料中,非常弱的高阶拉曼散射谱(多声子谱)通过共振散射通常都可以观察到。在第九章我们提到过,在纳米结构中拉曼散射的强度通常都很弱,为克服这个困难,共振拉曼散射是重要的手段。例如,在超晶格中,受限的横光学模(TO)的拉曼散射很弱,借助共振散射技术,索德等人[1]第一次得到了 5 级受限 TO 拉曼谱,结果如图 10.1 所示。另外一个例子是,图 10.2 给出了 ZnSe 单根纳米线的原子力显微镜照片和多声子拉曼谱,该图清楚地表明,在共振拉曼散射下,得到了单根纳米线的 5 级多声子拉曼散射谱。

#### 10.1.1.1 多量子阱(MQWs)和超晶格(SLs)的共振拉曼谱

众所周知,体样品中的电子能带的信息可以在实验上用普通的光谱,如吸收谱、发射谱、荧光谱等得到,但是不可能用拉曼谱得到。根据 6.4.1 小节中所提到的,超晶格的电子能级分裂成许多能隙很小的子能级。在超晶格和多量子阱中,当入射激光的能量与子能级相同时,共振拉曼散射就出现了。于是,共振拉曼散射强度的轮廓直接反映了多量子阱和超晶格的子能级结构,于是,拉曼光谱可以提供多量子阱和超晶格中电子子能级的信息。

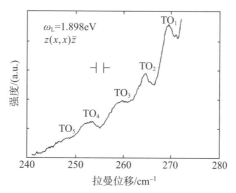

图 10.1 GaAs/AlAs 超晶格中的受限的横光学声子的共振拉曼散射谱[1]。转载自 A. K. Sood, J. Menéndez, M. Cardona, and K. Ploog, Resonance Raman Scattering by Confined LO and TO Phonons in GaAs-AlAs Superlattices, Phys. Rev. Lett., **54**, 2111—2114 (1985)

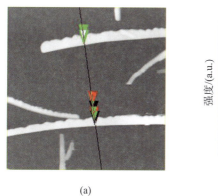
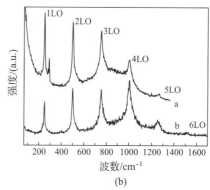

图 10.2 (a)原子力显微镜照片(区域为 $2\times 2\mu m$),其中水平的白色锯齿棒状物是 ZnSe 样品,图中细斜线是拉曼测量扫描的途径[19];(b)用 442nm, 0.04mW 激光激发的单根 ZnSe 纳米线多声子拉曼谱。

曼纽尔(Manuel)等人[2]在 1978 年首次得到在半导体超晶格中的共振拉曼散射。后来,科尔瓦德[3]、朱克(Zucker)[4]和索德等人[1]也获得了同样的结果。以上所有结果表明,共振强度的轮廓的确反映了电子次能带的结构。朱克等人[4]证明,无论在实验上还是理论计算上,共振拉曼谱和激子谱的结果相吻合,说明多量子阱的共振拉曼散射得到的电子子能级信息是可靠的。图 10.3 和 10.4 显示共振拉曼散射强度曲线与计算的量子阱子能级间跃迁能量相吻合。

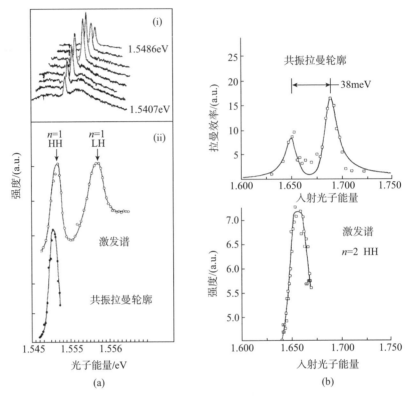

图10.3 (a)(i)96Å多量子阱异质结构的共振增强拉曼谱,入射激光被调整接近 $n=1$ 重空穴激子;(ii)共振谱轮廓和激发谱比较。(b)102Å 的量子阱共振谱轮廓和能量范围为 $n=2$ 激子的激发谱比较。点线是实验曲线,实线是理论计算的曲线[4]。转载自 J. E. Zucker, A. Pinczuk, D. S. Chemla, A. Gossard and W. Wiegmann,Phys. Rev. Lett.,Raman scattering resonant with Quasi-Two-Dimensional Excitons in Semiconductor Quantum Wells,Phys. Rev. Lett.,**51**,1293—1296 (1983)

以上实验结果仅与选择定则 $\Delta n=0$ ($\Delta n$ 是共振子能级的级次差)的结果一致,并没有涉及 LO 声子的高限制级别 $m$。参考文献[5]的作者获得了 $(GaAs)_{6nm}/(AlAs)_{2nm}$ 超晶格受限的纵光学声子(LO)的多级次共振拉曼谱,结果在图 10.5(a)给出。图 10.5(b)比较了 $m=2$, 4 和 6 的多重限制 $LO_m$ 模的共振拉曼谱和在轻空穴与重空穴之间跃迁能的计算结果。拉曼谱峰代表的能量与计算的跃迁能量吻合得非常好。图 10.4 和 10.5 的结果共同指出,我们不仅可以从共振拉曼散射得到多量子阱的能量和结构以及超晶格的电子子能级,还可以直接用拉曼谱证明电子的尺寸限制效应。

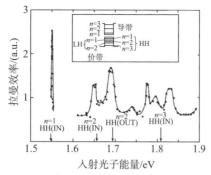

图 10.4 102Å 多量子阱异质结构的共振拉曼轮廓线,箭头指的是用单量子阱模型计算的激子能量值[4]。转载自 J. E. Zucker, A. Pinczuk, D. S. Chemla, A. Gossard and W. Wiegmann, Phys. Rev. Lett., Raman scattering resonant with Quasi-Two-Dimensional Excitons in Semiconductor Quantum Wells, Phys. Rev. Lett., **51**, 1293—1296 (1983)

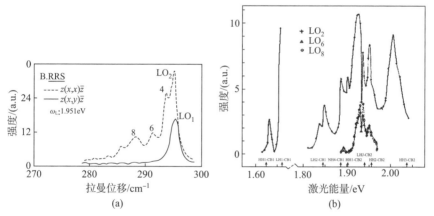

图 10.5 (a)共振拉曼谱;(b)GaAs$_{6nm}$/AlAs$_{2nm}$ 超晶格共振谱和子能级的跃迁能量的计算值(箭头表示)比较[5]。转载自 S. L. Zhang, T. A. Gant, M. Delane, M. V. Klein, J. Klem and H. Morkoc, Resonant Behavior of LO Phonons in a GaAs-AlAs Superlattices, Chin. Phys. Lett., **5**, 113—116 (1988)

#### 10.1.1.2 纳米碳管的共振拉曼谱

图 10.6(a)是直径 1.1nm 的单壁纳米碳管用 488～783nm 的激光源时,中心峰值在 1580cm$^{-1}$ 处的光学声子的拉曼谱,其中在 1590.9cm$^{-1}$ 处的峰值被指认为 L1,在 1567.5cm$^{-1}$ 和 1549.2cm$^{-1}$ 处的峰值分别被指认为 T1 和 T2。下标 1 和 2 表示该拉曼峰与布里渊区折叠到 $\Gamma$ 点的波矢 $k_n$($n=1$,2)相关联。图 10.6(b)给出了在不同入射激光能量下 L1、T1 和 T2 峰的拉曼谱峰的强度。从图 10.6(b),我们可以看到,散射强度在接近 690nm 时有一

个反常,在那里出现一个纵向成分 L1 的极小值和两个横向成分 T1 和 T2 的极大值。

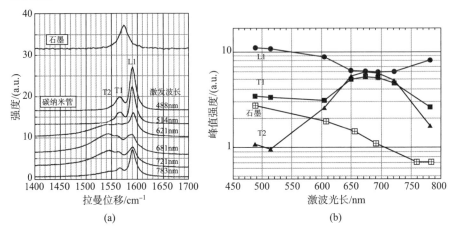

图 10.6 (a)直径 1.1nm 的单壁碳纳米管在 1400～1700cm$^{-1}$ 的拉曼谱,入射激光源波长从 488nm 到 782nm,L1、T1 和 T2 分别代表 1590.9cm$^{-1}$、1567.5cm$^{-1}$ 和 1549.2cm$^{-1}$ 的处散射峰。最上面的是 488nm 激光激发的石墨(高取向的热解石墨)的拉曼谱;(b) L1、T1、T2 和石墨在 1580cm$^{-1}$ 处拉曼峰强度的变化[6]。转载自 A. Kasuya, M. Sugano, T. Maeda, et al., Resonant Raman scattering and the zone-folded electronic structure in single-wall nanotubes, Phys. Rev. B, **57**, 4999—5001 (1998)

图 10.7 是碳纳米管的光透射谱和计算电子态密度。光透射测量也表现了一个相同的声子能量在临近 690nm 时的一个沉降。这个反常由纳米管中入射激光与布里渊区折叠的电子结构引起。这个结果为圆柱对称性的纳米管产生态密度的临界点提供了一个直接的实验证据。

### 10.1.1.3 SiC 纳米棒的拉曼谱[7,8]

阎研等人在室温下背散射几何配置中通过 488nm、515nm 和 633nm 这 3 种波长激光激发测得的 SiC 纳米棒(NRs)的拉曼光谱,如图 10.8(a)所示。在图 10.8(a)的围绕 770cm$^{-1}$ 的拟合峰被指认为残余 SiO$_2$ 样品的二阶峰[9]。而在 793cm$^{-1}$ 和 928cm$^{-1}$ 的峰被分别指认为横光学模和纵声学模。其他在 838cm$^{-1}$ 和 882cm$^{-1}$ 的峰是由于样品中不同类型的界面散射的界面(IF)模。实验中得到的 LO/IF 模对 TO 模的相对强度列在表 10.1,如图 10.8(b)所示。从图 10.8(b)可以明显看到当改变入射光的波长时,LO 和 IF 模对 TO 模的相对强度 $I$ 有很大的变化。

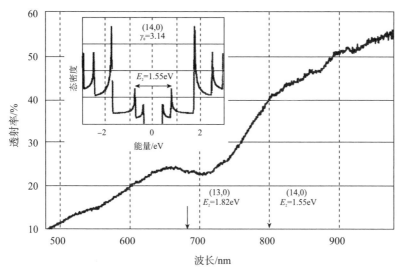

图 10.7 碳纳米管在 480nm 到 980nm 波长区间的光透射谱。插入图是直径为 1.096nm、(14,0) 型、周长为 14 个六边形的锯齿状的纳米管态密度的计算值，能带参数 $g_0=3.14$[6]。转载自 A. Kasuya, M. Sugano, T. Maeda, et al., Resonant Raman scattering and the zone-folded electronic structure in single-wall nanotubes, Phys. Rev. B, **57**, 4999—5001 (1998)

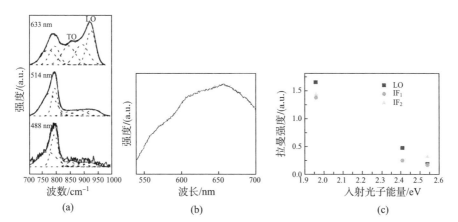

图 10.8 (a)SiC 纳米棒在不同激发波长时，实验(实线)和拟合的(虚线)拉曼谱；(b)荧光(PL)谱；(c)LO 和 IF 模对 TO 模的相对强度与激发波长的关系[8]。转载自 S. L. Zhang, et al., Solid State Commun., Effect of changing incident wavelength on Raman features of optical phonons in SiC nanorods and TaC nanowires, **126**, 649—651 (2003)

表 10.1  LO 和 IF 模对 TO 模的相对强度值与激发波长 $\lambda$ 的关系

| $\lambda$ | TO | $IF_1$ | $IF_2$ | LO |
| --- | --- | --- | --- | --- |
| 633nm | 1.00 | 1.38 | 1.44 | 1.65 |
| 514nm | 1.00 | 0.25 | 0.44 | 0.48 |
| 488nm | 1.00 | 0.18 | 0.16 | 0.19 |

资料来源：Y. Yan, et al., Effect of changing incident wavelength on Raman features of optical phonons in SiC nanorods and TaC nanowires, Solid State Commun., **126**, 649—651 (2003)。

在 9.4.1 小节中已经提到，SiC 纳米棒的光学声子的一级拉曼谱是由于弗勒利希相互作用而不是量子尺寸限制产生的。此外，众所周知 LO 和 TO 模具有不同的散射机理：前者是由弗勒利希相互作用产生的，而后者是由形变势产生的。在形变和弗勒利希相互作用中，散射截面 $\sigma$ 对能隙 $E_g$ 和入射光能量 $\hbar\omega$ 的依赖关系如下[10,11]：

$$\sigma \propto \begin{cases} (E_g - \hbar\omega)^{-1}, & \text{形变相互作用}, \\ (E_g - \hbar\omega)^{-3}, & \text{弗勒利希相互作用} \end{cases} \quad (10.1)$$

公式(10.1)表明，当入射光的能量偏离跃迁能 $E_g$ 时，弗勒利希相互作用导致的 LO 模的散射强度减小远比形变势导致的 TO 模的散射强度减小要快。因此，LO 模的散射强度较强并且在共振中可以明显被观察到。

图 10.8(b)是 SiC 纳米棒的荧光谱。荧光谱的峰在 650nm 表示其能隙大概为 1.91eV。假定共振的能量范围是 $E_g \pm 0.1$eV，这意味着 633nm 激发的拉曼谱在共振范围内，因为它与 $E_g$ 的能量差仅为 $(1.96-1.91)$eV$=0.05$eV。光波长为 515nm 和 488nm 的入射能量分别为 2.41eV 和 2.54eV，它们远离电子的跃迁能。从图 10.8(c)可以清楚地看到，实验的相对拉曼强度与上面的推论吻合得很好。

此外，在 TaC 纳米棒中也有与 SiC 纳米棒类似的拉曼和荧光谱。于是，以上结果进一步证实了 9.4.1 小节中的推测，即 SiC 纳米棒中光学声子的拉曼散射机理具有一般的意义。换句话说，极性半导体中光学声子的一级拉曼谱来源于弗勒利希相互作用而不是量子尺寸限制。

### 10.1.2 拉曼频率随激发激光波长的变化

在第一章已经指出，拉曼散射的频率不随入射激光的波长变化，这是拉曼散射两个普适特征之一。这个特征在体材料中得到证实，但是，在纳米结构的共振拉曼散射中这个特征被破坏了。在这一部分，我们要特别介绍和讨论这个反常现象。

#### 10.1.2.1 碳纳米管(CNTs)[12]

参考文献[12]的作者在1997年报道,在碳纳米管中观察到了拉曼频率随激发光波长的变化,结果见图10.9。该图清楚地表明,当入射激光的波长从514.5nm变到1320nm时,D模的频率明显的改变。他们称这个反常现象为直径选择拉曼散射(DSRS)。

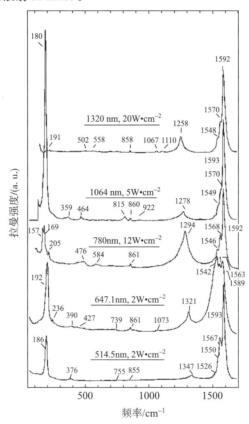

图10.9 5个不同激光波长激发下单壁碳纳米管在室温的拉曼光谱。图中指出了每一个峰的振动频率[13]。转载自G. Y. Zhang, G. X. Lan, and Y. F. Wang, Vibration Spectroscopy in Lattices, (2001)

他们解释说,在室温拉曼散射中,入射光的能量必须与碳纳米管中某个特定的电子能级相等或者接近,由于量子限制效应(QCE),这个特定的电子能级必定对应于特定纳米尺寸的样品。这意味着碳纳米管的共振拉曼散射必须来自对应一定激光能量和一定尺寸的样品。于是,当碳纳米管的尺寸存在分布,共振散射必定来自不同波长激光激发的不同直径的碳纳米管。这意味着在有尺寸分布的纳米样品的共振拉曼散射(RRS)中,有一个尺寸选择。图 10.9 中所示的拉曼散射称为直径选择拉曼散射(DSRS)。

参考文献[12]的作者还做了电子态密度的理论和不同直径碳纳米管拉曼频率的计算,结果分别见图 10.10(a)和(b),这些结果都预言在小直径的碳纳米管中将出现直径选择拉曼散射。图 10.10(a)的结果表明,激光频率 1005nm、780nm 和 488nm(能量 1.17eV、1.59eV 和 2.14eV)与构型为(11,11)、(8,8)和(10,10)的碳纳米管的电子能级共振,这表明共振拉曼散射实验的确选择不同尺寸的碳纳米管。图 10.10(b)的结果表明不同直径的碳纳米管有不同的拉曼频率。这样,理论计算证实了直径选择拉曼散射现象。

后来,实验证实,直径选择拉曼散射现象不是反映了纳米体系拉曼散射原理的失效,而是同时反映了有尺寸分布的样品中电子的量子限制效应(QCE)和声子的有限体积效应(FSE)。

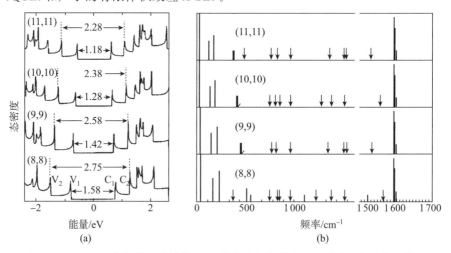

图 10.10 (a)紧束缚模型计算的椅子型碳纳米管的电子态密度,碳纳米管分别为(8,8)、(9,9)、(10,10)和(11,11),费米能在 0eV,波矢保守的光学跃迁可以出现在两个镜像峰之间,即 $V_1 \rightarrow C_1$ 和 $V_2 \rightarrow C_2$。转载自 S. L. Zhang, Y. Hou, K. S. Ho, et al., Raman investigation with excitation of variouswavelength lasers on porous silicon, J. Appl. Phys., 72, 4469—4471 (1992); (b)椅子型$(n, n)$纳米碳管计算的拉曼谱,$n = 8, 9, 10, 11$。向下的箭头表示剩余的弱拉曼活性模的位置[12]。转载自 S.L. Zhang, W. Ding, Y. Yan, et al., Variation of Raman feature on excitation wavelength in silicon nanowires, Appl. Phys. Lett., **81**, 4446—4448 (2002)

#### 10.1.2.2 Si 纳米材料[13,14]

图 10.11(a),(b),(c)分别是单晶 Si、多孔硅和 Si 纳米线在不同波长激光激发下的拉曼谱。从图中清楚地看到,单晶 Si 的光学声子频率不随激发

光频率而改变,而多孔硅和 Si 纳米线的拉曼频率却随激发光波长的改变而变化,在文献[14]中,这个现象称为共振尺寸选择效应(RSSE)。

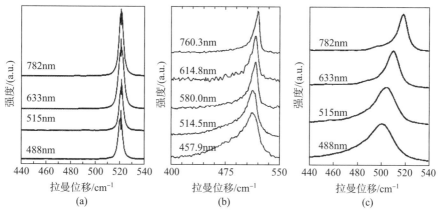

图 10.11 不同波长激光激发的拉曼谱:(a)单晶 Si,转载自 S. L. Zhang, W. Ding, Y. Yan, et al., Variation of Raman feature on excitation wavelength in silicon nanowires, Appl. Phys. Lett., 81, 4446—4448 (2002);(b)多孔硅[14a];(c)Si 纳米线[14b],转载自 S. L. Zhang, W. Ding, Y. Yan, et al., Variation of Raman feature on excitation wavelength in silicon nanowires, Appl. Phys. Lett., 81, 4446—4448 (2002)

依据参考文献[12]的作者对 DSRS 的描述,出现 DSRS 必须满足以下三个条件:

(1)电子和声子二者都必须具有尺寸限制效应,即电子和声子的能量要随样品的尺寸变化;

(2)样品须是有尺寸分布的;

(3)拉曼散射与电子能级是共振的。

以上要求意味着当样品的电子和声子都存在量子限制效应时,一定激发波长下的共振散射会在尺寸分布的纳米样品中选择一定共振尺寸的样品。于是,共振拉曼谱、近共振拉曼谱和非共振拉曼谱将分别来自单一尺寸样品、在一定尺寸范围的平均尺寸的共振样品和平均尺寸的样品。依据以上的详尽说明,可以期望,两个不同尺寸分布的纳米样品有相同大小的峰时,它们的共振拉曼谱是一样的,但是近共振拉曼谱是不一样的。

图 10.12(a)是 Si 纳米线样品 C 和 D 的 PL 谱。两个谱图在整体上是不同的,但是在~2.54eV 处有一个能量相同的峰,这表明样品 C 和 D 的尺寸分布在整体上是不同的,但是在~2.54eV 处的峰有相同的尺寸。可以预期,当入射的激光波长为 488nm(2.52eV)和 633nm(1.96eV)时,样品 C 和 D 的拉曼谱在共振散射和近共振散射分别是相同和不同的。样品 C 和 D 用波

长 488nm 和 633nm 激光激发的拉曼谱分别给出在图 10.11(a)和(c)中。可以清楚地看到,图 10.11(b)和(c)证明了以上的预期,在实验上证实了 DSRS/RSSE 的机理。这也指出,如果样品出现 DSRS/RSSE,必须同时存在电子和声子的尺寸限制效应。

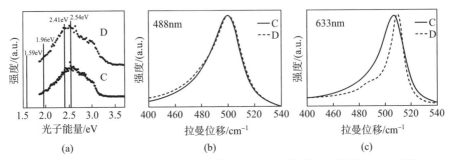

图 10.12 (a)Si 纳米线样品 C 和 D 的荧光谱和拉曼谱。荧光谱中 4 个垂直线对应 4 个激光能量的位置;(b)和(c)是拉曼谱,实线和虚线分别是 488nm 和 633nm 的激光激发[14]

#### 10.1.2.3 极性纳米半导体

在碳纳米管和纳米 Si 中观察到了拉曼频率随激发光波长的变化,这个现象被解释为同时存在的电子和声子的尺寸限制效应以及样品的共振尺寸选择效应(RSSE)。请注意,碳纳米管和纳米 Si 都是非极性半导体。一个有意义的事是,应该核实这个新现象是否存在于其他极性纳米半导体中,尽管有人认为 RSSE 应该在所有有尺寸分布的纳米半导体中都存在[14]。在这一节,我们将要进一步介绍拉曼散射频率随入射激光波长的变化,即检验极性纳米半导体是否存在 RSSE。

这里用来检验 RSSE 的样品与第九章中研究纳米半导体,如 ZnO、GaN 纳米粒子(NPs)和 SiC、CdSe 纳米棒(NRs)的拉曼谱所用的是同一组样品。样品的高分辨电镜照片和 X 射线衍射谱已经给出在图 9.30、9.33 和 9.35 中。以上结果证明,样品由不同尺寸的晶粒组成,ZnO、GaN 纳米粒子和 SiC、CdSe 纳米棒晶粒的平均尺寸分别为 8nm、7nm、10nm 和 4nm。

ZnO、GaN 纳米粒子和 SiC、CdSe 纳米棒的 PL 谱在图 10.13 中给出。从 PL 谱可以看出,325nm、488nm、515nm、633nm 和 785nm 激发光激发的拉曼谱符合共振拉曼激发的要求。样品在这些波长激发下的拉曼谱见图 10.14(a)。拟合的拉曼频率与激发光波长关系见图 10.14(b),图中的实线用肉眼导出。所有带的模拟和实验频率最大误差小于 $2 \sim 3 \text{cm}^{-1}$。考虑到拉曼测量是在两台不同的仪器上进行的,且用了几种不同的激发光,这些误差是在测量精度范围内的。此外我们注意到 Si 纳米线的频率位移在激发能量范围 0.96eV（488～785nm）是 17cm$^{-1}$[12]。频率位移在图 10.13 中如果有的话是可以忽略的。于是,我们给出结论,在很多极性纳米半导体中,光学振动模的拉曼频率不随激发光波长变化,这表明,与非极性纳米半导体不同,极性的纳米半导体的光学模的拉曼谱中没有 RSSE。这一点与在非极性碳纳米管和纳米 Si 中得到的 RSSE 现象完全相反,也与参考文献[14]中的预期不同。除此以外,这个结果意味着在纳米材料中的基本效应——量子限制效应,在极性纳米半导体的光学声子中没有表现。当然,这个推论应有更多的实验和理论工作去检验,例如直接用从不同尺寸纳米半导体所中测得的拉曼光谱进行核实。这一点将在第十一章讨论。

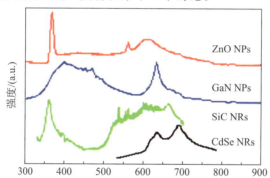

图 10.13  ZnO、GaN 纳米粒子和 SiC、CdSe 纳米棒的 PL 谱。CdSe 纳米棒和其他样品的 PL 谱用 515nm 和 325nm 的激光激发。垂直线表示 325nm、488nm、515nm、633nm 和 785nm 激发光能量的位置。转载自 S. L. Zhang, et al., Lack of dependence of the Raman frequency of optical vibrational modes on excitation wavelength in polar nanosemiconductors, Appl Phys Lett, **89**, 063112 (2006)

## §10.2  与激发光偏振相关的拉曼光谱

在 2.2.1 小节和 3.1.2 小节中,偏振光激发的偏振拉曼光谱已经被提到,在这一节,我们介绍纳米结构的偏振拉曼光谱。

偏振谱测量需要晶体样品的晶向在空间是固定的,超晶格和量子阱具有确切的晶向。对这些样品,偏振拉曼谱是很重要的拉曼谱。可是,目前大部分的纳米半导体在空间都不具有确定的晶向,导致现在很难研究它们的偏振谱。

### 10.2.1  超晶格的偏振拉曼谱

在第六章中,我们特别介绍了超晶格/量子阱结构(SLs/QWs),它们是

沿 $z$ 方向垂直生长的层状结构。所以，偏振谱通常是在背散射配置 $z(i,j)\bar{z}$ ($\bar{z}=-z, i, j=x, y, z$) 下测量的，在历史上很少用直角配置 $x(i,j)y$ 进行测量。在背散射配置下，拉曼光谱只能测量波矢 $q_z = 0$ 的声子，这里纵的和横的振动模分别出现在配置 $i=j$ 和 $i \neq j$。

图 10.14(a) 和 (b) 分别是在 GaAs/AlAs 超晶格中 $z(x,x)\bar{z}$ 和 $z(x,y)\bar{z}$ 配置折叠的声学声子和限制的 GaAs 光学模。正如在第八章中提到的，图 10.14 证明，纵声学声子模只能在平行偏振 $(x,x)$ 和具有奇数模 ($n=1, 3, 5, 7, 9, 11, \cdots$) 限制的纵光学声子模中得到，偶数模（受限级别 $n=2, 4, 6, 8, 10, \cdots$) 在 $(x,y)$ 和 $(x,x)$ 偏振配置中得到。

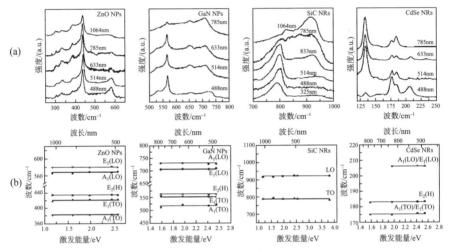

图 10.14 (a) 不同波长激发的拉曼谱。转载自 C. Colvard, T. A. Gant, M. V. Klein, et al., Folded acoustic and quantized optic phonons in (GaAl)As superlattices, Phys. Rev. B, 31, 2080—2091 (1985); (b) ZnO 和 GaN 纳米粒子、SiC 和 CdSe 纳米棒的拉曼频率与激发波长/能量的依赖关系[15]。转载自 S. L. Zhang, T. A. Gant, M. Delane, et al., Resonant Behavior of GaAs LO phonons in a GaAs-AlAssuperlattices, Chin. Phys. Lett., 5, 113—116 (1987)

图 10.15 是 GaAs/GaAlAs 多量子阱的拉曼谱[17]。这些拉曼谱是第一次也是很少在直角配置中被测量到的，散射光在层平面传播，沿超晶格轴偏振，使得波矢 $q \neq 0$ 的声子在量子阱和超晶格中可以测量到。在第九章已经提到，横光学声子模仅与短程的电声子相互作用的形变势有关，而纵光学模与长程的库仑（弗勒利希）作用有关。二者的拉曼谱仅可能分别在交叉和平行的偏振几何配置中得到。这意味着在直角配置 $z(i,j)y$ ($z$ 沿超晶格的轴向) 中，纵光学和横光学拉曼峰只有在入射和散射光都在层平面，且散射光的偏振平行于超晶格的轴向才能被观察到。图 10.16 的实验结果很好地证明了这一预测。

第十章　与激发光特性相关的纳米结构拉曼光谱学　　183

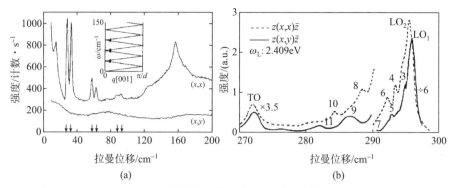

图 10.15　(a)GaAs/AlAs 超晶格中纵声学声子的拉曼谱；(b)GaAs 中受限的纵光学声子的拉曼谱。在(a)中，箭头指向是 X 射线衍射数据预测的峰频率[3, 16]。转载自 J. E. Zucker, A. Pinczuk, D. S. Chemla, et al., Optical Vibrational Modes and Electron-Phonon Interaction In GaAs QuantumWells, Phys. Rev. Lett., **53**, 1280—1283 (1984)

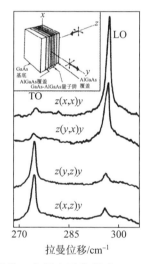

图 10.16　直角配置拉曼谱。入射声子能量为 1.55eV。在插入的偏振图中，入射光和散射光的传播方向用第一个和最后一个字母标注。插入图是直角散射的几何图。(0001)沿 $z$ 轴方向[17]。转载自 G. S. Duesberg, I. Loa, M. Burghard, K. Syassen and S. Roth, Polarized Raman Spectroscopy on Isolated Single-Wall Carbon Nanotubes, Phys. Rev. Lett., **85**, 5436—5439 (2000)

### 10.2.2　纳米材料

在本节的开始已经提到，一般来说，纳米材料的偏振谱不能获得。可是，单根的纳米晶体和单颗粒纳米晶体是可能的。下面我们介绍这两种样品的偏振拉曼谱。

**10.2.2.1　单根碳纳米管的偏振拉曼谱**

碳纳米管的偏振拉曼谱是在离散的纳米管和仅有几根纳米管的纳米束中得到的,电子显微镜照片见图 10.17[18]。由于显微镜分辨率的限制,从照片中看不出单根纳米管和纳米管束,可是,由于碳管相互平行,并不影响材料偏振谱的可靠性。

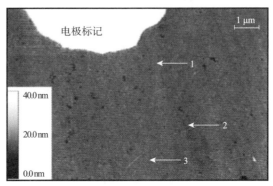

图 10.17　吸附在玻璃衬底上分离很好的单壁碳纳米管和一束单壁碳纳米管的 SFM 图。金电极在图的左上角,标注 1 的物体是一根单壁碳纳米管,标注 2 和 3 的是小束单壁碳纳米管[18]。转载自 G. S. Duesberg, I. Loa, M. Burghard, K. Syassen and S. Roth, Polarized Raman Spectroscopy on Isolated Single-Wall Carbon Nanotubes, Phys. Rev. Lett., **85**, 5436—5439 (2000)

图 10.18（a）是样品 1（一个单壁碳纳米管束）的拉曼谱,图 10.18（b）（ii）给出了在 VV 配置下,在一个单壁碳纳米管束的纳米管轴线与入射激光偏振方向夹角 $a_j$ 变化时的拉曼谱 VV 构型,插入图是实验的几何图。从谱图可以看出,$G_1$ 模、$G_2$ 模、D 模和 RB 模的谱线强度在入射光和散射光偏振相互平行并与碳纳米管的轴线平行（$\alpha_j = 0$ 或 $\alpha_j = 180°$）时达到极值（表示为 VV）。可是,当 $a_j = 90°$ 时,没有讯号被测量到,这与预测的一致。在平行和垂直构型配置（表示为 VH）以及角度 $\alpha_j$ 中的平行偏振构型配置 RB 模、$G_1$ 模、$G_2$ 模和 D 模强度之间的关系示于图 10.17（b）中。非常奇怪,在 VV 和 VH 中的 RB 模的谱强度有相同的角度关系,如图中实线所示：

$$I(\alpha_i) \propto \cos^2(\alpha_i) \tag{10.2}$$

上面关于拉曼谱强度与角度的依赖关系偏离了严格由传统理论预言的选择定则。作者把这个归结于纳米管强烈的各向异性,而传统理论建立在各向同性材料的基础上。

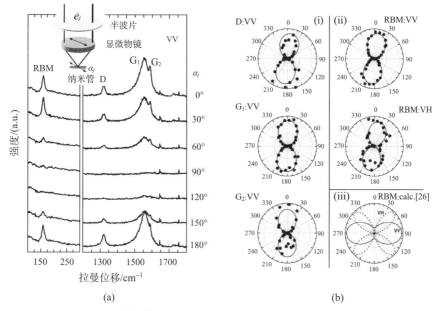

图 10.18 (a)在纳米管轴线与入射激光偏振方向夹角 $a_i$ 变化时的 VV 配置的拉曼谱,对于 $a_i=0°$ 和 $180°$,入射光的偏振平行于单壁碳纳米管的轴向,数据从 SFM 照片中测得,精确度为 $\pm 10°$。(b)极图表示单壁碳纳米管拉曼强度 I 与纳米管轴线与入射激光偏振方向夹角 $a_i$ 的函数关系。$I(a_i)$ 在(i)中表示 G 线的 $G_1$、$G_2$ 成分和在 VV 散射配置中的 D 线,在(ii)中表示在 VV 和 VH 配置中的 RB 模。模的双面对称性可以从 $I(a_i) \propto \cos^2(a_i)$ 的模型中得到,并且在所有研究的对象中观察到了。(iii)参考文献[18]数据中得到的(10,10)纳米管在非共振散射条件下的 RM 模的计算强度 $I(a_i)$。

#### 10.2.2.2 ZnSe 单根纳米晶带的偏振拉曼谱

用 MOCVD 生长的 ZnSe 纳米晶带,被分散粘在 GaAs 衬底上,图 10.19 是一根粘在 GaAs 衬底上的 ZnSe 纳米带的形貌图。ZnSe 纳米带属于立方晶体结构,体材料的 ZnSe 的禁带宽度是 $2.68eV$[20],LO 和 TO 模的位置分别在 $252cm^{-1}$ 和 $208cm^{-1}$[21]。

从图 10.20 可以看出,除了预期的 GaAs 衬底的 LO、TO 模和 ZnSe 纳米带的 LO、TO 模外,有几个位置在 $227cm^{-1}$ 和 $240cm^{-1}$ 处的峰。由于只有单根 ZnSe 纳米带在激光的光斑下,拉曼峰的强度只有 GaAs 衬底拉曼峰强度的 $1/20$,增强和拟合的光谱见图 10.20 的插图。频率为 $227cm^{-1}$ 的峰的声子能量是 28meV,非常接近计算得到的 ZnSe(110)面在 27.2 meV 处的表面模[22],所以可以归结为表面模的散射。

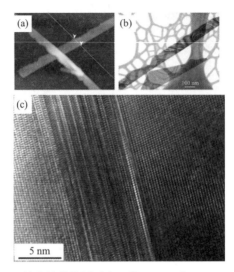

图 10.19  (a)ZnSe 纳米晶带的原子力显微(AFM)像;(b)TEM 亮场像;(c)高分辨 TEM 像。图(c)展示了浮凸的孪晶缺陷[19]

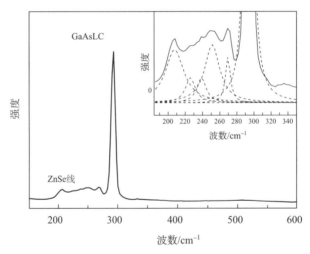

图 10.20  实验得到的一根粘在 GaAs 衬底上的 ZnSe 纳米带的拉曼谱。插入图是拟合的 ZnSe 样品的拉曼谱[19]

选择一根单根和更直的 ZnSe 纳米线,保持激光照射在样品的同一位置,在两个不同的纳米线和入射光偏振方向的夹角,$\theta = 45°$ 和 $90°$ 测量的偏振拉曼谱见图 10.21。由于在 $\theta = 0°$ 的结果与 $\theta = 90°$ 的结果相同,它的拉曼谱没有在图 10.21 中给出。从图中可以看出,在 $\theta = 90°$ 时,LO 模的强度分别是 TO 模的 2 倍和接近相等。在 $\theta = 45°$ 时,LO 模的强度相对于 TO 模在平行和垂直配置都没有明显的差别。

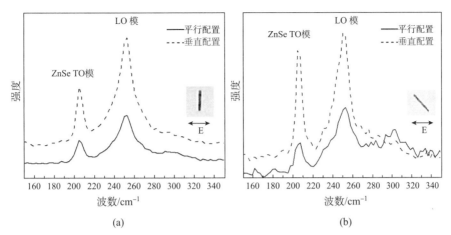

图 10.21 单根 ZnSe 纳米线的偏振拉曼谱,激发光的偏振方向在(a)90°和(b)45°,实线和虚线分别是平行和垂直的偏振配置[19]。转载自 K. A. Alim, V. A. Fonoberov and A. A. Balandin, Origin of the optical phonon frequency shifts in ZnO quantum dots, Appl. Phys. Lett., **86**, 053103 (2005)

当晶轴方向和实验配置确定以后,我们可以依据偏振选择定则推测 LO 和 TO 模相对强度的变化。以上实验结果与由在立方晶体的背散射中 5 个普通的晶面(100)、(110)、(111)、(112)和(113)理论计算推论而来的偏振定律完全不同。例如,最简单的标准就是当 $\theta$ 设定为任意值时,观察到的 LO 和 TO 模并没有消失。

这个结果与上面所述的单壁碳纳米管相似。考虑到碳纳米管和 ZnSe 纳米带在几何结构上的相似性,这里的结果提供了一个对单壁碳纳米管结果解释的独立证据。

## §10.3 与激发激光强度相关的拉曼光谱

光散射的微观和宏观理论在第二章中已讨论过,散射光强度的微分散射截面 $\dfrac{d^2\sigma}{d\Omega dE_0}$ 与入射光的电场强度的平方 $|E_0|^2$ 成正比。在其他实验条件不变的前提下,拉曼谱的特性会因此产生变化:第一,谱的强度会随入射光增强而自然地增强;第二,除了谱的强度外,其他拉曼谱特性,像频率、线宽、线型等也随入射光强度而变化;第三,当用脉冲激光作光源以及入射光强度极大时,线性拉曼散射将变成非线性拉曼散射。第一和第三种现象分别反映光散射本身的传统性质和自然变化,这一点本书不讨论。在这一节,我们介绍出现在纳米结构中的第二种现象。

现在,人们经常用显微拉曼谱仪进行拉曼光谱实验,它在样品上的激光照射斑点只有 1mm²。于是,当用相同功率的激光,与电场强度$|E_0|^2$对应的照射能量密度在显微拉曼谱仪中是非显微拉曼谱仪中的数千倍。除此以外,与体材料相比,纳米结构样品常由分散的类粉末组成,其热导率也非常差。所以,入射激光强度对于拉曼谱,特别是入射光的热效应,在纳米结构的拉曼谱研究中成了一个特别的方向。

在纳米结构中,对拉曼谱与入射光强度关系的研究开始于碳纳米管[23],随后迅速吸引了大家的注意[24-26]。现今,纳米结构的激光辐照效应已经变成材料科学和拉曼光谱学的一个重要领域,在过去几年中,发表了许多很有意义的结果。

在这一章,我们将简要介绍上面提到的第二种现象。这意味着讨论只包括常规拉曼谱特性的改变和这些改变反映在材料性质上的意义。

### 10.3.1 激光强度和温度

#### 10.3.1.1 激光的功率和功率密度

所谓的激光强度通常指的是激光的输出功率 $P$,实际上,在拉曼散射实验中指的是在样品的测量点入射的激光功率密度 $r$,而不是功率 $P$。功率密度定义为单位面积的功率,即 $r \equiv P/\text{cm}^2$。图 10.22 清楚地表明对于相同的样品,相同的激光功率,但是不同的照射面积时,纵光学声子频率的位移差别很大。这表明,声子频率的移动与拉曼谱特性和入射光功率之间没有直接关联。

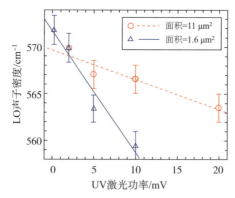

图 10.22 Zn 量子点中 LO 声子频率位移与激发光功率的函数关系。圆圈和三角分别代表照射的面积为 $11\mu m^2$ 和 $1.6\mu m^2$ [29]。转载自 H. D. Li, K. T. Yue, Z. L. Lian, et al., Temperature dependence of the Raman spectra of single-wall carbon Nanotubes, Appl. Phys. Lett., **76**, 2053—2055 (2000)

#### 10.3.1.2 激光的热效应和温度的决定

在 1.2.2 小节中提到,可以用斯托克斯对反斯托克斯拉曼峰的强度比来得到温度,如公式(10.3)所示:

$$I_S/I_{AS} = D_{S\text{-}AS}[(\omega_L-\omega)/(\omega_L+\omega)]^4 e^{\hbar\omega/kT} \quad (10.3)$$

其中 $D_{S\text{-}AS}$ 是谱仪的斯托克斯对反斯托克斯反应系数比率,$\omega_L$ 和 $\omega$ 分别是入射光的频率和拉曼频率的位移,$k$ 是玻尔兹曼常数,$T$ 是绝对温度。这样测量到的温度是激光在样品上照射点产生的温度,光谱也在这一点同时得到。很明显,这是得到纳米结构样品在一定温度下拉曼谱的最好方法。

#### 10.3.1.3 拉曼光谱实验中温度的测量

在通常拉曼谱实验中,$\omega_L \gg \omega$,$[(\omega_L-\omega)/(\omega_L+\omega)]^4 \approx 1$,于是,当公式(10.3)用来测量温度时,它被简化为

$$T = (\hbar\omega/k)/\ln(I_S/I_{AS}) \quad (10.4)$$

可是,值得注意的是,当用来推测温度的拉曼峰的频率很高时,例如,在频率大概为 2000cm$^{-1}$(515nm)时,$[(\omega_L-\omega)/(\omega_L+\omega)]^4$ 为 0.44,不等于 1。于是,为了得到精确的温度,必须考虑其他因素。在通常情况下,温度 $T$ 可以用如下公式获得:

$$T = (\hbar\omega/k)/[\ln(I_S/I_{AS}) - \ln(D_{S\text{-}AS}\omega_{S\text{-}AS}) \quad (10.5)$$

其中 $\omega_{S-AS} = [(\omega_L-\omega/\omega_L+\omega)]^4$。

应该注意,当用拉曼光谱学温度测量方法时,公式(10.5)只有在非共振条件下才是正确的。所以,只有在非共振散射条件下,测量的温度是可靠的。例如,对于金刚石来说,当接近 UV 激发时,温度是不可能得到的。

进而,为了改进温度测量的精确度,我们可以从不同的声子模来测量温度,然后用它们的平均温度作为正式数据。

#### 10.3.1.4 拉曼光谱测量温度的可靠性

图 10.23(a)是不同声子模如 $E_{2g}$(GM)模和径向呼吸模(RBM)的频率与温度的关系,一些单壁碳纳米管样品用激光和加热台加热,两个模的温度数据用前面提到的方法计算和读出。表 10.2 列出了用 GM 和 RBM 模得到的温度系数。表中的两个数据符合的很好,意味着用拉曼光谱测得的温度是可靠的,也说明 GM 和 RBM 模在激光照射下频率的变化来源于激光的热效应。

#### 10.3.1.5 激光功率密度与温度的关系

激光照射引起不同纳米样品的温度变化在图 10.23(b)给出。测量的纳米样品是没有纯化的单壁碳纳米管、纯化的单壁碳纳米管和 Au 离子注入的

HOPG(Au-HOPG)。从图 10.23(b)看出,相同的激光功率密度引起的温度变化是不一样的,这意味着纳米样品引起温度变化的能力是与纳米样品的结构相关的。所以,在检查纳米结构的温度效应时,应该避免直接用激光功率或者功率密度直接衡量样品的温度。

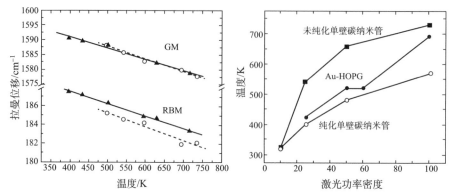

图 10.23 (a)单壁碳纳米管 GM 和 RBM 模的频率温度关系,激光加热(实线)和加热台 Linkam TH600 加热(虚线)。(b)从未纯化的单壁碳纳米管、纯化的单壁碳纳米管和 Au-HOPG 样品的拉曼峰计算得到的温度与入射激光功率的关系[24]。转载自 S. Kouteva-Arguirova, Tz. Arguirov, D. Wolfframm, et al., Influence of local heating on micro-Raman spectroscopy of silicon, J. Appl. Phys,94,(2003)

表 10.2 频率位移的温度系数

单位:$10^{-2} cm^{-1} \cdot K^{-1}$

|  | GM | RBM |
| --- | --- | --- |
| 激光加热 | −3.8 | −1.3 |
| 加热台加热 | −4.2 | −1.5 |

资料来源:D. Li, et al., Temperature dependence of the Raman spectra of single-wall carbon Nanotubes, Appl. Phys. Lett.,**76**,2053—2055 (2000)。

### 10.3.2 低功率密度激光照射

#### 10.3.2.1 激光电场强度和拉曼光谱特性

激光强度对拉曼谱的影响反映在不同的方面,如强度、频率、线型、线宽。图 10.24 是 Si 样品在两个不同激光功率照射下的一级光学声子拉曼谱。从图中可以发现,当激光功率增加到 200mW 时,拉曼振动模数量没有变化,但是,频率、线型、线宽发生了显著的变化。这意味着在这一实验中,样品的组成和结构没有随激光照射变化,而只有结构参数,像原子(离子)之间的距离、键角等变化了。

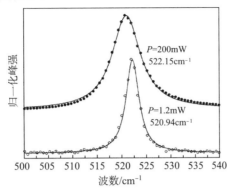

图 10.24 用最强峰归一化过的 Si 一级拉曼峰,用 1.2mW(圆圈)和 200mW (圆点)激光功率得到的拉曼谱,前者轻微不对称,后者是对称的[35]。转载自 K.W. Adu, H. R. Gutiérrez, U. J. Kim, et al., Inhomogeneous laser heating and phonon confinement in silicon nanowires: A micro-Raman scattering study, Phys. Rev. B, **73**, 155333 (2006)

### 10.3.2.2 激发光的功率密度和纳米结构的尺寸

实验发现,激发光的功率密度对不同尺寸纳米结构的拉曼谱特征有不同的影响。例如,图 10.24 是平均直径 $d=6$nm 和 $d=23$nm 的 Si 纳米线在不同功率密度激光激发下的拉曼谱。从图中可以清楚地看出,如果用近似的功率密度(例如 2.5mW·$\mu$m$^{-2}$ 和 2.0mW·$\mu$m$^{-2}$)激发,两个样品的拉曼谱特征是不同的。

### 10.3.2.3 样品构型和温度对拉曼光谱的影响

- **分立的和悬浮的纳米材料**

图 10.26 给出了不同激光功率和功率密度激发的一根分立的 GaN 纳米棒的拉曼谱(a)和一根悬浮的单层碳纳米管的拉曼谱(b)。用斯托克斯线和反斯托克斯线来估计不同激光功率和功率密度激发下的样品温度。用 $I_{AS}/I_S$ 估算的样品温度分别见图 10.25(a)的插图中和表 10.3。

对于分立的单层碳纳米管,RBM 和 G$^+$ 的频率下移,FWHM(拉曼峰宽)加宽,$I_{AS}/I_S$ 随激光频率的增加而增加,它们的相对数据列在表 10.3 中。在悬浮的 GaN 纳米棒的拉曼谱中,随着激光功率密度的增加,频率发生红移,A$_1$(TO)模的积分线强度与功率密度线性相关,并且变化的比率比其他模都大。图 10.26 的结果指出,激光加热效应在分立悬浮的样品中要比粘在衬底上的样品明显得多。此外,两个光谱还表明一个倾向,随着激光功率的增加,频率降低,线宽增加;进一步定量地表明了前面曾经提到过的变化趋势。

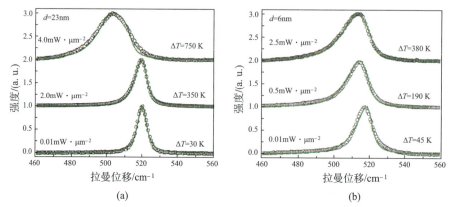

图 10.25 平均直径(a) $d=23$nm 和(b) $d=6$nm 的 Si 纳米线在 514.5nm 激光激发下的拉曼谱。圆圈和实线分别是实验谱和计算谱。$\Delta T$ 是样品温度最大的增加值[30]。转载自 C. L. Hsiao, L. W. Tu, T. W. Chi, et al., Micro-Raman spectroscopy of a single freestanding GaN nanorod grown by molecular beam epitaxy, Appl. Phys. Lett., 90, (2007)

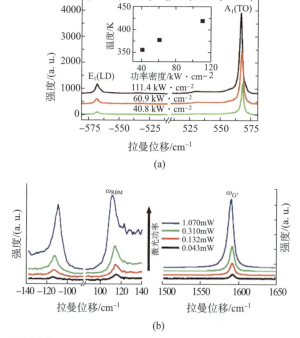

图 10.26 斯托克斯和反斯托克斯拉曼光谱:(a)单根 GaN 纳米棒;(b)不同激光功率和功率密度激发的分立的单层碳纳米管[33,34]。转载自 H. D. Li, et al., Temperature dependence of the Raman spectra of single-wall carbon Nanotubes, Appl. Phys. Lett., 76, 2053—2055 (2000)

表 10.3 RBE 的频率、半峰宽(FWHM)、$I_{AS}/I_S$ 和 G 模的频率,用洛伦兹线型拟合图 10.25 中曲线的结果,每一列的结果都有固定的激光功率

| 能量/mW | $\omega_{RBM}/cm^{-1}$ | FWHM/$cm^{-1}$ | $I_{AS}/I_S$ | $\omega_{G^+}/cm^{-1}$ |
| --- | --- | --- | --- | --- |
| 0.043 | 115.2 | 6.8 | 0.46 | 1592.2/ * |
| 0.132 | 115.0 | 6.8 | 0.58 | 1591.7/1587.9 |
| 0.310 | 114.3 | 7.6 | 0.68 | 1591.0/1585.1 |
| 1.070 | 111.6 | 9.1 | 0.96 | 1589.6/1586.7 |

资料来源:Y. Zhang, et al., Laser-Heating Effect on Raman Spectra of Individual Suspended Single-Walled Carbon Nanotubes, J. Phys. Chem. C, **111**, 1988—1992 (2007)。

- 碳纳米管束

图 10.27(a)和(b)分别是在不同功率的 515nm 激光照射下具有不同温度的多壁碳纳米管和单壁碳纳米管的拉曼谱,从图中可以清楚地看到,RM,G 和 D* 模的拉曼频率随着入射激光强度增加而导致的温度上升而下移。除此以外,相同的现象也在活性炭(A-C)样品中观察到[36],但是在高取向的热解石墨(HOPG)样品中没有发现[37]。

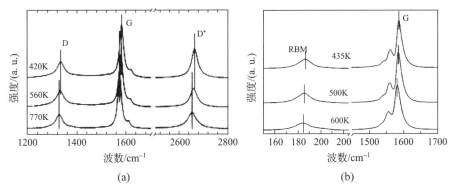

图 10.27 (a)不同功率激光照射下不同温度的一束多壁碳纳米管的拉曼谱,转载自 F. Huang, et al., Temperature dependence of the Raman spectra of carbon nanotubes, J. Appl. Phys., **84**, 4022—4024 (1998);(b)单壁碳纳米管的拉曼谱[23,24]

图 10.28(a)和(b)展示多壁碳纳米管、单壁碳纳米管、活性炭样品的 D 和 G 模频率的变化,(c)是活性炭样品在平均温度下 $E_{2g}$ 和 D* 模频率的变化。图中每一个样品的每一个峰都可以用直线拟合,这说明样品中所有模的频率随温度都是线性变化的。

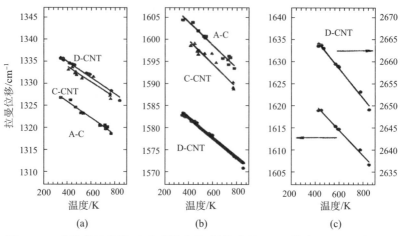

图 10.28 单壁碳纳米管、多壁碳纳米管、活性炭的(a) D 模在 1320cm$^{-1}$,(b) $E_{2g}$ 模在 1620cm$^{-1}$ 处和(c) D$^*$ 模在 2640cm$^{-1}$ 处的拉曼光谱与温度的依赖关系[23]

根据图 10.27 中用最小二乘法拟合的结果和相应的参考文献[36—38],对模频率随温度变化关系所拟合直线的斜率和截距值列在表 10.4 中。可以看到,单壁碳纳米管中 G 模的绝对斜率明显大于 D-CNT、多晶石墨和高取向热解石墨中的值,而在后三者中的斜率几乎是相同的。

表 10.4 列出了来自图 10.28 结果的斜率和截距值。从中可以发现,斜率主要与拉曼振动模的类型有关,而与样品种类的关联很小。此外,对于相同的拉曼模,其斜率几乎相同,例如属于不同样品的 D 模。可是,不同拉曼模的频率完全不同,即便它们出自同一样品。G 模的绝对斜率比 D 模的大,对于 D-CNT,G 和 $E_{2g}$ 模的斜率几乎是相同的。还有,D$^*$ 模的斜率几乎是 D 模的两倍,这与 D$^*$ 模是 D 模的二级模的推测相符。

表 10.4 图 10.28(b)中结果拟合的多壁碳纳米管以及文献中多壁碳纳米管石墨和高取向热解石墨中 GM 和 RBM 模直线的斜率和截距

| 样品 | 参数 | SWCNT[24] | MWCNT[38] | GL[36] | HOPG[37] |
| --- | --- | --- | --- | --- | --- |
| GM | 斜率/($10^{-2}$cm$^{-1}$·K$^{-1}$) | −3.8 | −2.8 | 3.0 | −2.8 |
|  | RBM | −1.3 |  |  |  |
| GM | 截距/cm$^{-1}$ | 1606 | 1611 |  |  |
|  | RBM | 193 |  |  |  |

资料来源:H. D. Li, et al., Temperature dependence of the Raman spectra of single-wall carbon Nanotubes, Appl. Phys. Lett., **76**, 2053—2055 (2000)。

上面提到拉曼频率随温度的变化呈现有趣的规律性,这个规律的变化可以归结于碳纳米管独特的结构特性。

第一,像所有材料一样,当温度上升时,碳纳米管必须膨胀,它的C—C键变长。结果导致临近碳原子之间相互作用的力常数变小,且可以预料当温度上升时,所有拉曼振动模向低频方向移动。如图10.26和10.28中结果所表示那样。

第二,类管状结构使得石墨平面上的C—C键的恢复力分解成两个分量:沿纳米管径向的分量和沿切线方向的分量。显然,二者都要比原来的石墨小。切线分量反比于碳纳米管的直径,即直径越小,切线分量越大,这导致小直径的碳纳米管的C—C键容易膨胀。按照前面的叙述,单壁碳纳米管的斜率要比其他碳材料小(见表10.5),这个可以用单壁碳纳米管特殊的结构特性来解释。单壁碳纳米管是由单层的石墨片卷曲而成,所以,直径越小,管子的曲率越大。理论和实验都指出,当石墨片卷曲成管子时,它的C—C键要变长[39],导致C—C键的力常数变小,碳纳米管的结构与层状石墨结构相比相对容易膨胀。可是,对于多壁碳纳米管来说,它的内径和外径在10~50nm之间,只比单壁碳纳米管大1.1~1.4nm[40,41]。于是,管子直径小引起的影响很小,可以被忽略。除此以外,多壁碳纳米管中石墨层的间距非常小,近似于石墨[42],所以,可以预料GM模的拉曼频率随温度变化的斜率会如表10.5所列.

**表 10.5 图 10.28 结果拟合的直线的斜率和截距[23]**

| 样品 | 参数 | D | G | $E'_{2g}$ | $D^*$ |
|---|---|---|---|---|---|
| D-CNT | 斜率/(cm$^{-1}$·K$^{-1}$) | −0.019 | −0.023 | −0.029 | −0.034 |
| | 截距/cm$^{-1}$ | 1342 | 1591 | 1631 | 2697 |
| C-CNT | 斜率/(cm$^{-1}$·K$^{-1}$) | −0.018 | −0.028 | | |
| | 截距/cm$^{-1}$ | 1341 | 1661 | | |
| A-C | 斜率/(cm$^{-1}$·K$^{-1}$)截距 cm$^{-1}$ | −0.019 | −0.027 | | |
| | 1333 | 1615 | | | |

资料来源:F. Huang, et al., Temperature dependence of the Raman spectra of carbon nanotubes, J. Appl. Phys, **84**, 4022 (1998)。

第三,图10.23(b)表明不同样品激光加热的温度影响是不同的,此外,在图10.23(b)实验中,在相同的激光功率偏差范围内,HOPG没有发现有温度变化[24]。一方面,在Au-HOPG样品中,Au$^+$是被注入的,所以会产生人为的杂质和(即Au离子)缺陷。另一方面,杂质在纯化过的单壁碳纳米管中要少于没有纯化的单壁碳纳米管,因此,图 10.23(b)所显示的现象是可以预期的。

渡边(Watanable)等人[45]也观察到了上面的现象,他们报道说,当样品的温度从 25℃ 增加到 400℃ 时,HOPG 中 G 模的频率几乎没有变,但是,无序诱导的 D 模却改变了。可是,当 HOPG 被注入离子以后,所有声子模的拉曼频率特征随温度变化都观察到了。

以上揭示的现象与 9.6.3 小节中的表 9.15 非常类似,那里也提到碳纳米管是类缺陷结构。所以,有理由相信强或者弱的温度效应是和样品中的杂质和缺陷关联的。就是说,强温度效应必定出现在碳纳米管、Au-HOPG 和注入离子的 HOPG,而不是 HOPG 中。

从图 10.27 得到的 D-CNT 的 FWHM 和激光照射温度的关系在图 10.29 中给出。从图中看出,D 模和 D* 模的线宽随着温度的增加而明显增加,D* 模的线宽仅为 D 模一级模的两倍。

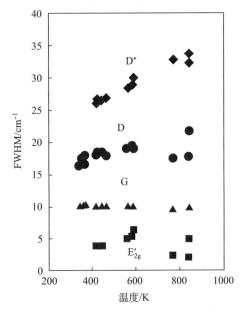

图 10.29　D-CNT 的 D、G、$E_{2g}$ 和 D* 模的 FWHM 与入射激光强度(温度)的关系,这里 $E_{2g}$ 和 D* 模的线宽分别减小 $5cm^{-1}$ 和增加 $10cm^{-1}$。转载自 S. L. Zhang, H. Li, K. T. Yue, et al., Effects of intense laser irradiation on Raman intensity features of carbon nanotubes, Phys. Rev. B, **65**, 073401 (2002)

以上结果清楚地表明,激光照射的热效应在碳纳米管中是很明显的,其拉曼谱频率位移随样品温度变化的温度系数较大。拉曼频率位移的温度系数在测量碳纳米管温度时起了关键作用,它已经被广泛应用在碳纳米管的温度测量中[26]。

## 第十章 与激发光特性相关的纳米结构拉曼光谱学

### 10.3.3 高激光功率密度辐照

当 $25\sim30\mathrm{mW}$ 的 $\mathrm{Ar}^+$ 激光通过显微拉曼谱仪的光路聚焦在样品上,在样品上留下的功率一般大概 $3\sim5\mathrm{mW}$。此外,如果一个 50 倍的物镜用来聚焦照射样品的光,在样品上的光斑为 $1\sim2\mu\mathrm{m}$,功率密度可达 $10^5\mathrm{W}\cdot\mathrm{cm}^{-2}$。所以,高功率密度照射样品容易实现,高功率密度照射的效应是一个值得注意的问题。

#### 10.3.3.1 高功率密度辐照对样品的损坏

一般认为,高功率密度照射很容易导致样品的损坏,例如,图 10.29 给出了一个未纯化的单壁碳纳米管在 514.5nm、功率密度 $25\times10^3\mathrm{W}\cdot\mathrm{cm}^{-2}$ 激光辐照下的显微像,可以在图中看出强激光辐照导致的暗条纹和斑点,这一般都伴随着损坏。可是,辐照前单壁碳纳米管的拉曼谱也存在暗点,这证明碳纳米管没有被损坏。下面的实验将要完全证实这个判断。这个结果也证明,要判断一个样品是否被损坏,要建立在科学方法上,例如拉曼光谱,而不是它的外观。

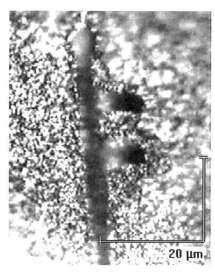

图 10.30 在 514.5nm、功率密度 $25\times10^3\mathrm{W}\cdot\mathrm{cm}^{-2}$ 激光辐照下未纯化的单壁碳纳米管的显微像[25]

#### 10.3.3.2 振动模的消失和高功率辐照

辐照单根纳米样品可以排除其他原因引起的影响并且真正反映辐照的效应。图 10.31 给出了单根 ZnSe 纳米线高功率密度激光辐照前和辐照后的拉曼谱。图中显示,在辐照前可以观察到 LO 模和 TO 模的拉曼谱,但是在照射以后 TO 模消失，LO 模的绝对强度明显增加。

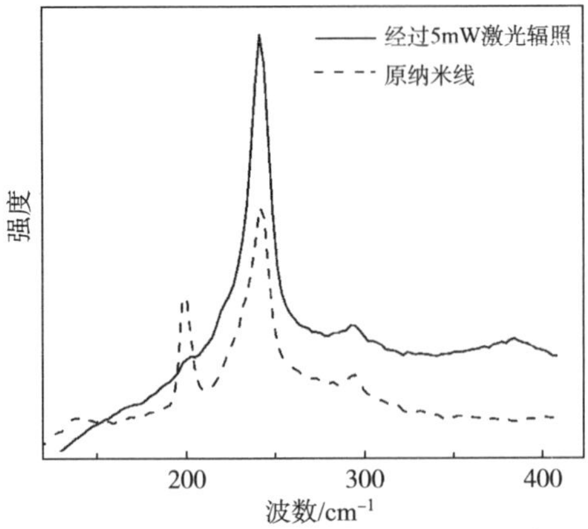

图 10.31 单根 ZnSe 纳米线在高功率密度激光辐照前（虚线）和辐照后（实线）的拉曼谱[19]。转载自 S. L. Zhang, H. Li, K. T. Yue, et al., Effects of intense laser irradiation on Raman intensity features of carbon nanotubes, Phys. Rev. B, **65**, 073401 (2002)

由于选择定则的限制，TO 模在理想的 ZnSe 中是禁戒的。于是，TO 模的出现与否表明样品质量的好坏。同时，以上的结果也证明激光照射可以改变晶体的质量。

#### 10.3.3.3 样品纯化和高功率密度辐照

图 10.30 和 10.31 的结果指出，高功率密度辐照可以改进样品的质量，例如减少样品的缺陷和去掉杂质，关于这一点进一步的工作可以见参考文献[25]。

图 10.32 是单壁碳纳米管中同一位置的拉曼谱随激光功率密度（LPD）的变化，用 515nm 光的非共振激发和 633nm 的共振激发。理论计算表明，图 10.32(b)的拉曼谱是(9,9)扶手椅型纳米管的共振选择定则决定的谱图。这些谱图是第一次在低激光功率密度（1%）时得到，并且表示在谱图的顶上部。激光功率密度逐渐增加，从最顶上谱图的 $10^5$ W·$cm^{-2}$，1% 增加到中间谱图的 100%，然后又逐渐降到最底下谱图的 1%。

众所周知，在 1590$cm^{-1}$ 周围的能带对应于石墨材料中的 $E_{2g}$ 模，称为 G 带[43]。这个带在单壁碳纳米管中分裂成几个峰，G 带用 514.5nm 光激发时，分裂为 1573$cm^{-1}$、1590$cm^{-1}$ 和 1599$cm^{-1}$ 3 个峰，如图 10.32(a)所示；用 632.8nm 激发时，分裂为 1506$cm^{-1}$、1540$cm^{-1}$、1563$cm^{-1}$ 和 1590$cm^{-1}$ 4 个峰，如图 10.32(b)所示。图 10.32 中，1337$cm^{-1}$ 处的峰与结构无序有关，例如杂质、缺陷和尺寸限制，这个峰在纯的石墨晶体材料，像 HOPG 中是没有的。于是,D 峰通常被用来衡量石墨材料的有序度。

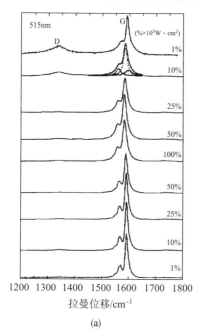
(a)

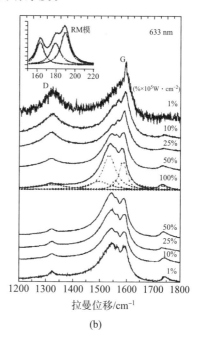
(b)

图 10.32　未纯化的单壁碳纳米管在 (a)514.5nm 和 (b)632.8nm 激光照射下的拉曼谱,从上而下样品上的激光频率密度分别为 1%、10%、25%、50%、100%、50%、25%、10% 和 1%×10$^5$ W·cm$^{-2}$,虚线是典型的拟合谱[25]。转载自 S. L. Zhang, H. Li, K. T. Yue, et al., Effects of intense laser irradiation on Raman intensity features of carbon nanotubes, Phys. Rev. B, **65**, 073401 (2002)

图 10.32 是 G 峰的频率增加随激光功率密度增加的关系,这个变化是可逆的。图 10.32 是 G 峰最强峰的频率在 1590cm$^{-1}$ 和 1540cm$^{-1}$ 对激光功率密度的依赖关系,分别在图 10.33 上半部用实的和虚的方块表示。可逆关系可以从图 10.33 中明显看到。这表明被测量的样品没有在辐照过程中受到损坏。相反,G 峰和 D 峰的拉曼强度也随激光频率密度变化,但过程是不可逆的。

我们引入一个无序参数 $\alpha \equiv I_D/I_G$,这里 $I_D$ 和 $I_G$ 分别是 D 峰和 G 峰的积分强度,小的 $\alpha$ 代表低无序度。用图 10.33 中的辐照过程,用传统方法纯化[44]的单壁碳纳米管的拉曼光谱见图 10.32。图 10.32(a) 中 G 峰在 1591cm$^{-1}$ 和 1590cm$^{-1}$ 是纯化过的碳纳米管样品,这两个峰已经被分别用来计算无序参数 $\alpha_{unpuri}$ 和 $\alpha_{puri}$。$\alpha_{unpuri}$ 和 $\alpha_{puri}$ 对激光功率密度的依赖关系,它们被用三角形表示在图 10.33 的下半部。请注意,在激光功率密度开始增加时 $\alpha_{unpuri}$ 下降很快,但是随后功率密度再减小就基本保持不变。这个结果表明,当激光功率密度增加,样品变得更加有序,而当激光功率密度再减小时无序参数仍然很低。相反,$α_{puri}$在激光功率密度先增加,后减小的整个过程中都保持不变。对比这些行为与激光功率密度的关系,我们可以得到结论:用强激光辐照可以除去杂质从而纯化碳纳米管样品。这个结果告诉了我们一个简单而快速地用激光辐照去纯化碳纳米管的方法。

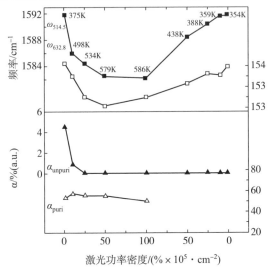

图 10.33 拉曼频率 $ω_{514.5}$ 和 $ω_{632.8}$ 以及拉曼强度比率 $α_{unpuri}$ 和 $α_{puri}$ 与激光功率密度的关系[25]

未纯化的样品含有大量的杂质,例如无定型碳、碳纳米粒子、$C_{60}$等。当样品温度上升时,一方面有些杂质氧化成 $CO_2$ 而飞离样品;另一方面,由于热处理效应,结晶度增加。结果是样品被纯化,$α$ 值显著减小。在温度下降过程中,G 模的频率是可逆的,而 D 模不再出现。这表明结晶度改善了,杂质不再存在。从图 10.33 中 $α_{unpuri}$ 的行为与激光功率密度的关系可以得到,完全去除杂质的温度大概在 534K,非常接近文献[46]报道的单壁碳纳米管中杂质的氧化温度(473~623K),证实了强激光辐照是纯化碳纳米管的快速方法。

此外,这个用强激光照射以纯化和优化碳纳米管的新方法与其他化学和物理方法比起来还有更多的优点。这个方法是激光直接与样品反应,不包含化学物质,可以避免引入其他杂质。还有,因为它是无接触的,可以远距离操作,纯化过程可以在特殊实验条件下进行。在处理工艺设备上,激光纯化方法表现不可替代性,因为它基本不用化学品处理样品。

激光强度对纳米结构拉曼谱的影响近几年来成为研究的热点,并且有很多的争论[45—48]。对 Si 纳米线的研究表明,纳米半导体的导热性很差[48],

激光照射可以导致样品的局域温度上升很高,使得拉曼谱的性质有显著的变化[47]。从以上关于激光照射与拉曼谱的关系得知,低热导率可能是纳米结构的普遍性质。

# 参 考 文 献

[1] Sood, A.K., Menendez, J., Cardona, M., and Ploog, K. (1985) Phys. Rev. Lett., **54**, 2111—2114.

[2] Manuel, P., Sai-Halasz, G.A., Chang, L.L., Chang, C.A., and Esaki, L. (1976) Phys. Rev. Lett., **37**, 1701—1704.

[3] Colvard, C., Gant, T.A., Klein, M.V., et al. (1985) Phys. Rev. B, **31**, 2080—2091.

[4] Zucker, J.E., Pinczuk, A., Chemla, D.S., Gossard, A., and Wiegmann, W. (1983) Phys. Rev. Lett., **51**, 1293—1296.

[5] Zhang, S.L., Gant, T.A., Delane, M., Klein, M.V., Klem, J., and Morkoc, H. (1988) Chin. Phys. Lett., **5**, 113—116.

[6] Kasuya, A., Sugano, M., Maeda, T., et al. (1998) Phys. Rev. B, **57**, 4999—5001.

[7] Yan, Y., Huang, F.M., Zhang, S.L., Zhu, B.F., Zhi, S.E., and Fan, S.S. (2001) Chin. Sci. Bull., **15**, 1256—1257.

[8] Yan, Y., Zhang, S.L., Fan, S., Han, W., Meng, G., and Zhang, L. (2003) Solid State Commun., **126**, 649—651.

[9] Gogolin, A.A. and Rashba, E.F. (1976) Solid State Commun., **19**, 1177—1179.

[10] Martin, R.M. (1971) Phys. Rev. B, **4**, 3676—3685.

[11] Tsen, K.T. (1993) J. Mod. Phys. B, **7**, 4165—4185.

[12] Rao, A.M., Richter, E., Bandow, S., et al. (1997) Science, **275**, 187—191.

[13] 张光寅,蓝国祥,王玉芳.晶格振动光谱学.2版.北京:高等教育出版社,2001.

[14] (a) Zhang, S.L., Hou, Y., Ho, K.S., Qian, B., and Cai, S. (1992) J. Appl. Phys., **72**, 4469—4471.
(b) Zhang, S.L., Ding, W., Yan, Y., et al. (2002) Appl. Phys. Lett., **81**, 4446—4448.

[15] Zhang, S.L, Zhang, Y., Liu, W., et al. (2006) App. Phys. Lett.,

**89**, 063112.

[16] Zhang, S.L., Gant, T.A., Delane, M., Klein, M.V., Klem, J., and Morkoc, H. (1987) Chin. Phys. Lett., **5**, 113—116.

[17] Zucker, J.E., Pinczuk, A., Chemla, D.S., Gossard, A., and Wiegmann, W. (1984) Phys. Rev. Lett., **53**, 1280—1283.

[18] Duesberg, G.S., Loa, I., Burghard, M., Syassen, K., and Roth, S. (2000) Phys. Rev. Lett., **85**, 5436—5439.

[19] Yan, Y. (2004) Phd Thesis, Peking University.

[20] Smith, C.A., Lee, H.W.H., Leppert, V.J., and Risbud, S.H. (1999) Appl. Phys. Lett., **75**, 1688.

[21] Mehendale, M., Sivananthan, S., Pötz, W., and Schroeder, W.A. (1998) J. Electronic Materials, **27**, 752.

[22] Tutuncu, H.M. and Srivastava, G.P. (1998) Phys. Rev. B, **57**, 3791—3794.

[23] Huang, F., Yue, K.T., Tan, P., et al. (1998) J. Appl. Phys., **84**, 4022—4024.

[24] Li, H.D., Yue, K.T., Lian, Z.L., et al. (2000) Appl. Phys. Lett., **76**, 2053—2055.

[25] Zhang, L., Li, H., Yue, K.T., et al. (2002) Phys. Rev. B, **65**, 073401.

[26] Kneipp, K., Kneipp, H., Corio, P., et al. (2000) Phys. Rev. Lett., **84**, 3470—3473.

[27] Jalilian, R., Sumanasekera, G.U., Chandrasekharan, H., and Sunkara, M.K. (2003) Phys. Rev. B, **74**, 155421.

[28] Mavi, H.S., Prusty, S., Shukla, A.K., and Abbi, S.C. (2003) Thin Solid Films, **425**, 90—96.

[29] Alim, K.A., Fonoberov, V.A., and Balandin, A.A. (2005) Appl. Phys. Lett., **86**, 53103.

[30] Adu, K.W., Gutierrez, H.R., Kim, U.J., and Eklund, P.C. (2006) Phys. Rev. B, **73**, 155333.

[31] Ravindran, T.R. and Badding, J.V. (2006) J. Mater. Sci., **41**, 7145.

[32] Xu, X.X., Yu, K.H., Wei, W., et al. (2006) Appl. Phys. Lett., **89**, 253117.

[33] Hsiao, C.L., Tu, L.W., Chi, T.W., et al. (2007) Appl. Phys. Lett., **90**, 043102.

[34] Zhang, Y., Son, H., Zhang, J., Kong, J., and Liu, Z. (2007) J.

Phys. Chem. C, **111**, 1988—1992.

[35] Kouteva-Arguirova, S., Arguirov, T., Wolfframm, D., and Reif, J. (2003) J. Appl. Phys., **94**, 4946—4949.

[36] Everall, N.J., Lumsdon, J., and Christopher, D.J. (1991) Carbon, **29**, 133.

[37] Erbil, A., Postman, M., Dresselhaus, G., and Dresselhaus, M.S. (1982) Phys. Rev.B, **25**, 5451—60.

[38] Huang, F.M., Yue, K.T., Tan, P.H., et al. (1998) J. Appl. Phys., **84**, 4022.

[39] Saito R, Dresselhaus G, Dresselhaus M S. Physical Properties of CNTs. London: Imperial College Press, 1998.

[40] Shi, Z., Zhou, X., Jin, Z., et al. (1996) Solid. State. Commum., **97**, 371—375.

[41] Kiang, C.H., Endo, M., Ajayan, P.M., Dresselhaus, G., and Dresselhaus, M.S. (1998) Phys. Rev. Lett., **81**, 1869—1872.

[42] Tuinstra, F. and Koenig, J.L. (1970) J. Chem. Phys., **53**, 1126.

[43] Pimenta, M.A., Marucci, A., Empedocles, S.A., Bawendi, M.G., and Dresselhaus, E.B. (1998) Phys. Rev. B, **58**, 16016—16020.

[44] Shi, Z.J., Lian, Y.F., Zhou, X.H., et al (1999) J. Phys. Chem. B, **103**, 8698.

[45] Watanable, H., Takahashi, K., and Iwaki, M. (1993) Nucl. Lnstru. Meth. Phys. Res. B, **80**, 1489.

[46] Gupta, R. et al. (2003) Nano. Lett., **3**, 627.

[47] Piscance, S. et al. (2003) Phys. Rev. B, **68**, 241312—R.

[48] Scheel, H. et al. (2006) Appl. Phys. Lett., **88**, 233114.

# 第十一章　与纳米结构样品特性相关的拉曼光谱

对具有宏观尺寸的体材料来说,样品的几何因素,例如尺寸和形状,对其拉曼光谱没有影响。可是,对于纳米结构,样品的尺寸和形状对拉曼光谱的特性有根本性的影响。在这一章,我们介绍样品的尺寸、形状以及组分和微结构对拉曼光谱的影响。

## §11.1　纳米结构中样品尺寸对拉曼光谱的影响

描述纳米结构的尺寸参数与体材料稍微有些不同,例如,用阱厚 $d_1$,势垒厚度 $d_2$ 和超晶格的周期 $d \equiv d_1 + d_2$ 来描述量子阱/超晶格结构,而直径主要用来描述其他如纳米线、纳米粒子和纳米管等纳米材料。我们将研究这些参数如何影响纳米结构的拉曼光谱特性。

从第八章的引言中我们已经知道,超晶格中的折叠声学声子、限制光学声子以及宏观界面声子可以用公式(8.10)~(8.15) 和 (8.20)~(8.22)来描述,纳米晶的拉曼谱可以用微晶模型公式(8.68)描述。上面所有的理论公式都和样品的尺寸有关。除此以外,§9.1 中描述的实验共振尺寸选择效应(RSSE)对极性和非极性的半导体表现了完全不同的行为。如上所述,对于不同形态的纳米结构,它们的拉曼光谱有明显的不同,所以,本章就基于不同形态的纳米结构展开介绍。

### 11.1.1　超晶格样品尺寸对拉曼光谱的影响

#### 11.1.1.1　折叠声学声子
科尔瓦德等人[1]测量了具有不同周期 $d$ 的 4 个 GaAs/AlAs 超晶格的拉曼光谱,结果见图 11.1。从图 11.1 可以清楚地看到样品尺寸参数——周期 $d$ 对双重折叠声学声子频率差的影响。

#### 11.1.1.2　限制光学声子
默林(Merlin)等人[2]测量了 2 个不同周期的 GaAs/AlAs 超晶格的拉曼光谱,结果见图 11.2。表 11.1 列出了观察到的光学模频率和理论计算的拉曼位移。结果清楚表明,光学模的拉曼位移也和尺寸参数有关。

# 第十一章 与纳米结构样品特性相关的拉曼光谱

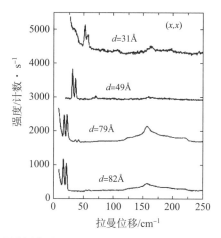

图 11.1 具有不同周期的 GaAs/AlAs 超晶格的拉曼光谱。转载自 C. Colvard, T. A. Gant, M. V. Klein, R. Merlin, R. Fischer, H. Morkoc and A. C. Gossard, Folded acoustic and quantized optic phonons in (GaAl)As superlattices, Phys. Rev. B, **31**, 2080—2091 (1985)

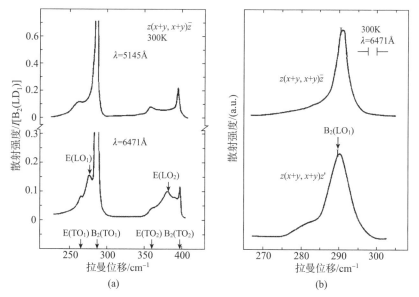

图 11.2 (a) 1.4nm GaAs-1.1nm AlAs 超晶格的拉曼光谱。为了比较 $B_2(LO_1)$ 模的散射强度已经被归一化。箭头标出的频率列在表 11.1 中。(b) 5.0nm GaAs-5.0nm AlAs 超晶格的背散射(上)和近前散射的拉曼光谱(下)。在后一种情况下,在样品外面的散射角是 $14.5°^{[2]}$。转载自 R. Merlin, C. Colvard, M. V. Klein, et al., Raman scattering in superlattices: Anisotropy of polar phonons, Appl. Phys. Lett., **36**, (1980)

表 11.1　具有不同尺寸参数的 2 个 GaAs/AlAs 超晶格的限制光学声子观察到的拉曼位移。括号中是理论计算的 $E(LO_1)$ 和 $E(LO_2)$ 的拉曼位移[2]

| $d_{GaAs}-d_{AlAs}$ | $B_2(LO_1)$ | $E(TO_1)$ | $B_2(LO_2)$ | $E(TO_2)$ | $E(LO_1)$ | $E(LO_2)$ |
|---|---|---|---|---|---|---|
| 5~5nm | 290 | 271 | 401 | 360 | 280(278.9) | 378(380.6) |
| 1.4~1.1nm | 288 | 266 | 399 | 358 | 277(276.1) | 382(377.2) |

资料来源：R. Merlin, C. Colvard, M. V. Klein, et al., Raman scattering in superlattices: Anisotropy of polar phonons, Appl. Phys. Lett., **36**, (1980)。

在 9.1.3 小节中讨论拉曼光谱时,已经具体地叙述了宏观界面模和微观界面模量子效应的理论和实验结果对比,这里不再赘述。前面关于理论结果和实验结果很好吻合的讨论说明,第八章中的理论预言是正确和可靠的。

### 11.1.2　极性半导体中样品尺寸对拉曼光谱特性的影响

共振尺寸选择效应出现在非极性半导体 Si、金刚石和碳纳米管中,间接地表明了拉曼频率的变化与样品尺寸的关系[3,4,5]。这里,这个现象将用不同尺寸的样品进行直接证明。

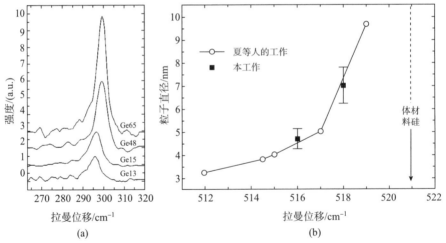

图 11.3　(a) 一些典型的非极性结构的拉曼谱随样品尺寸的变化。不同平均半径的 Ge 纳米晶体：6.5nm (Ge65)、4.8nm (Ge48)、1.5nm (Ge15) 和 1.3nm (Ge13)[8]。转载自 C. E. Bottani, C. Mantini, P. Milani, et al., Raman, optical-absorption, and transmission electron microscopy study of size effects in germanium quantum dots, Appl. Phys. Lett., 69, (1996)。(b) 拉曼频率与纳米 Si 样品尺寸的关系[6,7]。转载自 M. Ehbrecht, B. Kohn, F. Huisken, M. A. Laguna and V. Paillard, Photoluminescence and resonant Raman spectra of silicon films produced by size—selected cluster beam deposition, Phys. Rev.B, **56**, 6958—6964 (1997)

图 11.3 给出了不同尺寸的典型的非极性半导体 Ge、Si 的拉曼光谱随尺寸变化的结果。图 11.4 给出了典型的纳米碳、纳米金刚石和单壁纳米碳管（SWCNT）[8~10]的拉曼光谱。上面所有的谱图都表明了在实验上，拉曼光谱特性与尺寸有相似的关系：随着样品尺寸的减小，拉曼频率向低频方向移动，线宽扩展，线型更加不对称[11~15]。另外，所有观察到的拉曼谱都可以用微晶模型很好地拟合。在这里，观察到的拉曼光谱随纳米样品尺寸的变化与 10.1.2 小节中描述的共振尺寸选择效应得出的结果吻合。这就确证了 10.1.2 小节中基于 Si 纳米线的共振尺寸选择效应的做出的推测，即对于非极性的纳米半导体来说，声子的拉曼谱随样品的尺寸变化是正确的。

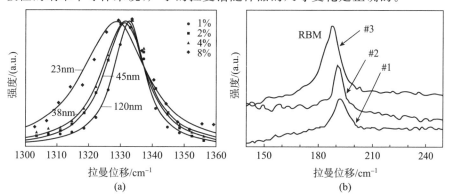

图 11.4 拉曼光谱(a)不同尺寸的纳米金刚石(23nm、38nm、45nm 和 120nm，实线表示微晶模型的结果)[9]，转载自 Z. Sun, J. R. Shi, B. K. Tay and S. P. Lau, UV Raman characteristics of nanocrystalline diamond films with different grain size Diamond and Related Materials，**9**，1979—1983（2000）；(b)单壁纳米碳管[半径分别为 1.5nm（♯1），5nm（♯2）和 5nm（♯3）]半呼吸模（RBM）[10]，转载自 G. S. Duesberg, I. Loa, M. Burghard, K. Syassen and S. Roth, Polarized Raman Spectroscopy on Isolated Single-Wall Carbon Nanotubes, Phys. Rev. Lett.，**85**，5436—5439（2000）

### 11.1.3 极性纳米半导体的尺寸对拉曼光谱特性的影响

在 10.1.2 小节中，我们介绍了在极性纳米半导体中无共振尺寸选择效应（RSSE），就是说，在极性纳米半导体中，光学声子的频率不随激发的波长变化，这意味着它们的声子频率与样品的尺寸无关，并且明显与在如不同尺寸的碳纳米管和 Si 纳米线等非极性半导体中观察到的 RSSE 不同[3,4]。这表明，仅在极性的纳米半导体中光学声子没有量子限制效应（QCE）。这一点与通常的 QCE 原理完全相反，应该用不同尺寸的纳米样品来直接验证。下面将对此做介绍。

为了使检验结果可靠和可信,首先,由于大尺寸分布的样品会增加线宽和降低频率的分辨率,所有样品的尺寸分布应该尽可能小;其次,杂质和缺陷的浓度要尽可能小,避免它们干扰谱图。除此以外,样品应尽可能是球形的,以适合理论模拟。经过筛选,我们发现下述 ZnO 纳米粒子满足以上的要求。

图 11.5 给出了实验所用 8 个 ZnO 纳米粒子的电镜照片。从图 11.5 可以看出,所有样品基本都是球形的,平均直径 $\bar{R}$ 和对直径 $\bar{R}$ 的偏差 $\Delta R$ 列在表 11.2 中。表中数据表明,所有样品的尺寸均匀性非常好,偏差小于 10%。另外,通过研究发现,样品中的杂质和缺陷浓度也满足要求[17]。

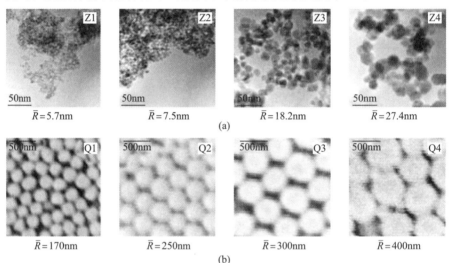

图 11.5 ZnO 纳米粒子的 HRTEM(a) 和 SEM (b)照片,平均直径 $\bar{R}$ 列在每张照片下面[16]。转载自 S. L. Zhang, et al., Study of the size effect on the optical mode frequencies of ZnO nanoparticles with nearly uniform size, Appl. Phys. Lett., **89**, 243108 (2006)

表 11.2  ZnO 纳米粒子的平均直径 $\bar{R}$ 和直径偏差 $\Delta R$[16]

| 样品 | Z1 | Z2 | Z3 | Z4 | Q1 | Q2 | Q3 | Q4 |
| --- | --- | --- | --- | --- | --- | --- | --- | --- |
| $\bar{R}$/nm | 5.7 | 7.5 | 111.2 | 27.4 | 170 | 250 | 300 | 400 |
| $\Delta R$/nm | 0.6 | 0.9 | 1.7 | 1.8 | 10 | 10 | 9 | 12 |

资料来源:S. L. Zhang, et al., Study of the size effect on the optical mode frequencies of ZnO nanoparticles with nearly uniform size, Appl. Phys. Lett., **89**, 243108 (2006)。

#### 11.1.3.1 单声子(SP)拉曼光谱

图 11.8 是用波长为 325nm 和 515nm 激光激发的一个典型的 ZnO 纳米

粒子样品的拉曼光谱。为了使测量的频率更加精确,两个被指认为$E_2(H)$和$A_1(LO)$光学声子的最强拉曼峰被用来做对比。

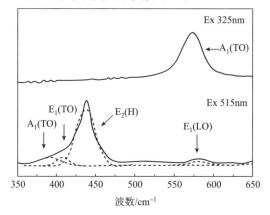

图 11.6 用 325nm(上)和 515nm(下)波长激发的直径 7.5nm 的 ZnO 颗粒的一级拉曼谱[16]。转载自 S. L. Zhang, et al., Study of the size effect on the optical mode frequencies of ZnO nanoparticles with nearly uniform size, Appl. Phys. Lett., **89**, 243108 (2006)

图 11.7(a)和(b)分别是随样品尺寸变化的 $E_2(H)$ 和 $A_1(LO)$ 光学模的拉曼谱。用洛伦兹线型拟合了图 11.7 的谱线,拉曼频率的拟合值与样品尺寸列在表 11.3。图 11.7(c)画出了 $E_2(H)$ 和 $A_1(LO)$ 模的拉曼频率与样品尺寸的依赖关系,结果表明,拉曼频率不随样品尺寸变化。于是可以完全确定,$E_2(H)$ 和 $A_1(LO)$ 光学声子无有限尺寸效应,不会出现 RSSE。

表 11.3 不同 ZnO 纳米粒子的尺寸(平均直径 $\overline{R}$ 和直径偏差 $\Delta R$)的 $E_2(H)$ 和 $A_1(LO)$ 模的拉曼频率 $\omega_{E_2(H)}$ 和 $\omega_{A_1(LO)}$

| 样品 | 尺寸/nm | $\omega_{E_2(H)}/cm^{-1}$ | $\omega_{A_1(LO)}/cm^{-1}$ |
|---|---|---|---|
| Z1 | 5.7±0.6 | 439 | 572 |
| Z2 | 7.5±0.9 | 439 | 573 |
| Z3 | 111.2±1.7 | 438 | 571 |
| Z4 | 27.4±1.8 | 438 | 573 |
| Q1 | 170±10 | 438 | 573 |
| Q2 | 250±10 | 438 | 570 |
| Q3 | 300±9 | 438 | 570 |
| Q4 | 400±12 | 438 | 569 |

资料来源:S. L. Zhang, et al., Study of the size effect on the optical mode frequencies of ZnO nanoparticles with nearly uniform size, Appl. Phys. Lett., **89**, 243108 (2006)。

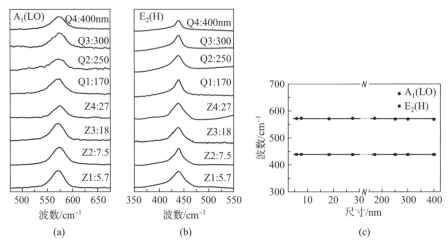

图 11.7 (a) $A_1(LO)$ 和 (b) $E_2(H)$ 模的拉曼谱,样品尺寸标注在其中,激发源分别为 515nm 和 325nm。(c) $A_1(LO)$ 和 $E_2(H)$ 模的拉曼频率随 ZnO 纳米粒子尺寸的变化[16]。转载自 S. L. Zhang, et al., Study of the size effect on the optical mode frequencies of ZnO nanoparticles with nearly uniform size, Appl. Phys. Lett., **89**, 243108 (2006)

#### 11.1.3.2 多声子(MP)的拉曼谱

在前面的内容中,我们看到,ZnO 纳米粒子中单声子的光学模无有限尺寸效应。接下来,我们将用前面用过的 ZnO 纳米粒子来检验多声子光学模是否有有限尺寸效应。

图 11.8(a)是样品 Z1~Z4 和 Q1~Q3 的 $A_{1L}$ 和 $E_{1L}$ 光学模的拉曼谱,虚线是用洛伦兹线型拟合的谱图。表 11.4 列出了观察的频率 $\omega$、观察的平均频率 $\omega_{ave}$、$k$ 阶的多声子(MP)的期望频率 $\omega_{ept}=k\times\omega_{ave}$、单声子(SP)的相对误差频率 $\omega_{err}=(\omega-\omega_{ave})/\omega_{ave}$、多声子(MP)相对误差频率 $\omega_{err}=(\omega-\omega_{ept})/\omega_{ept}$、$k$ 阶声子的积分强度 $I_k$ 和相对积分强度 $I_{R,k}(=I_k/I_1)$。图 11.8(b)是观察到的多声子频率 $\omega$ 与样品尺寸 $d$ 的依赖关系。图 11.8(b)中的水平线是 $\omega_{ave}$。在表 11.4 中,我们可以看到单声子和多声子的 $A_{1L}$ 和 $E_{1L}$ 模的相对误差 $\omega_{err}$ 小于 1.1%,这表明误差在合理的实验范围内。从表 11.4 和图 11.8(b),我们发现样品组 Z 和 Q 的 $A_{1L}$ 和 $E_{1L}$ 模的单声子 $\omega_{ept}$ 和 $\omega_{ave}$ 是不同的,这个可能是两组样品不同的制备方法引起的,所以,我们可以在讨论时忽略这一点[16]。表 11.4 和图 11.8(b)明确地表示在多声子的拉曼散射中 $A_{1L}$ 和 $E_{1L}$ 模也没有有限尺寸效应,与前面小节中叙述的单声子拉曼散射情况相同。

# 第十一章 与纳米结构样品特性相关的拉曼光谱

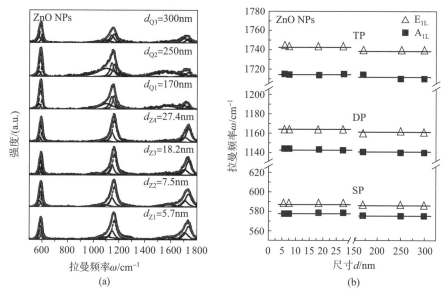

图 11.8 (a)尺寸相近的 ZnO 纳米粒子的实验(实线)和拟合的(虚线)光学多声子拉曼谱;(b)ZnO 纳米粒子样品中 $A_{1L}$ 和 $E_{1L}$ 模实验观察到的多声子拉曼频率 $\omega$ 和样品尺寸 $d$ 的依赖关系。这里 SP,DP 和 TP 分别代表单声子、双声子和三声子

表 11.4 样品 Z1~Z4 和 Q1~Q3 中 $A_{1L}$ 和 $E_{1L}$ 模的 1,2,3 阶多声子拉曼谱中观察的频率 $\omega/\mathrm{cm}^{-1}$、观察的平均频率 $\omega_{ave}/\mathrm{cm}^{-1}$、期望的频率 $\omega_{ept}/\mathrm{cm}^{-1}$ 和相对误差 $\omega_{err}=(\omega-\omega_{ept})/\omega_{ept}(\%)$

| 模 | | Z1 | Z2 | Z3 | Z4 | Q1 | Q2 | Q3 |
|---|---|---|---|---|---|---|---|---|
| $A_{1L}$ | $\omega$ | 577 | 577 | 578 | 578 | 575 | 575 | 575 |
| | $\omega_{ave}$ | | | 577.3 | | | 574.9 | |
| | $\omega_{err}$ | 0.0 | −0.1 | 0.1 | 0.1 | 0.1 | 0.0 | −0.1 |
| $E_{1L}$ | $\omega$ | 587 | 587 | 588 | 587 | 586 | 586 | 585 |
| | $\omega_{ave}$ | | | 587.1 | | | 585.9 | |
| | $\omega_{err}$ | −0.1 | 0.0 | 0.1 | 0.0 | 0.0 | 0.1 | −0.1 |
| $2A_{1L}$ | $\omega$ | 1144 | 1144 | 1143 | 1143 | 1140 | 1140 | 1140 |
| | $\omega_{ave}$ | | | 1143.5 | | | 1140.0 | |
| | $\omega_{ept}$ | | | 1154.7 | | | 1149.8 | |
| | $\omega_{err}$ | −0.9 | −0.9 | −1.0 | −1.0 | −0.8 | −0.8 | −0.9 |

续表

| 模 | | Z1 | Z2 | Z3 | Z4 | Q1 | Q2 | Q3 |
|---|---|---|---|---|---|---|---|---|
| 2$E_{1L}$ | $\omega$ | 1163 | 1163 | 1163 | 1163 | 1159 | 1161 | 1160 |
| | $\omega_{ave}$ | | 1162.8 | | | | 1159.8 | |
| | $\omega_{ept}$ | | 1174.2 | | | | 1171.7 | |
| | $\omega_{err}$ | −1.0 | −1.0 | −1.0 | −1.0 | −1.1 | −1.0 | −1.0 |
| 3$A_{1L}$ | $\omega$ | 1715 | 1714 | 1714 | 1715 | 1714 | 1710 | 1710 |
| | $\omega_{ave}$ | | 1714.5 | | | | 1711.2 | |
| | $\omega_{ept}$ | | 1732.0 | | | | 1724.7 | |
| | $\omega_{err}$ | −1.0 | −1.0 | −1.0 | −1.0 | −0.6 | −0.8 | −0.9 |
| 3$E_{1L}$ | $\omega$ | 1744 | 1743 | 1742 | 1743 | 1739 | 1739 | 1739 |
| | $\omega_{ave}$ | | 1742.9 | | | | 1739.1 | |
| | $\omega_{ept}$ | | 1761.3 | | | | 1757.6 | |
| | $\omega_{err}$ | −1.0 | −1.1 | −1.1 | −1.1 | −1.1 | −1.0 | −1.0 |

### 11.1.4 声子无有限尺寸效应的可靠性

前面叙述过的不同尺寸 ZnO 纳米粒子的单声子和多声子拉曼谱已经清楚地表明,在 ZnO 纳米粒子中光学声子没有有限尺寸效应。这个结果与有限尺寸效应是纳米结构基本效应的传统概念完全相反。很显然,这在科学上是十分令人关注的。当然,在开始进一步研究之前,声子不存在有限尺寸效应的现象是应该被怀疑的。

怀疑声子没有有限尺寸效应的合理原因可以是所用样品可能根本不存在有限尺寸效应。把这个问题搞清楚的办法就是检验样品的电子结构是否有量子限制效应,即检查样品的荧光(PL)光谱是否有量子限制效应。半导体的荧光可以来自自由激子(FX)或者束缚激子,自由激子是本征半导体的激发强度下低能电子-空穴对的本征激发态,它与量子限制效应直接关联。自由激子的结合能大概为 60meV,大于室温下的热力学能。于是,自由电子的光跃迁可以用来检验室温下的量子限制效应。

为了使荧光谱的测量可靠,首先,样品的尺寸必须足够小,对于 ZnO,应小于 ZnO 中电子的玻尔半径 0.9nm。除了满足前面章节中所提到的要求外,如果样品的尺寸大于玻尔半径,量子限制效应对能带的影响就不能体现。所以,前面测量拉曼光谱用过的 ZnO 较小纳米粒子样品 Z1、Z2 和 Z4 可以用来做荧光谱测量。图 11.12 是样品 Z1、Z2 和 Z4 的高分辨电子显微镜照片,插图是样品的电子衍射图。该图表明,所有的样品是具有纤锌矿结构的 ZnO 纳米晶体。其次,荧光和拉曼实验在同样条件下进行。例如,样品必须是同一组的。荧光和拉曼谱实验同时在同一台拉曼谱仪进行,并用同样的激光源和相同的几何光路。

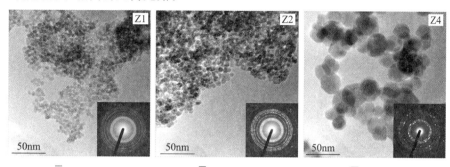

图 11.9　Z1、Z2、Z4 ZnO 纳米粒子样品的 HRTEM 照片[17]。转载自 Z. D. Fu, et al., Study on the quantum confinement effect on ultraviolet photoluminescence of crystalline ZnO nanoparticles with nearly uniform size, Appl. Phys. Lett., **90**, 263113(2007)

依照上面的要求,将 Z1 作为代表性的样品,图 11.10(a)是它在 10 到 300K 的荧光谱,插图是 250K 的典型的拟合谱。在图 11.10(a)中,随着温度增加,两个荧光带 A 和 B,在整个温区内都有明显的红移。激子复合能在温度 $T$ 的表达式为

$$E_X(T) = E(T) - 0.06 = E(0) - \frac{\alpha T^2}{T+\beta} - 0.06 \quad (11.1)$$

其中 $E(T)$ 是带间发射能量并且遵循瓦什尼(Varshni)公式[18]。图 11.10(c) 给出了 A 和 B 带计算的 $E_X$ 和温度的关系,分别用实线和虚线表示,而用方块和圆圈表示的是观察曲线。实验结果和计算结果符合得相当好。这表明 A 带随温度升高的红移可以归结为温度导致的带隙收缩。于是,很有可能 A 带的荧光谱起源于带间激发转移。

图 11.10(b)是观察的拉曼谱,虚线是拟合谱。依据拟合结果和参考文献[20],在 575cm$^{-1}$ 的强峰和在 470cm$^{-1}$ 的肩膀峰分别被指定为 $A_1$(LO) 和表面光学模(SO)。如图 11.10 所示,不论 SO 模还是 $A_1$(LO)模都不随温度变化。SO 声子的能量是 58.3meV,接近图 11.10 中 A 带和 B 带的能量差。于是,我们可以把 B 带归结为伴随一级 SO 声子的 FX 再符合,记为 FX-1SO。

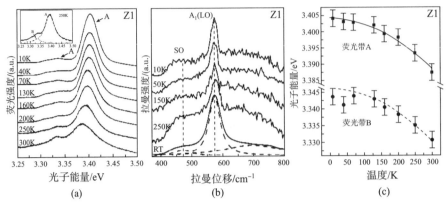

图 11.10 样品 Z1(5.7nm)从 10K 到 300K(室温)的(a)荧光谱,(b)拉曼谱,(c)观察和计算的 FX 和 FX-1SO 带谱[17]。转载自 Z. D. Fu, et al., Study on the quantum confinement effect on ultraviolet photoluminescence of crystalline ZnO nanoparticles with nearly uniform size, Appl. Phys. Lett., **90**, 263113(2007)

于是,我们有足够的理由用图 11.10 中 FX 的荧光谱去检验 ZnO 纳米粒子中电子的量子限制效应。图 11.11(a)和(b)是不同尺寸的 ZnO 纳米粒子样品 Z1、Z2 和 Z4 在相同条件下观察到的室温荧光谱和拉曼谱。

基于量子限制效应的理论,限制基态的激子能($E_{ex}$)与平均颗粒半径 $\overline{R}$ 的关系可以近似地用下列公式表达[21]:

$$E_{ex} = E_g - \frac{13.6\mu}{m_e \varepsilon_r^2} + \frac{2\pi^2 \hbar^2}{(m_e^* + m_h^*) \overline{R}^2} \tag{11.2}$$

其中 $E_g$ 是 ZnO 体材料的带隙能(3.37eV),第二项是结合能(60meV),$\varepsilon_r$ 是介电常数),其值为 5.8。第三项描述球形量子点的限制,$m_e^*$ 和 $m_h^*$ 表示电子和空穴的约化质量,它们分别是电子质量 $m_e$ 的 0.32 和 0.34 倍。计算的 $E_{ex}$ 列在表 11.5 中,曲线(实线)显示在图 11.11(a)的插图中。从表 11.5 和图 11.11(a)中的插图可以看到,理论计算值和实验值符合得很好。这确认了观察到的 FX 发射能随样品尺寸增加的蓝移起源于量子限制效应。

表 11.5 理论计算和实验的 ZnO 纳米粒子样品(Z1、Z2 和 Z4)的自由激子辐射峰的 PL 能 $E_{ex}$[17]

| 样品 | | Z1 | Z2 | Z4 |
|---|---|---|---|---|
| $E_{ex}$/eV | 实验值 | 3.388 | 3.355 | 3.313 |
| | 理论值 | 3.389 | 3.357 | 3.319 |

资料来源:Z. D. Fu, et al., Study on the quantum confinement effect on ultraviolet photoluminescence of crystalline ZnO nanoparticles with nearly uniform size, Appl. Phys. Lett., **90**, 263113(2007).

第十一章　与纳米结构样品特性相关的拉曼光谱　215

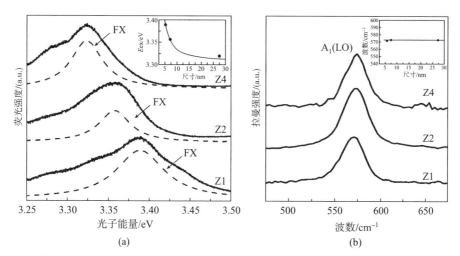

图 11.11　ZnO 纳米粒子样品(Z1、Z2 和 Z4)在室温下的荧光(a)和拉曼(b)谱[17]。转载自 Z. D. Fu, et al., Study on the quantum confinement effect on ultraviolet photoluminescence of crystalline ZnO nanoparticles with nearly uniform size, Appl. Phys. Lett., 90, 263113(2007)

尽管电子结构的量子限制效应存在于同一系列的样品中,图 11.11(b)的拉曼谱清楚地表明光学声子 $A_1(LO)$ 模没有有限尺寸效应。至此,基于以上结果,可以完全肯定,在极性纳米半导体 ZnO 中,电子的确有量子限制效应,而声子则没有。极性纳米半导体的光学声子没有有限尺寸效应是完全可靠的。

### 11.1.5　样品尺寸对偏振选择定则的影响

在§10.2 中已经提到,到目前为止,只有少数几种样品,例如超晶格和纳米碳管可以比较容易地用实验方法来研究其纳米结构的偏振拉曼谱。特别在超薄超晶格和多量子阱(MQWs)中,其阱和垒层只有几个单层的原子的厚度,样品尺寸对偏振选择定则的影响应该容易表现。

在 ZnS 基的短周期超晶格多量子阱(SPSL-MQWs)[19]中已经发现了样品尺寸对偏振选择定则的影响。SPSL-MQWs 样品是一个 SPSL-MQW $[(CdSe)_1(ZnSe)_3]_{15}/(ZnSe)_{130}$,其中阱由短周期超晶格 $(CdSe)_1(ZnSe)_3$ 组成(这里下标是单原子层的数量)。参考文献[19]报道了在量子阱中的 ZnSe $LO_1$ 模和超晶格中 ZnSe LO 模的选择定则,二者仅在偏振配置中被观察到,并且与常规偏振选择定则相反[20]。这个结果已被归结为短周期超晶格中特殊的电子行为。

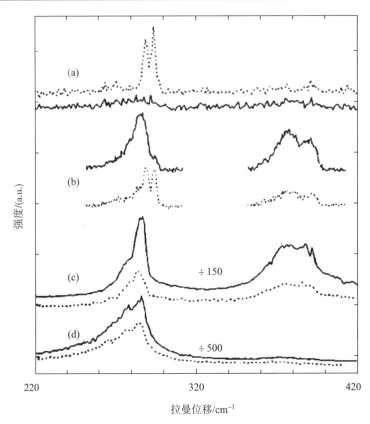

图 11.12 $(GaAs)_4/(AsAl)_2$（这里下标是单原子层的数量）的拉曼谱，激光源的能量分别为：(a)2.136eV，(b)2.036eV，(c)2.011eV，(d)1.937eV[21]。转载自 S. L. Zhang, et al., Abnormal selection rules of interface modes in ultrathin GaAs/AlAs superlattice, J. Appl. Phys. **88**, 6403(2000)

除此以外，图 11.13(a)是在超薄$(GaAs)_4/(AlAs)_2$（这里下标是单原子层的数量）超晶格中观察到的界面声子模的偏振拉曼光谱中违反通常拉曼选择定则的结果。在图 11.13(a)中，基于理论计算得到的 4 个峰，分别在 $279cm^{-1}$、$287cm^{-1}$、$378cm^{-1}$ 和 $391cm^{-1}$，被确认分别为低频类 GaAs 峰、高频类 GaAs 峰、低频类 AsAl 峰和高频类 AsAl IF 模。这些结果被列在表 11.6 中。在图11.15(a)中，观察到一个明显的界面模偏振选择定则，所有 4 个 IF 模都可以在$(xx)$和$(xy)$几何配置中观察到，这一点与传统理论矛盾。传统理论[20]预言在 GaAs(AlAs)层厚于 AlAs(GaAs)层的情况下，高频类 GaAs(AlAs)和低频类 AlAs(GaAs)的 IF 模的宇称是奇(偶)的。此外，只有偶(奇)宇称的 IF 模的拉曼散射可以在平行(垂直)的偏振配置中被观察到。换句话说,所有 4 个 IF 模不可能同时在背散射的两个偏振配置同时被观察到。然而,如表 11.6 所示,在两个几何配置中所有的 4 个模都被观察到了。

表 11.6 用介电连续模型计算 $(GaAs)_4/(AsAl)_2$ 体系得到的频率和观察到的频率以及 IF 模的选择定则

| 声子模 | | 类 GaAs 模 | | 类 AlAs 模 | |
| --- | --- | --- | --- | --- | --- |
| | | 低频 | 高频 | 低频 | 高频 |
| 频率/$cm^{-1}$ | 理论 | 277 | 285 | 375 | 389 |
| | 观察 | 279 | 287 | 378 | 391 |
| 选择定则 | 理论[20] | $xy$ | $xx$ | $xx$ | $xy$ |
| | 观察 | $xy,xx$ | $xy,xx$ | $xy,xx$ | $xy,xx$ |

资料来源:S. L. Zhang, et al., Abnormal selection rules of interface modes in ultrathin GaAsÖAlAs superlattice, J. Appl. Phys. **88**,6403 (2000)。

这个反常现象可以被归结为在超薄 $(GaAs)_4/(AlAs)_2$ 超晶格中特殊的电子结构。在导出 LO 模和 SLs 的 IF 模的拉曼选择定则时是基于这样一个假定,电子的波函数基本是受限的并且具有一定的宇称[20]。这个假定不适合这里所用的超薄的 SLs。于是,导出的选择定则不适合这里所用的样品。为了确证这一分析,用以下的 SLs 的导带电子的色散方程计算了 $(GaAs)_4/(AlAs)_2$ 超晶格样品的传导电子的基态波函数[21]:

$$\cos(k_z d) = \cos(\alpha d_1)\cos(\delta d_2) + \frac{1}{2}\left(\frac{\alpha m_1}{\delta m_2} - \frac{\delta m_2}{\alpha m_1}\right)\sinh(\alpha d_1)\sinh(\delta d_2)$$

(11.3)

结果示于图 11.13 中。电子在势垒层的平均概率是在阱层的 0.7862 倍。于是,电子的波函数是扩展的而不是局域的。此外,扩展的电子波函数将导致电子的扩散。其结果就是,除了在次能带边缘的电子外,电子失去其固有的宇称[20]。为描述电子宇称混合的程度引入了一个参数 $\gamma$,定义为电子的基态波函数中奇宇称组分和偶宇称组分的比例。计算结果在图 11.13(b) 中给出。可以容易地看出,曲线离开边界时是非常陡峭的。于是,在电子稍微离开次能带边界时,宇称混合是应该考虑的。由于奇数模和偶数模可以与电子通过弗勒利希相互作用耦合,也可以通过形变势耦合,奇数模和偶数模应该可以在 $(xx)$ 和 $(xy)$ 偏振构型中观察到。

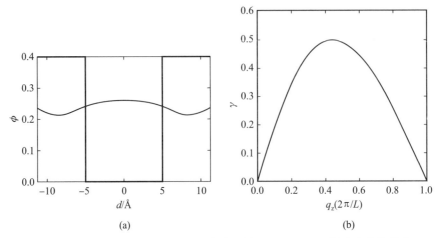

图 11.13 (a) 计算的导带电子的基态波函数；(b) 由于 SL 样品次能带分布的电子基态波函数中奇宇称组分对偶宇称组分的混合率 γ [21]。转载自 S. L. Zhang, et al., Abnormal selection rules of interface modes in ultrathin GaAs/AlAs superlattice, J. Appl. Phys. **88**, 6403(2000)

以上计算结果指出，电子波函数扩展到 AlAs 势垒层的深处，而不是局域在 GaAs 阱层，这同时导致了电子宇称限制的弛豫。这两个事实反驳了传统理论关于局域电子波函数必有确定宇称的假定。结果就是，像在体材料一样，局域态变成扩展态，从传统理论导出的超晶格选择定则不适合于超薄的 SLs。因此，超薄 $(GaAs)_4/(AsAl)_2$ 超晶格的 4 个 IF 模在两个偏振配置中应该可以观察到。进而，这些结果指出，适合于体材料体系的传统理论应该被修正以适合超薄材料体系。由于在纳米结构体系中，纳米尺寸在本质上改变了它的性质，所以，在纳米结构中它的实际尺寸必须给予极大的注意。

## §11.2 纳米结构样品的形状对拉曼光谱的影响

样品形状影响所讨论的形状指的是几何图形的不对称性，最简单的样品就是横向和纵向不对称的物体。在这一部分，我们主要用超晶格在横向和纵向的不对称性作为例子来讨论纳米结构中样品形状对拉曼光谱的影响。

### 11.2.1 超晶格的几何参数和势阱形状

样品的形状用几何参数表达，通过几何参数对物理因素的影响，可以实际得到纳米结构中样品形状对拉曼光谱的影响。在这些物理因素中，势能是最关键的。

在图 11.14(a)的上部,一个理想的超晶格是两个不同物质的平板(约几个纳米厚)组成的周期结构。两个平板之间的界面是很清悉的。描述超晶格关键的几何参数分别是平板的厚度 $d_1$,$d_2$ 和周期厚度 $d=d_1+d_2$。理想的势阱和势垒的形状是方形的,如图 11.14(a)的下半部所示。

几何参数 $d_1$ 和 $d_2$ 对拉曼光谱的影响已经在 §9.1 中叙述过。在这一节中,我们将要介绍势阱和势垒形状变化对拉曼光谱特性的影响,这与样品形状改变是相关和等价的。

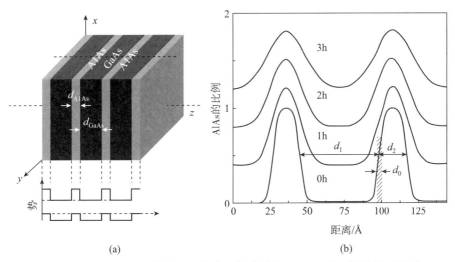

图 11.14 (a)超晶格的结构图和效应的势阱形状。(b)四个不同烧结时间得到的超晶格成分分析,来自 X 射线数据。1.0 对应 100% 的 AlAs,为了清晰,曲线都向上移动 0.4。其中参数 $d_1$、$d_2$ 和 $d_0$ 指的是未热处理的图形。转载自 D. Levi, et al., Raman study of the effects of annealing on folded LA and confined LO phonons in GaAs-AlAs superlattices, Phys. Rev., B, 36, 8032 (1987)

可以用样品退火的方法改变势阱的形状,退火导致两个平板中的原子(离子)越过界面相互扩散,这导致经退火的超晶格结构在形状上与理想结构出现偏差。图 11.14(b)是在 GaAs/AlAs 超晶格中退火对势阱形状变化的影响[23]。

在一个理想的 GaAs/AlAs 超晶格中,Ga 和 Al 原子只分别存在于 GaAs 和 AlAs 层。随着退火时间的变化,Al 的浓度分布被改变。从图 11.13(b)的 X 射线衍射实验和解析计算结果中可以看到,势阱的结构形状从接近方形变成接近锥形。结构参数随退火时间的变化列在表 11.7 中,它直接表示了超晶格几何参数的变化。

表 11.7 超晶格参数与退火时间的关系。$D$ 是超晶格的周期，$d_1$ 是 GaAs 层的厚度，$d_2$ 是 AlAs 层的厚度，$d_0$ 是界面的宽度。$D$ 直接从 X 射线衍射数据得到，$d_1$、$d_2$ 和 $d_0$ 从拟合误差函数曲线到 X 射线傅里叶系数曲线得到。周期 $D$ 的变化来自穿越超晶格层的不均匀性

|     | $D$  | $d_1$ | $d_2$ | $d_0$ |
| --- | ---- | ----- | ----- | ----- |
| 0   | 72.0 | 54.4  | 17.7  | 4.0   |
| 30  | 70.9 | 54.5  | 16.3  | 7.6   |
| 60  | 70.9 | 54.2  | 16.7  | 9.2   |
| 90  | 72.0 | 53.0  | 111.9 | 11.0  |
| 120 | 71.8 | 54.8  | 17.0  | 11.7  |
| 150 | 73.5 | 55.0  | 111.5 | 14.0  |
| 180 | 72.3 | 55.0  | 17.3  | 14.9  |

资料来源：D. Levi, et al., Raman study of the effects of annealing on folded LA and confined LO phonons in GaAs-AlAs superlattices, Phys. Rev., B, **36**, 8032 (1987)。

### 11.2.2 超晶格中样品形状对折叠纵向声学声子的影响

折叠的纵向声学声子(LA)的拉曼谱随退火时间的变化见图 11.15。

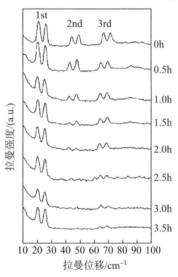

图 11.15 折叠声学声子的拉曼谱，退火增加值是对数坐标。拉曼谱的收集用在 $z(x,x)z$ 的准背散射构型、500mW、5145Å 的氩离子激光器上。样品在室温[23]。转载自 D. Levi, et al., Raman study of the effects of annealing on folded LA and confined LO phonons in GaAs-AlAs superlattices, Phys. Rev., B，**36**，8032 (1987)

从图 11.15 清楚地看到，随着退火时间的增加，量子阱的形状偏离方势阱，折叠声学声子的频率和双峰的频率差没有改变。这一点与公式(8.25)预期的一致。公式(8.25)指出折叠的声学声子的频率和双峰的频率差仅仅与超晶格的周期 $d=d_1+d_2$ 有关。于是，当退火没有改变超晶格的周期 $d=d_1+d_2$ 时，就可以得到以上的实验结果。这一点同时证明了公式(8.25)和实验结果的可靠性。

可是，图 11.15 也表明，拉曼峰的强度和数量随量子阱的形状偏离方势阱而降低。这给我们一个启示，折叠声学声子峰的强度和数量可以用来检测超晶格生长的质量。例如，参考文献[24]的工作曾经用它来证明退火可以改进晶格失配的超晶格的界面质量。

### 11.2.3　超晶格中样品形状对光学声子的影响

图 11.16 给出了在 GaAs/AlAs 超晶格中光学声子与退火时间的关系。

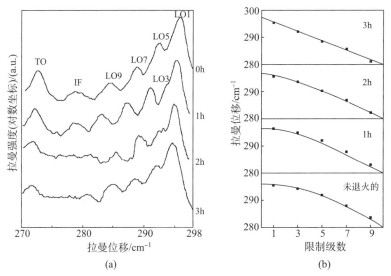

图 11.16　(a)光学声子的拉曼谱与 4 个退火时间的关系。限制级标出在曲线上。IF 和 TO 分别表示界面和横光学声子。数据收集用在 $z(x,x)z$ 的准背散射构型、5145Å 的氩离子激光器上。测量斯托克斯线和反斯托克斯线强度的比率在 27K。(b) 实验和理论的限制的 LO 声子色散谱。点是拉曼散射的实验值，线是通过有效质量计算得到的值。色散曲线从样品未处理时的方势阱时的抛物线变成经 3 小时退火以后的直线，这时的势阱成为抛物线形[23]。转载自 D. Levi, et al., Raman study of the effects of annealing on folded LA and confined LO phonons in GaAs-AlAs superlattices, Phys. Rev., B, **36**, 8032 (1987)

从图 11.16(a),首先,可以清楚地看出限制光学模(LO)的拉曼频率随退火时间增加,即量子阱偏离理想程度的加大而出现频率下移的情况。从理论上可以预期,色散关系与限制级 $m$ 是抛物线关系,如果势阱由于退火而成为抛物线形,则色散关系与限制级 $m$ 的关系是直线。图 11.6(b)是拉曼频率的实验值与限制级及退火时间的关系。图 11.15(b)表示拉曼频率与不同限制级 $m$ 在不同退火时间下的关系,随着退火时间的增加,曲线从直线变为抛物线,表明势阱的形状从类方形变成类抛物线形,在退火 3 个小时以后,势阱完全变成抛物线形。

其次,在图 11.16(a),横光学声子(LA)清楚地出现,它的峰位随退火时间的增加下移。这一点与纵光学声子相同,表明横光学声子是一个限制模。

### 11.2.4 样品形状对界面声子的影响

实验得到的界面声子模在图 11.16(a)给出,它表现了与 LA 模相同的频率特征,及频率不随退火时间变化。这一点表明,退火不会导致超晶格层厚和周期的变化,所以,界面的几何位置不会变化。基于以上的分析,可以预期频率不随退火时间变化。

## §11.3 纳米结构中样品组分和微结构对拉曼谱的影响

与 §11.1 和 §11.2 中讨论样品形状和尺寸的影响不同,组分(包括杂质)和微结构(包括缺陷)对拉曼光谱的影响在纳米结构中并不特别,也是被广泛研究的对象。此外,样品的组分和微结构可以被制备以外的因素改变。所以,这一部分的讨论将包括外部条件的变化对拉曼谱的影响。

### 11.3.1 纳米结构组分对拉曼谱的影响

这里主要讨论合金纳米结构样品中组分的影响。

涂(Tu)和佩尔桑斯(Persans)研究了 II-VI 族半导体纳米晶体的合金组分的变化如何影响拉曼谱[25]。图 11.17(a)是尺寸为 10nm 的 $CdS_xSe_{1-x}$ 的拉曼谱,3 个不同 $x$ 值的样品被镶嵌在玻璃中。在谱图中,200cm$^{-1}$ 和 300cm$^{-1}$ 处的峰被指分别认为 CdSe 和 CdS 的振动模。图中清楚地显示双峰的拉曼频率随 $x$ 变化。图 11.17(b)中(i),(ii),(iii)部分表示类 CdS 和类 CdSe 模的拉曼频率和频率的差别与 $x$ 的关系,其中标注"o"代表相应的体材料数据。图 11.17(b)中的结果表明,纳米晶体中组分对拉曼频率的影响的规律性与体材料类似。

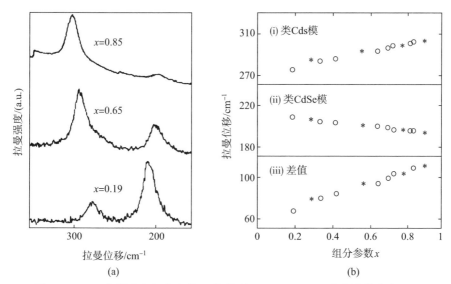

图 11.17 (a)拉曼谱与组分参数 $x$ 的关系;(b)CdS$_x$Se$_{1-x}$纳米晶体中类 CdS 和 CdSe 模的频率与组分的依赖关系[25]。转载自 A. Tu and P. D. Persans, Raman scattering as a compositional probe of II-VI ternary semiconductor nanocrystals, Appl. Phys. Lett., 58, 1506 (1991)

### 11.3.2 纳米结构中杂质对拉曼谱的影响

纳米材料在制备过程中会引入各种各样的杂质和缺陷。除此以外,有些类型的材料由于不同的制备方法会包含不同的杂质和不同的缺陷。例如,由催化和电弧放电法制备的纳米碳管中杂质的类型和含量会不一样[26]。众所周知,拉曼峰的线宽和线型直接地反映样品的质量,宽的、不对称的拉曼峰一般反映了样品中杂质的含量、缺陷和无序度。在这一部分,我们将以碳纳米管(CNT)为例,讨论杂质和缺陷对拉曼谱的影响。

大家都知道,包含杂质的无序因素和结构缺陷等的碳材料必定有一个在 1360 cm$^{-1}$ 处的拉曼峰,通常称为 D 峰。在拉曼散射中,无序使得声子的波矢 $q=0$ 的选择定则失效或者弛豫,于是,具有 $q\neq 0$ 的声子散射变成可能,这是 D 峰出现的唯一原因。D 峰被认为是声子在布里渊区边界 M 和 K 点的散射。另外,我们已经在 9.3.3 小节中指出,在碳材料中,例如石墨和 CNT 结构,在 1550 cm$^{-1}$ 的 G 模被认为是其特征峰,代表晶体的有序度。于是,G 模和 D 模比率的强度可以被用来判断碳样品中的无序度。这一事实已经在 9.3.3 小节中介绍过,这里不再赘述。

### 11.3.3 纳米结构的微结构对拉曼谱的影响

材料的微结构(包括缺陷)通常在制备过程中形成,可是,在制备完成以后,材料的结构和结构缺陷也可以通过改变外部环境改变,有很多种方法可以改变外部环境。加高压是改变材料微结构常用的方法,改变样品的温度可以改变样品的性质和微结构,并且影响拉曼谱的特性。退火是改变材料温度、减少结构缺陷的方法之一。这一点 10.3.1 小节中已经介绍了,这里不再赘述。

#### 11.3.3.1 高压拉曼光谱学[27]

对样品施加低压通常会改变样品的材料参数值,例如晶格常数、键角等,但是不能改变材料的晶体结构。但是,施加高压可以使材料的晶体结构改变,如从一个晶相变成另外一个晶相,即会出现相变。当然,上面两种情况对应的拉曼光谱特性的改变会有显著的不同。

- 锐钛矿 $TiO_2$ 纳米晶体的高压拉曼谱[28]

图 11.18(a)是锐钛矿 $TiO_2$ 纳米晶体的直到 37GPa 的高压拉曼谱。在压力为 24GPa 时出现一个明显的谱图变化,如图 11.21(b)所示。

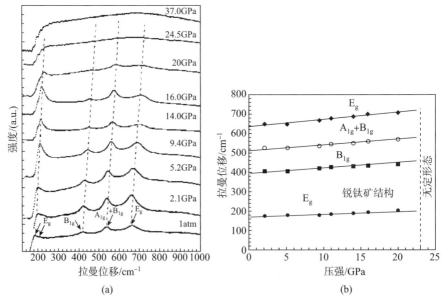

图 11.18 (a)室温下锐钛矿 $TiO_2$ 纳米晶体高压拉曼谱;(b)拉曼峰与压力的关系。转载自 Z. Wang and S. K. Saxena, Raman spectroscopic study on pressure-induced amorphization in nanocrystalline anatase (TiO2), Solid State Commun.,**118**,75—78 (2001)

4个强的拉曼峰,被分别指定为2个$E_g$模,1个$B_{1g}$模,和1个$A_{1g}+B_{1g}$复合模,它们在压力下向高频移动。3个高波数模有相似的$2.7\text{cm}^{-1}\cdot\text{GPa}^{-1}$的拉曼位移斜率,这与在体材料中的情况类似[29]。低波数模$E_g$的斜率比较低,为$1.5\text{cm}^{-1}\cdot\text{GPa}^{-1}$,比体材料中低很多。在压力增加到24GPa时,所有的拉曼模均消失了,出现一个拱形并且维持到37GPa的压力,结果见图11.18(a)。以上结果说明,纳米锐钛矿相$TiO_2$一直到压力为24GPa时都保持稳定,压力引起的非晶化大概出现在24GPa。但是,α-$PbO_2$大晶体的这个变化出现在压力2.6~4.5GPa。其解释是随压力增加的表面能可能稳定了纳米锐钛矿,控制了锐钛矿到α-$PbO_2$的相变,并且导致了高压下纳米锐钛矿的非晶化。

- 核/壳结构InP/CdS纳米粒子的高压拉曼谱

与由两种不同材料的镶嵌结构组成的超晶格类似,纳米粒子可以看作是核和壳两种不同材料组成的。例如,InP/CdS纳米粒子由InP核和CdS壳组成。图11.19是InP/CdS纳米粒子在压力下的拉曼谱,它清楚地表示了拉曼峰随压力变化的情况。这表明在压力小于6.4GPa时没有相变发生。

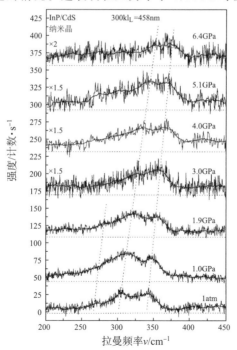

图11.19 InP/CdS纳米粒子在300K时的压力拉曼谱。虚线表示3个主要特征谱的近似位移,实线是平滑后的曲线[30]。转载自B. A. Weinstein, Raman spectroscopy under pressure in semiconductor nanoparticles, Phys. Stat. Sol. (b), 244, 368—379 (2007)

- 单壁纳米碳管的高压拉曼谱

图 11.20(a)是单壁碳纳米管的高压拉曼谱,图 11.20(b)中展示了分解成洛伦兹峰的 3 个 RB 模与压力的关系。以上结果展示了在低频 RM 模和高频伸缩模中的一个有趣的行为。特别的是,伸缩模有不寻常的压力依赖关系,它的频率和峰宽在大约 3GPa 时有突然变化。这个结果可以用理论上预测的在压力下低频"挤压模"的软化进行解释。

以上研究表明,高压拉曼光谱实验和与之相关的半导体纳米粒子研究已加强了对这些纳米体系与块材晶体在稳定性、局域性和振动性质方面的不同点的理解。

#### 11.3.3.2 高温拉曼光谱学

有几种不同的方法来提高样品的温度,例如,传统的加热、激光照射等。与用这两种方法改变样品温度相关联的拉曼光谱学在§10.3 中已经讨论过了,这里不再赘述。

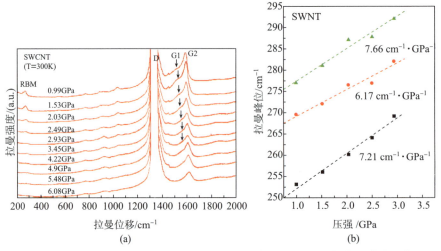

图 11.20 室温下单壁纳米碳管束的高压拉曼谱,用 514.5nm 氩离子激光源激发。(a)单个碳纳米管的拉曼谱;(b)拉曼频率随压力的变化。3 个洛伦兹峰与压力的关系[31]。转载自 H. Choi, P. Y. Yu, P. Tangney and S. G. Louie, Vibrational properties of single walled carbon nanotubes under pressure from Raman scattering experiments and molecular dynamics simulations, Phys. Stat. Sol. (b), 244, 121—126 (2007)

# 参 考 文 献

[1] Colvard, C., Gant, T.A., Klein, M.V. et al. (1985) Phys. Rev. B,

**31**, 2080—2091.

[2] Merlin, R., Colvard, C., Klein, M.V. et al. (1980) Appl. Phys. Lett., **36**, 43—45.

[3] Rao, A.M., Richter, E., Bandow, S. et al. (1997) Science, **275**, 187—191.

[4] Zhang, S.L., Ding, W., Yan, Y. et al. (2002) Appl. Phys. Lett., **81**, 4446—4448.

[5] Yan, Y., Qu, T., Wang, J.C. et al. (2004) Chin. J. Light Scattering, **16**, 131—135.

[6] Ehbrecht, M., Kohn, B., Huisken, F. et al. (1997) Phys. Rev. B, **56**, 6958—6964.

[7] Xia, H., He, Y.L., Wang, L.C. et al. (1995) J. Appl. Phys., **78**, 6705—6708.

[8] Bottani, C.E., Mantini, C., Milani, P. et al. (1996) Appl. Phys. Lett., **69**, 2409—2411.

[9] Sun, Z., Shi, J.R., Tay, B.K., and Lau, S.P. (2000) Diam. Relat. Mater., **9**, 1979—1983.

[10] Duesberg, G.S., Loa, I., Burghard, M. et al. (2000) Phys. Rev. Lett., **85**, 5436—5439.

[11] Faraci, G., Gibilisco, S., Russo, P. et al. (2006) Phys. Rev. B, **73**, 033307.

[12] Richter, H., Wang, Z.P., and Ley, L. (1981) Solid State Commun., **39**, 625.

[13] Faraci, G., Gibilisco, S., Pennisi, A.R., and Faraci, C. (2011) J. Appl Phys., **109**, 074311

[14] La Rosa, S. (2005) Eur. Phys. J. B, **46**, 457—461.

[15] Sirenko, A.A., Fox, J.R., Akimov, I.A. et al. (2000) Solid State Commun., **113**, 553—558.

[16] Zhang, S.L., Zhang, Y., Fu, Z. et al. (2006) Appl. Phys. Lett., **89**, 243108.

[17] Fu, Z.D., Cui, Y.S., Zhang, S.Y. et al. (2007) Appl. Phys. Lett., **90**, 263113.

[18] Varshni, Y.P. (1967) Physica (Amsterdam), **34**, 149.

[19] Zhang, S.L., Hou, Y.T., Ho, K.S. et al. (1994) Phys. Lett. A, **186**, 433—437.

[20] Huang, K., Zhu, B.F., and Tang, H. (1990) Phys. Rev. B, **41**, 5825—5842.

[21] Zhang, S.L., Zhang, J., Yang, C.L. et al. (2000) J. Appl. Phys., **88**, 6403.

[22] Pan, S.H., Feng, S.M., and Yang, G.Z. (1990) Acta Phys. Sin., **39**, 1446.

[23] Levi, D., Zhang, S.L., Klein, M.V. et al. (1987) Phys. Rev., B, **36**, 8032.

[24] Choi, C., Otsuka, N., Munns, G. et al. (1987) Appl. Phys. Lett., **50**, 992.

[25] Tu, A. and Persans, P.D. (1991) Appl. Phys. Lett., **58**, 1506.

[26] Tan, P., Zhang, S.L., Yue, K.T. et al. (1997) J. Raman Spectroscopy, **28**, 369—372.

[27] Weinstein, B.A. (2007) Phys. Stat. Sol. (b), **244**, 368—379.

[28] Wang, Z. and Saxena, S.K. (2001) Solid State Commun., **118**, 75—78.

[29] Ohsaka, T., Yamaoka, S., and Shimomura, O. (1979) Solid State Commun., **30**, 345.

[30] Weinstein, B.A. (2007) Phys. Stat. Sol. (b), **244**, 368—379.

[31] Choi, I.H., Yu, P.Y., Tangney, P., and Louie, S.G. (2007) Phys. Stat. Sol. (b), **244**, 121—126.

# 第十二章 纳米结构拉曼光谱学中的电声子相互作用

在§7.5中,我们提到了产生拉曼散射的基本要求,其中重要的一点就是,声子和光子的能量、波矢、偏振要相互匹配。因为声子的频率大约是$\sim 10^{13}$ Hz,而可见光的频率是$\sim 10^{15}$ Hz,它们的能量有$\sim 10^2$倍的差别,这就造成了声子和光子不能直接进行耦合。于是,声子的拉曼散射不得不借助于"中间体"的帮助,通常这个中间体是被散射物质中的电子。这样,在声子的拉曼散射过程中存在两个类型的相互作用:光电相互作用和电声子相互作用。固体中的电声子相互作用已经在7.1.5小节中加以描述。在本章中将讨论在纳米结构中的电声子相互作用及其在纳米结构的拉曼光谱中扮演的角色。

## §12.1 纳米结构的反常拉曼光谱

在前面的章节里已经发现,虽然在非极性的纳米半导体中随着样品尺寸的变化,光学声子的拉曼频率发生频移,而声学声子在极性和非极性的纳米样品中都随样品尺寸发生频移,但是,在极性纳米半导体中的单光学声子模和多光学声子模,并没有因为电子的量子限制效应而随样品尺寸变化而发生频移。

除了上面提到的拉曼频率随样品的尺寸变化会频移外,如果我们更仔细地注意前面章节中提到的拉曼谱图,就会看到拉曼谱的其他特性也随样品的尺寸变化而不同。图12.1比较了第十一章中的两个拉曼谱图,可以清楚地看到非极性的Si谱图的线型随样品尺寸变化,而极性的纳米ZnO半导体谱图的线型不随样品尺寸变化。在多声子的拉曼谱中也看到相似的线型变化。

拉曼光谱并没有遵守声子能量的量子限制效应(QCE)和声子动量(波矢)的有限尺寸效应(FSE),其频率和线型没有随样品尺寸变化。这完全和传统的概念是相反的。在传统概念中,QCE和FSE在纳米结构中是基本的效应。所以,这些反常的现象也是非常有趣的科学问题,值得去发现它们的起源和本质。

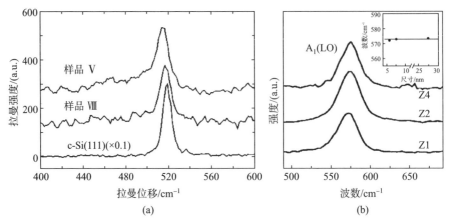

图 12.1 (a)沉积在 LiFe 的 Si 团簇样品 V(尺寸 4.63nm)、Si 团簇样品 VIII(尺寸 7.03nm)和 c-Si(111) 表面的拉曼光谱[1]。转载自 M. Ehbrecht, et al. Photoluminescence and resonant Raman spectra of silicon films produced by size— selected cluster beam deposition, Phys Rev B, 56, 6958 (1997)。(b)ZnO纳米粒子样品, Z1、Z2、Z4 的平均尺寸分别为 5nm, 7nm、7.5nm、27.4nm[2]。转载自 Z. D. Fu, et al, Study on the quantum confinement effect on ultraviolet photoluminescence ofcrystalline ZnO nanoparticles with nearly uniform size, Appl. Phys. Lett., 90, 263113 (2007)

## §12.2 没有出现声子有限尺寸效应的原因

### 12.2.1 接近布里渊区中心平坦的声子色散曲线

事实上,前面的章节已经描述过,在 1997 年,有人已经发现在 InSb 量子点中没有出现 FSE(见图 12.2)[3]。后来,德蒙若(Demangeot)等人报道了类似的现象(见图 9.43),并且指出,纵光学声子(LO)频率对纳米粒子的尺寸依赖性很弱[4]。对于这个现象,参考文献[4]的作者认为,如果光学声子的色散曲线在布里渊区的中心非常平坦,就可以进行解释。

德蒙若等人[4]的说法可以理解如下:由于 FSE,声子的波矢选择定则 $q=0$ 被弛豫,这样 $q \neq 0$ 的声子可以参加散射过程,导致了拉曼频率随样品尺寸而变化。可是,如果声子的色散曲线在接近布里渊区中心($q \approx 0$)处非常平坦,拉曼频率就不随样品尺寸变化。

对于以上意见,我们还注意到在图 11.11(b)中,多声子的拉曼光谱中也没有出现 FSE 的现象。众所周知,多声子的拉曼光谱代表着声子的态密度(PDOS)而不是声子的色散曲线,很明显,这不能用德蒙若等人的主张来解释。其次,他们的解释前提是假定块体样品的色散曲线在纳米半导体中仍然是有效的,即所谓的"类体声子近似"。但在声子的色散关系上的类体近似对极小的纳米半导体结构已被证明是无效的[5]。所以他们的解释对很多纳米结构样品并不适合。尽管如此,我们将用块体色散曲线实际研究一下德蒙若等人的解释。

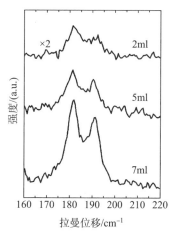

图 12.2 InSb 量子点的拉曼光谱,其样品尺寸分别为 2、5、7 原子层(即 7.2nm、18nm、25.2nm);在 $193 cm^{-1}$ 和 $181 cm^{-1}$ 的峰分别为类 LO 和类 TO 声子模[3]。转载自 G. Armelles, T. Utzmeier, P. A. Postigo et al, Raman scattering of InSb quantum dots grown on InP substrates, J. Appl. Phys. 81 (1997)

依据块体样品的色散曲线,表 12.1 列出了在离布里渊区中心 1/4 位置的估计的偏离值。

表 12.1 用块体色散曲线在离布里渊区中心 1/4 位置估计的偏离值。粗体数字代表偏离值大于实验误差

| 声子模 | 样品 | | | |
|---|---|---|---|---|
| | ZnO | GaN | CdSe | 3C-SiC |
| $E_{1L}$ | **8.7** | / | 0 | 1.3 | **33.3** |
| $A_{1T}$ | 1.3 | / | | | |
| $A_{1L}$ | / | 1.3 | **2.4** | 1.3 | |
| $E_2(H)$ | / | 0 | 1.2 | 0.3 | |
| $E_{1T}$ | / | 0 | | | |
| $E_2(L)$ | / | **2.5** | **2.4** | 0.3 | **8.3** |
| | | Γ— | Γ— | | |
| | | Σ | A | | |

我们可以认为,如果偏离值大于最大的测量误差($2cm^{-1}$),相应的色散曲线就不能被认为是平坦的。从表 1 可以看到,只有 CdSe 的所有声子模都满足这个条件,对于 ZnO、CaN、SiC 的纳米样品来说,至少有一个声子模不满足这个条件。于是我们可以看到,即使对于类体近似,德蒙若等人的解释也是不合理的。总之,上述对于没有出现声子 FSE 的解释不能令人满意。注意到上面所有的解释实际上都建立在传统理论的基础上,这可能就是它们不能成功解释这个现象的原因。为了寻找一个合理的解释,人们必须摆脱传统观念,并且综合分析所有的实验事实,发现可能的实验规律性。

### 12.2.2 观察到的拉曼光谱特性的规律和没有出现声子有限尺寸效应的根源

从上述实验结果和文献[6—9]中可以发现一个规律。这就是,无论是在极性的还是非极性的纳米半导体中,QCE 和 FSE 的现象发生在所有的声学声子中。而声子不出现 QCE 和 FSE 的现象只发生在极性纳米半导体的光学声子中,而不在非极性纳米半导体的光学声子中。

众所周知,光学声子和声学声子分别对应于在单胞中反相和同相振动的两个原子[10]。非极性半导体由同种不带电荷的原子组成,于是任何形式的原子振动都不可能在原子间出现任何净电荷移动,也就是说振动只能导致形变势。可是,极性半导体通常由两种带有相反电荷的不同原子组成,这两种原子在一个单胞中的反相振动导致电荷的重新分布。结果是,在块体和纳米的极性半导体中,纵光学声子(LO)会产生长程的静电库仑势,这个库仑势会产生所谓的弗勒利希电声子相互作用。注意到在纳米半导体中,比如球形量子点,横光学声子(TO)的振动模也具有 LO-TO 混合特性[11],这意味着 TO 模在极性纳米半导体中也会具有静电势,即弗勒利希相互作用。于是,在极性纳米半导体中光学声子的拉曼散射除了具有所有声子都有的形变势外,还特别牵涉到额外的弗勒利希电声子相互作用。所以,弗勒利希相互作用可能与观察不到的 FSE 相关,长程的弗勒利希相互作用可能就是前面提到的不出现 QCE 和 FSE 现象的根源。

## §12.3 纳米结构中的弗勒利希相互作用

### 12.3.1 在小尺寸体系中弗勒利希相互作用的表达和作用

弗勒利希相互作用 $H_{Fr}$ 已经在 7.1.5 小节中描述,它可以被近似地表示为[12]

第十二章　纳米结构拉曼光谱学中的电声子相互作用

$$H_{Fr} \sim q^{-1}V^{-1/2} \qquad (12.1)$$

其中 $q$ 是声子的波矢，$V$ 是样品的体积。从公式(12.1)可以得到以下结论：

首先，弗勒利希相互作用 $H_{Fr}$ 与 $q$ 成反比，这使得弗勒利希相互作用导致的声子拉曼散射主要出现在布里渊区的中心。

其次，弗勒利希相互作用与体积 $V$ 的反平方关系使得在小尺寸体系中的弗勒利希相互作用大大加强。于是，弗勒利希相互作用起到与在块体样品中不同的独特作用，这一点已在介绍超晶格的拉曼散射中指出[12]。

以上的分析给出了在极性纳米半导体中，光学声子的拉曼散射不出现 FSE 是源于弗勒利希电声子相互作用的建议以更多的理由。

### 12.3.2　纳米半导体中弗勒利希相互作用和拉曼光谱特性

#### 12.3.2.1　弗勒利希相互作用导致的拉曼频率特性

在传统的关于纳米半导体的拉曼散射理论中，预期块体样品和纳米半导体的拉曼频率 $\omega_{Bulk}$ 和 $\omega_{Nano}$ 是不同的，而多声子拉曼谱的频率对应于整个 PDOS[13]，即多声子的拉曼频率 $\omega_k$（下标 $k$ 是多声子拉曼的阶数）通常并不是单声子拉曼频率 $\omega_1$ 的整数倍，即 $\omega_k \neq k\omega_1$。

然而如前所述，纳米半导体中的弗勒利希相互作用要求的波矢选择定则 $q=0$ 仍然适用于光学声子，也就是说，无论是单声子还是多声子拉曼散射，弗勒利希相互作用引起的声子散射仍然出现在布里渊区的中心，即存在关系 $\omega_{Bulk}=\omega_{Nano}$ 和 $\omega_k=k\omega_1$。这样可以预期会出现 9.4.2、9.4.3 和 11.1.3 小节中所谓"反常"的现象。这给出以上建议一个有力的证明，即弗勒利希相互作用是极性纳米半导体中出现光学声子反常拉曼散射的根源。

#### 12.3.2.2　弗勒利希相互作用导致的拉曼强度特性

参考文献[14]的研究中曾指出，双声子拉曼散射的弗勒利希耦合常数比单声子的小。这样，与三阶过程相比，二阶过程更有利，意味着有关系：$I_1 < I_2 > I_3$（这里下标数字代表多声子拉曼的阶数）。图 12.3 中展示了观测到的 ZnO 纳米粒子的多声子拉曼强度随阶数的变化，这里 $A_{1L}$ 和 $E_{1L}$ 光学模都展示了与 $I_1 < I_2 > I_3$ 一致的关系。

于是，这对前面关于声子不出现 FSE 的反常来源的解释又给出一个独立的证据。

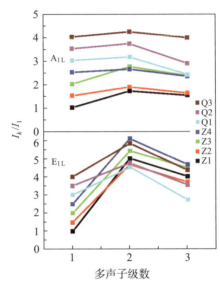

图 12.3 $A_{1L}$ 和 $E_{1L}$ 多声子散射模的相对积分强度与其阶数的依赖关系

## §12.4 非极性和极性纳米半导体的理论拉曼光谱

为了彻底确认不出现 FSE 现象的起源,需要从理论上了解拉曼光谱的特性及其规律和根源。

### 12.4.1 理论拉曼光谱的计算

根据§8.4 和§8.5 中描述的分子动力学计算方法,已经有人从理论上计算了某些极性和非极性纳米半导体的光谱[15,16]。在图 12.4(a)中展示了非极性的 Si 和金刚石纳米粒子以及极性的 ZnO 和 InSb 纳米粒子的计算拉曼光谱。从图 12.4(a)可以看到,声学声子的拉曼峰的频率在极性和非极性样品中都随样品的尺寸变化而变化,而光学声子拉曼峰的频率在极性的 ZnO 和 InSb 纳米粒子中不随样品尺寸变化而变化。

### 12.4.2 理论拉曼谱和实验拉曼谱的对比

为了比较纳米半导体的理论和实验拉曼光谱,图 12.4(b)中展示了由图 12.4(a)中得出的拉曼频率和样品尺寸的依赖关系。而图 12.4(c)中展示了实验中观察到的光学声子和声学声子相应的频率与样品尺寸的依赖关系[17—20]。实验与理论吻合得非常好,特别是,从图 12.4(b)和(c)中可以看到,在 ZnO 纳米粒子中声学声子频率的计算值和趋势随样品尺寸的变化与实验值吻合得很好[17,19],这也证明了在极性纳米半导体中的声学声子会有 FSE 的结论。

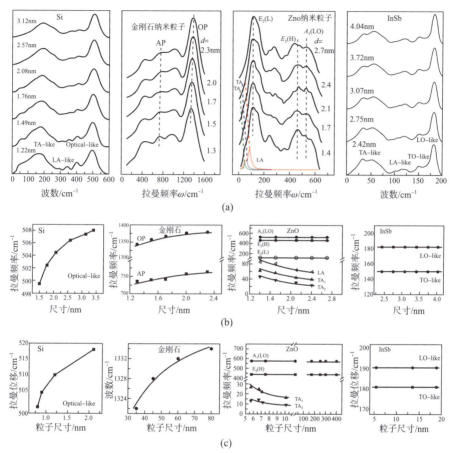

图 12.4 Si[1]、金刚石[21]、ZnO[17-19] 和 InSb[3] 纳米粒子的(a)理论拉曼谱,以及(b)理论和(c)实验中拉曼谱的声子频率对样品尺寸的依赖关系,这里 AP 和 OP 分别代表声学声子和光学声子;$A_1$(LO)、$E_2$(L) 和 $E_2$(H) 依次代表纵向声子 $A_1$,低频声子和高频声子 $E_2$;LA、$TA_1$ 和 $TA_2$ 依次代表纵向声学声子和 2 个横向声学声子

## 12.4.3 通过理论拉曼谱计算揭示不出现有限尺寸效应的原因

注意到极性和非极性纳米粒子的计算中最大的区别在于是否考虑了电荷,也即计算的谱图与弗勒利希相互作用有关还是无关。这在理论上证实了不出现 FSE 的现象来源于弗勒利希相互作用这个推论。

## §12.5 不出现声子有限尺寸效应的纳米晶拉曼光谱的非晶特性和纳米半导体中的平移对称性破缺

### 12.5.1 纳米半导体拉曼光谱的模拟

#### 12.5.1.1 适合观测到的拉曼谱的模拟

可以用微晶模型的方法(MCM)来模拟纳米半导体的观测拉曼光谱,这个方法已经在本书的§8.3中介绍过,在模拟非极性半导体的拉曼谱中被证明是一个很好的模型。

然而,用 MCM 模拟 ZnO、GaN、CdSe 和 SiC 则完全不成功。图 12.5 是用 MCM 方法模拟以上样品的计算拉曼光谱(虚线)和实验观测光谱(实线)。

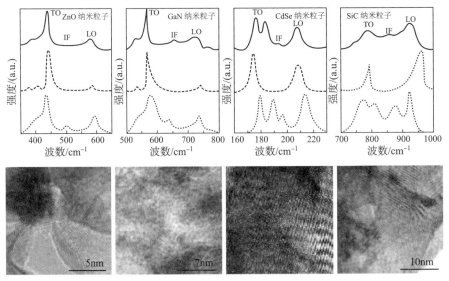

图 12.5 纳米半导体 ZnO、GaN、CdSe 和 SiC 中观察到(实线)和用 MCE(虚线)及 ACM(点线)计算得到的拉曼谱,这里 LO、TO 和 IF 分别代表纵向、横向的光学声子模以及界面模。在每一个样品的拉曼谱下面展示了其 HRTEM 照片

比较图 12.5 中的计算和实验观测光谱可以发现,用 MCM 方法计算的谱图在三方面不符合实验结果。首先,计算中得不到实验中出现的在类 LO 和类 TO 间的界面模;其次,对于类体的 LO 模相对块体样品的拉曼频移太小;第三,一些计算的拉曼峰的肩峰所在方向与实验结果相反[20]。

作为比较,图 12.5 给出了用§8.4 中的 ACM 方法对于 ZnO、GaN、CdSe

和 SiC 纳米半导体样品计算得到的理论谱(点线)。与用 MCM 计算的结果相反,用 ACM 方法计算得到的曲线与实验结果符合得出人意料地好,并且完全没有用 MCM 方法计算的三个缺点。

12.5.1.2 半导体纳米晶拉曼光谱的非晶性质

QCE 与体系的能量关联,FSE 与体系的动量关联,这两个规律需要体系仍基本保持晶体的性质。MCM 模拟就建立在以上原理的基础上,并实际上要求晶体的声子仍然保持色散曲线、动量基本上守恒。所以,如果一个体系符合 MCM 模拟,它一定是晶体。相反,如果实验得到的拉曼谱不能用 MCM 模拟,这个体系一定是非晶的。

注意到图 12.5 中的高分辨透射电镜(HRTEM)照片表明所有的样品都具有晶体结构。这展现了一个奇特的结论,即半导体晶体的拉曼光谱具有非晶性质,而不是晶体的性质。这个结果强烈地说明了拉曼光谱中声子不出现 FSE 的现象和非晶的性质有密切关系。

### 12.5.2 非晶性质和平移对称性

众所周知,晶体具有长程序和平移对称性。相反,呈现非晶特性意味着这个体系是长程无序的以及没有平移对称性。此外,平移对称性只存在于无限大尺寸的体系中[25],然而,没有平移对称性意味着该体系不是无限大尺寸体系。这一点似乎是矛盾的,在同样尺寸的纳米半导体中,不同的声子体系显示出不同的对称性。

然而,从来没有实际的物理体系在空间上是无穷大的,所以无穷大尺寸的体系实际被定义为界面的影响可以忽略的体系。事实上,如果一个材料的尺寸 10 倍于所研究对象的区域,就可以认为其维持了平移对称性[25]。所以,可认为是无限大尺寸的体系所需具有的实际大小,与所研究对象作用区域的尺度有关。

形变势来源于短程范德瓦尔斯力,其作用区域主要被局域在 2 个原子间覆盖的区域,大约是 0.1nm 的量级。另一方面,对于一对距离 $r_{a-c}$ 的阴离子和阳离子来说,长程的库仑势正比于 $\sim 1/(r_{a-c})^2$。于是,弗勒利希相互作用的作用区域可以估算为在晶格中的两个原子分开距离的 $\sim 10^2$ 倍,即 10nm。弗勒利希相互作用和形变势的作用区域尺度的不同在体材料中并不重要,但是对纳米尺寸的材料却不是这样的。例如,对于纳米半导体中的弗勒利希相互作用,无穷尺寸体系及平移对称性是无效的。而对于形变势来说,它们基本上仍然是有效的,只是会发生弛豫。除非在物体的尺寸非常小,例如 $2\sim3$nm 时,才有例外[26]。

以上的讨论表明,一方面,在极性纳米半导体中观察到的光学声子不出现 FSE 现象的本质是平移对称性破缺造成的。另一方面,这个讨论也在探索一个基本的事实:存在平移对称性所需的实际尺寸在纳米材料中对于不同研究对象是不同的,并且依赖于该对象的作用区域。这意味着尽管对于体材料对称性破缺有统一的尺寸标准,但在纳米半导体拉曼光谱中的对称性破缺没有统一的尺寸标准。

## 参 考 文 献

[1] Ehbrecht, M. et al. (1997) Phys. Rev. B, **56**, 6958.

[2] Fu, Z.D. et al. (2007) Appl. Phys. Lett., **90**, 263113.

[3] Armelles, G., Utzmeier, T., Postigo, P.A. et al. (1997) J. Appl. Phys., **81**, 6339.

[4] Demangeot, F. et al. (2006) Appl. Phys. Lett., **88**, 071921.

[5] Hu, X. and Zi, J. (2002) J. Phys.: Condens. Matter, **14**, L671.

[6] Chassaing, P. M., Demangeot, F., Combe, N. et al. (2009) Phys. Rev. B, **79**, 155314.

[7] Yadav, H.K., Gupta, V., Sreenivas, K., Singh, S.P., Sundarakannan, B., and Katiyar, R.S. (2006) Phys. Rev. Lett., **97**, 085502.

[8] Bottani, C.E., Mantini, C., Milania, P. et al. (1996) APL, **69**, 2409.

[9] Ehbrecht, M., Kohn, B., Huisken, F. et al. (1997) PRB, **56**, 6958.

[10] Born M, Huang K. Dynamical Theory of Crystal Lattice. Oxford: Oxford University Press,1968.

[11] Rajalakshmi, M., Sakuntalay, T., and Arora, A.K. (1997) J. Phys.: Condens.Matter, **9**, 9745.

[12] Yu P Y, Cardona M.Fundamentals of Semiconductors.4th ed. Springer,2010.

[13] Leite, C.C. (1969) et al. Phys. Rev. Lett., **22**, 780.

[14] Rodríguez-Suárez, Menéndez-Proupin, E., Trallero-Giner, C., and Cardona, M. (2000) Phys. Rev. B, **62**, 11006.

[15] Liu, W., Liu, M., and Zhang, S. L. (2008) Phys. Lett. A, **372**, 2474.

[16] Li, D.Y. (2011) Bachelor thesis, School of Physics, Peking University.

[17] Chassaing, P. M. and Demangeot, F. (2009) Phys. Rev. B, **79**, 155314.

[18] Yadav, H.K. and Gupta, V. (2006) Phys. Rev. Lett., **97**, 085502.

[19] Zhang, S.L., Zhang, Y., Fu, Z. et al. (2006) Study of the size effect on the optical mode frequencies of ZnO nanoparticles with nearly

uniform size. Appl. Phys. Lett., **89**, 063112.

[20] Zhang, S. L., Shao, J., Hoi, L. S. et al. (2005) Phys. Stat. Sol. (c), **2**, 3090—3095.

[21] Yan, Y., Zhan, G.S. L., Hark, S.K. et al. (2004) Study of 1145cm$^{-1}$ Raman Peak of CVD Diamond Film, Study of 1145cm$^{-1}$ Raman Peak of CVD Diamond Film, **16**, 131.

[22] Zhang, S. L., Hou, Y., Ho, K. S. et al. (1992) J. Appl. Phys., **72**, 4469.

[23] Bottani, C.E., Mantini, C., Milania, P. et al. (1996) Appl. Phys. Lett., **69**, 2409.

[24] Yoshikawa, M., Mori, Y., Obata, H. et al. (1995) Appl. Phys. Lett., **67**, 694.

[25] Shuker, R. and Gammon, R.W. (1970) Phys. Rev. Lett., **25**, 222.

[26] Zi, J., Zhang, K.M., and Xie, X.D. (1997) Phys. Rev. B, **55**, 9263.

# 附　录

## 附录Ⅰ　电磁波和激光

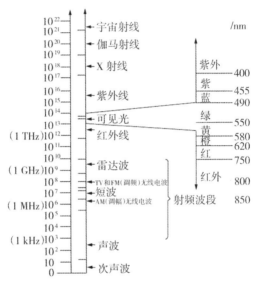

**AⅠ.1　电磁波波长**[1]

**AⅠ.2　激光器的类型**

### AⅠ.2.1　气体激光器[1]

| 增益介质 | | （波长/μm）/（波数/$cm^{-1}$） | 输出功率 | 激励源 |
|---|---|---|---|---|
| 原子 | He-Ne | 3.3913/2950<br>1.52/6579<br>1.15/8696<br>0.6118/16345<br>0.63282/15798<br>0.5939/16838 | 0.1～100mW | 电荷放电 |
| | He-Xe | 3.508/2850 | 数 mW<br>5.2W | |

续表

| 增益介质 | | (波长/$\mu m$)/(波数/$cm^{-1}$) | 输出功率 | 激励源 |
|---|---|---|---|---|
| | He-Cu | 0.5106/19585 | 0.5W | |
| 分子 | $CO_2$ | 10.6/943<br>9.4/1064 | 几W～100kW | |
| | CO | (2.6～4)/(2500～3846)<br>(4.8～8.3)/(1205～2083) | <30W | |
| | $F_2$ | 0.157/63694 | <100mJ/脉冲 | |
| | $N_2$ | 0.3371/29664 | <10mJ/脉冲 | |
| 粒子 | $Ar^+$ | 0.5287/18914<br>0.51453/19430<br>0.50172/19926<br>0.49651/20135<br>0.48799/20487<br>0.47649/20981<br>0.47269/21150<br>0.46579/21463<br>0.45794/21831<br>0.45451/21996<br>0.36379/27481<br>0.35111/28473 | ～3W | |
| | $Kr^+$ | 0.7993/12510<br>0.75255/13285<br>0.6764/14784<br>0.64709/15450<br>0.56819/17595<br>0.5309/18835<br>0.416/24038 | 50～500mW | |
| | $He\text{-}Cd^+$ | 0.44200/22645<br>0.32500/30769 | <1W | |
| | $Ne\text{-}Cu^+$ | 0.260/38462<br>0.7808/12807 | <1W | |
| | $Ne\text{-}Ag^+$ | 0.8404/11899.1<br>0.3181/31436.66 | <1W | |

续表

| 增益介质 | | (波长/μm)/(波数/cm$^{-1}$) | 输出功率 | 激励源 |
|---|---|---|---|---|
| 激子 | XeCl | 0.308/32467.53 | 1~100W | |
| | KrF | 0.248/40322.58 | 1~100W | |
| | ArF | 0.193/51813 | ~100mJ/脉冲 | |
| | XeF | 0.353/28329 | 45mW | |
| | XeCl | 0.308/32468 | 50mW | |
| | KrCl | 0.222/45045 | 25mW | |
| | N$_2$ | 0.337/29674 | 5mW | |

AⅠ.2.2  固体/半导体激光器

| 增益介质 | | (波长/μm)/(波数/cm$^{-1}$) | 激励源 |
|---|---|---|---|
| 固体 | Nd：YAG | 1.064/9398 | 半导体激光 |
| | | 0.532/18797 | |
| | | 0.355/28169 | |
| | | 0.226/44248 | |
| | Ho：YAG | (1.9~2.2)/(5263~4545) | |
| | Er：YAG | 2.940/3401 | |
| | Cr$^{3+}$：Ruby | 0.6943/14403 | 闪光灯 |
| | | 0.6929/14432.1 | |
| 半导体 | GaN | 0.4/25000 | 电流 |
| | AlGaInP, AlGaAs | (0.63~0.9)/(11111~15873) | |
| | InGaAsP | 1.0~2.1/4762~10000 | |

AⅠ.2.3  可调激光器

| 增益介质 | | (波长/μm)/(波数/cm$^{-1}$) | 激励源 |
|---|---|---|---|
| 染料 | 耐尔蓝高氯酸盐 | (0.710~0.800)/(14100~12500) | 电流 |
| | 甲酚紫蓝色的高氯酸盐 | (0.670~0.710)/(14900~14100) | |
| | 罗丹明 B | (0.590~0.690)/(16900~14500) | |
| | 罗丹明 6G | (0.560~0.660)/(17900~15200) | |
| | 罗丹明 110 | (0.530~0.620)/(18900~16100) | |
| | 荧光素钠 | (0.530~0.580)/(18900~17200) | |
| | 香豆素 6 | (0.520~0.560)/(19200~17900) | |
| | 香豆素 102 | (0.460~0.520)/(21700~19200) | |
| | 香豆素 2 | (0.430~0.480)/(23300~20800) | |
| 固体 | 钛:蓝宝石 | (0.700~1.064)/(14300~9400) | 其他激光器 |

## AⅠ.3 拉曼光谱仪中常用的气体激光器的激光谱线和离子/原子谱线

### AⅠ.3.1 Ar$^+$离子激光器的激光谱线和离子谱线[2]

| 序号 | 波数/cm$^{-1}$ | 波长/Å | 峰高 | 相对激光谱线的波数/cm$^{-1}$ | | | | | | | |
|---|---|---|---|---|---|---|---|---|---|---|---|
| | | | | 4579 | 4658 | 4727 | 4765 | 4880 | 4965 | 5017 | 5145 |
| 1 | 21995 | 4545.2 | 350 | | | | | | | | |
| 2 | 21903 | 4564.3 | 23 | | | | | | | | |
| 3 | 21831 | 4579.4 | 380 | 0 | | | | | | | |
| 4 | 21783 | 4589.4 | 530 | 48 | | | | | | | |
| 5 | 21739 | 4598.7 | 15 | 92 | | | | | | | |
| 6 | 21688 | 4609.6 | 819 | 143 | | | | | | | |
| 7 | 21557 | 4637.6 | 74 | 274 | | | | | | | |
| 8 | 21463 | 4657.9 | 366 | 368 | 0 | | | | | | |
| 9 | 21150 | 4726.8 | 500 | 681 | 313 | 0 | | | | | |
| 10 | 21126 | 4732.2 | 23 | 705 | 337 | 24 | | | | | |
| 11 | 21108 | 4736.2 | 800 | 723 | 355 | 42 | | | | | |
| 12 | 20981 | 4764.9 | 470 | 850 | 482 | 169 | 0 | | | | |
| 13 | 20803 | 4805.7 | 1150 | 1028 | 660 | 347 | 178 | | | | |
| 14 | 20623 | 4847.6 | 840 | 1208 | 840 | 527 | 358 | | | | |
| 15 | 20547 | 4865.5 | 40 | 1284 | 916 | 603 | 434 | | | | |
| 16 | 20487 | 4879.8 | 1600 | 1344 | 976 | 663 | 494 | 0 | | | |
| 17 | 20450 | 4888.6 | 90 | 1381 | 1013 | 700 | 531 | 37 | | | |
| 18 | 20384 | 4904.4 | 60 | 1447 | 1079 | 766 | 597 | 103 | | | |
| 19 | 20267 | 4932.8 | 460 | 1564 | 1196 | 883 | 714 | 220 | | | |
| 20 | 20266 | 4942.8 | 10 | 1605 | 1237 | 924 | 755 | 261 | | | |
| 21 | 20135 | 4965.1 | 530 | 1696 | 1328 | 1015 | 846 | 352 | 0 | | |
| 22 | 20107 | 4972.0 | 270 | 1724 | 1356 | 1043 | 874 | 380 | 28 | | |
| 23 | 19959 | 5008.9 | 830 | 1872 | 1504 | 1191 | 1022 | 528 | 176 | | |
| 24 | 19926 | 5017.2 | 330 | 1905 | 1537 | 1224 | 1055 | 561 | 209 | 0 | |
| 25 | 19750 | 5061.9 | 790 | 2081 | 1713 | 1400 | 1231 | 737 | 385 | 176 | |
| 26 | 19639 | 5090.5 | 5 | 2192 | 1824 | 1511 | 1342 | 848 | 496 | 287 | |
| 27 | 19444 | 5141.5 | 27 | 2387 | 2019 | 1706 | 1537 | 1043 | 691 | 482 | |
| 28 | 19430 | 5145.2 | 95 | 2401 | 2033 | 1720 | 1551 | 1057 | 705 | 496 | 0 |
| 29 | 19364 | 5162.8 | 7 | 2467 | 2099 | 1786 | 1617 | 1123 | 771 | 562 | 66 |

续表

| 序号 | 波数/$cm^{-1}$ | 波长/Å | 峰高 | 相对激光谱线的波数/$cm^{-1}$ | | | | | | |
|---|---|---|---|---|---|---|---|---|---|---|
| | | | | 4579 | 4658 | 4727 | 4765 | 4880 | 4965 | 5017 | 5145 |
| 30 | 19353 | 5165.7 | 21 | 2478 | 2110 | 1797 | 1628 | 1134 | 782 | 573 | 77 |
| 31 | 19313 | 5176.4 | 26 | 2518 | 2150 | 1837 | 1668 | 1174 | 822 | 613 | 117 |
| 32 | 19269 | 5188.2 | 3 | 2562 | 2194 | 1881 | 1712 | 1218 | 866 | 657 | 161 |
| 33 | 19163 | 5216.9 | 8 | 2668 | 2300 | 1987 | 1818 | 1324 | 972 | 763 | 267 |
| 34 | 18909 | 5287.0 | 75 | 2922 | 2554 | 2241 | 2072 | 1578 | 1226 | 1017 | 521 |
| 35 | 18842 | 5305.8 | 4 | 2989 | 2621 | 2308 | 2139 | 1645 | 1293 | 1084 | 588 |
| 36 | 18521 | 5397.8 | 4 | 3310 | 2942 | 2629 | 2460 | 1966 | 1614 | 1405 | 909 |
| 37 | 18503 | 5403.0 | 3 | 3328 | 2960 | 2647 | 2478 | 1984 | 1632 | 1423 | 927 |
| 38 | 18487 | 5407.7 | 4 | 3344 | 2976 | 2663 | 2494 | 2000 | 1648 | 1439 | 943 |
| 39 | 18336 | 5452.2 | 3 | 3495 | 3127 | 2814 | 2645 | 2151 | 1799 | 1590 | 1094 |
| 40 | 18329 | 5454.3 | 6 | 3502 | 3134 | 2821 | 2652 | 2158 | 1806 | 1597 | 1101 |
| 41 | 18190 | 5496.0 | 7 | 3641 | 3273 | 2960 | 2791 | 2297 | 1945 | 1736 | 1240 |
| 42 | 18183 | 5498.1 | 3 | 3648 | 3280 | 2967 | 2798 | 2304 | 1952 | 1743 | 1247 |
| 43 | 18175 | 5500.5 | 3 | 3656 | 3288 | 2975 | 2806 | 2312 | 1960 | 1751 | 1255 |
| 44 | 17984 | 5559.0 | 10 | 3847 | 3479 | 3166 | 2997 | 2505 | 2151 | 1942 | 1446 |
| 45 | 17940 | 5572.6 | 4 | 3891 | 3523 | 3210 | 3041 | 2547 | 2195 | 1986 | 1490 |
| 46 | 17830 | 5607.0 | 12 | 4001 | 3633 | 3320 | 3151 | 2657 | 2305 | 2096 | 1600 |
| 47 | 17692 | 5650.7 | 8 | 4139 | 3771 | 3458 | 3289 | 2795 | 2443 | 2234 | 1738 |
| 48 | 17680 | 5564.5 | 3 | 4151 | 3783 | 3470 | 3301 | 2807 | 2455 | 2246 | 1750 |
| 49 | 17462 | 5725.1 | 3 | 4369 | 4001 | 3688 | 3519 | 3025 | 2673 | 2464 | 1968 |
| 50 | 17417 | 5739.9 | 3 | 4414 | 4046 | 3733 | 3564 | 3070 | 2718 | 2509 | 2013 |
| 51 | 17318 | 5772.7 | 7 | 4513 | 4145 | 3832 | 3663 | 3169 | 2817 | 2608 | 2112 |
| 52 | 17275 | 5787.1 | 3 | 4556 | 4188 | 3875 | 3706 | 3212 | 2860 | 2651 | 2155 |
| 53 | 17197 | 5813.4 | 5 | 4634 | 4266 | 3953 | 3784 | 3290 | 2938 | 2729 | 2233 |
| 54 | 17106 | 5844.3 | 4 | 4725 | 4357 | 4044 | 3875 | 3381 | 3029 | 2820 | 2324 |
| 55 | 17058 | 5860.7 | 3 | 4773 | 4405 | 4092 | 3923 | 3429 | 3077 | 2868 | 2372 |
| 56 | 16993 | 5883.1 | 5 | 4838 | 4470 | 4157 | 3988 | 3494 | 3142 | 2933 | 2437 |
| 57 | 16977 | 5888.7 | 11 | 4854 | 4486 | 4173 | 4004 | 3510 | 3158 | 2949 | 2453 |
| 58 | 16909 | 5912.4 | 19 | 4922 | 4554 | 4241 | 4072 | 3578 | 3226 | 3017 | 2521 |
| 59 | 16861 | 5929.2 | 6 | 4970 | 4602 | 4289 | 4120 | 3626 | 3274 | 3065 | 2569 |
| 60 | 16701 | 5986.0 | 6 | 5130 | 4762 | 4449 | 4280 | 3786 | 3434 | 3225 | 2729 |

续表

| 序号 | 波数/$cm^{-1}$ | 波长/Å | 峰高 | 相对激光谱线的波数/$cm^{-1}$ | | | | | | |
|---|---|---|---|---|---|---|---|---|---|---|
| | | | | 4579 | 4658 | 4727 | 4765 | 4880 | 4965 | 5017 | 5145 |
| 61 | 16691 | 5989.6 | 6 | 5140 | 4772 | 4459 | 4290 | 3796 | 3444 | 3235 | 2739 |
| 62 | 16572 | 6032.6 | 48 | 5259 | 4891 | 4578 | 4409 | 3915 | 3563 | 3354 | 2858 |
| 63 | 16541 | 6043.9 | 16 | 5290 | 4922 | 4609 | 4440 | 3946 | 3594 | 3385 | 2889 |
| 64 | 16515 | 6053.4 | 8 | 5316 | 4948 | 4635 | 4466 | 3972 | 3620 | 3411 | 2915 |
| 65 | 16498 | 6059.7 | 15 | 5333 | 4965 | 4652 | 4483 | 3989 | 3637 | 3428 | 2932 |
| 66 | 16449 | 6077.7 | 6 | 5382 | 5014 | 4701 | 4532 | 4038 | 3686 | 3477 | 2981 |
| 67 | 16391 | 6099.2 | 5 | 5440 | 5072 | 4759 | 4590 | 4096 | 3744 | 3535 | 3039 |
| 68 | 16378 | 6104.1 | 44 | 5453 | 5085 | 4772 | 4603 | 4109 | 3757 | 3548 | 3052 |
| 69 | 16348 | 6115.3 | 1020 | 5483 | 5115 | 4802 | 4633 | 4139 | 3787 | 3578 | 3082 |
| 70 | 16324 | 6124.3 | 47 | 5507 | 5139 | 4826 | 4657 | 4163 | 3811 | 3602 | 3106 |
| 71 | 16284 | 6139.3 | 51 | 5547 | 5179 | 4866 | 4697 | 4203 | 3851 | 3642 | 3146 |
| 72 | 16266 | 6146.1 | 8 | 5565 | 5197 | 4884 | 4715 | 4221 | 3869 | 3660 | 3164 |
| 73 | 16240 | 6155.9 | 4 | 5591 | 5223 | 4910 | 4741 | 4247 | 3895 | 3686 | 3190 |
| 74 | 16196 | 6172.7 | 950 | 5635 | 5267 | 4954 | 4785 | 4291 | 3939 | 3730 | 3234 |
| 75 | 16157 | 6187.6 | 12 | 5674 | 5306 | 4993 | 4824 | 4330 | 3978 | 3769 | 3273 |
| 76 | 16119 | 6202.1 | 5 | 5712 | 5344 | 5031 | 4862 | 4368 | 4016 | 3807 | 3311 |
| 77 | 16091 | 6212.9 | 9 | 5740 | 5372 | 5059 | 4890 | 4396 | 4044 | 3835 | 3339 |
| 78 | 16082 | 6216.4 | 6 | 5749 | 5381 | 5068 | 4899 | 4405 | 4053 | 3844 | 3348 |
| 79 | 16020 | 6240.5 | 17 | 5811 | 5443 | 5130 | 4961 | 4467 | 4115 | 3906 | 3410 |
| 80 | 16013 | 6243.2 | 470 | 5818 | 5450 | 5137 | 4968 | 4474 | 4122 | 3913 | 3417 |
| 81 | 15876 | 6297.1 | 9 | 5955 | 5587 | 5274 | 5105 | 4611 | 4259 | 4050 | 3554 |
| 82 | 15848 | 6308.2 | 14 | 5983 | 5615 | 5302 | 5133 | 4639 | 4287 | 4078 | 3582 |
| 83 | 15806 | 6325.0 | 13 | 6025 | 5657 | 5344 | 5175 | 4681 | 4329 | 4120 | 3624 |
| 84 | 15785 | 6333.4 | 10 | 6046 | 5678 | 5365 | 5196 | 4702 | 4350 | 4141 | 3645 |
| 85 | 15747 | 6348.7 | 9 | 6084 | 5716 | 5403 | 5234 | 4740 | 4388 | 4179 | 3683 |
| 86 | 15724 | 6357.9 | 7 | 6107 | 5739 | 5426 | 5257 | 4763 | 4411 | 4202 | 3706 |
| 87 | 15705 | 6365.6 | 4 | 6126 | 5758 | 5445 | 5276 | 4782 | 4430 | 4221 | 3725 |
| 88 | 15694 | 6370.1 | 9 | 6137 | 5769 | 5456 | 5287 | 4793 | 4441 | 4232 | 3736 |
| 89 | 15657 | 6385.2 | 19 | 6174 | 5806 | 5493 | 5324 | 4830 | 4478 | 4269 | 3773 |
| 90 | 15634 | 6394.5 | 7 | 6197 | 5829 | 5516 | 5347 | 4853 | 4501 | 4292 | 3796 |
| 91 | 15628 | 6397.0 | 8 | 6203 | 5835 | 5522 | 5353 | 4859 | 4507 | 4298 | 3802 |

续表

| 序号 | 波数/$cm^{-1}$ | 波长/Å | 峰高 | 相对激光谱线的波数/$cm^{-1}$ | | | | | | | |
|---|---|---|---|---|---|---|---|---|---|---|---|
| | | | | 4579 | 4658 | 4727 | 4765 | 4880 | 4965 | 5017 | 5145 |
| 92 | 15621 | 6399.9 | 104 | 6210 | 5842 | 5529 | 5360 | 4866 | 4514 | 4305 | 3809 |
| 93 | 15611 | 6404.0 | 7 | 6220 | 5852 | 5539 | 5370 | 4876 | 4524 | 4315 | 3819 |
| 94 | 15598 | 6409.3 | 5 | 6233 | 5865 | 5552 | 5383 | 4889 | 4537 | 4328 | 3832 |
| 95 | 15579 | 6417.1 | 79 | 6252 | 5884 | 5571 | 5402 | 4908 | 4556 | 4347 | 3851 |
| 96 | 15563 | 6423.7 | 5 | 6268 | 5900 | 5587 | 5418 | 4924 | 4572 | 4363 | 3867 |
| 97 | 15543 | 6432.0 | 3 | 6288 | 5920 | 5607 | 5438 | 4944 | 4592 | 4383 | 3887 |
| 98 | 15528 | 6438.2 | 19 | 6303 | 5935 | 5622 | 5453 | 4959 | 4607 | 4398 | 3902 |
| 99 | 15517 | 6442.8 | 14 | 6314 | 5946 | 5633 | 5464 | 4970 | 4618 | 4409 | 3913 |
| 100 | 15513 | 6444.4 | 11 | 6318 | 5950 | 5637 | 5468 | 4974 | 4622 | 4413 | 3917 |
| 101 | 15453 | 6469.4 | 8 | 6378 | 6010 | 5697 | 5528 | 5034 | 4682 | 4473 | 3997 |
| 102 | 15444 | 6473.2 | 6 | 6387 | 6019 | 5706 | 5537 | 5043 | 4691 | 4482 | 3986 |
| 103 | 15437 | 6476.2 | 5 | 6394 | 6026 | 5713 | 5544 | 5050 | 4698 | 4489 | 3993 |
| 104 | 15419 | 6483.7 | 480 | 6412 | 6044 | 5731 | 5562 | 5068 | 4716 | 4507 | 4011 |
| 105 | 15378 | 6501.0 | 56 | 6453 | 6085 | 5772 | 5603 | 5109 | 4757 | 4548 | 4052 |
| 106 | 15358 | 6509.5 | 10 | 6473 | 6105 | 5792 | 5623 | 5129 | 4777 | 4568 | 4072 |
| 107 | 15289 | 6538.8 | 65 | 6542 | 6174 | 5861 | 5692 | 5198 | 4846 | 4637 | 4141 |
| 108 | 15231 | 6563.7 | 15 | 6600 | 6232 | 5919 | 5750 | 5256 | 4904 | 4695 | 4199 |
| 109 | 15153 | 6597.5 | 3 | 6678 | 6310 | 5997 | 5828 | 5334 | 4982 | 4773 | 4277 |
| 110 | 15135 | 6605.4 | 28 | 6696 | 6328 | 6015 | 5846 | 5352 | 5000 | 4791 | 4295 |
| 111 | 15113 | 6615.0 | 19 | 6718 | 6350 | 6037 | 5868 | 5374 | 5022 | 4813 | 4317 |
| 112 | 15098 | 6621.6 | 24 | 6733 | 6365 | 6052 | 5883 | 5389 | 5037 | 4828 | 4332 |
| 113 | 15059 | 6638.7 | 2800 | 6772 | 6404 | 6091 | 5922 | 5428 | 5076 | 4867 | 4371 |
| 114 | 15047 | 6644.0 | 5700 | 6784 | 6416 | 6103 | 5934 | 5440 | 5088 | 4879 | 4383 |
| 115 | 14996 | 6666.6 | 37 | 6835 | 6467 | 6154 | 5985 | 5491 | 5139 | 4930 | 4434 |

## AⅠ.3.2　He-Ne激光器的激光谱线和原子发射谱线[2]

| 序号 | 波长/Å | 波数/$cm^{-1}$ | 相对激光谱线的波数/$cm^{-1}$ |
|---|---|---|---|
| 1 | 6328.1646 | 15798.002 | 0.000 |
| 2 | 6334.4279 | 15782.381 | 15.621 |
| 3 | 6351.8618 | 15739.064 | 58.938 |
| 4 | 6382.9914 | 15662.306 | 135.696 |
| 5 | 6402.2460 | 15615.202 | 182.800 |
| 6 | 6421.7108 | 15678.871 | 230.131 |

续表

| 序号 | 波长/Å | 波数/cm$^{-1}$ | 相对激光谱线的波数/cm$^{-1}$ |
|---|---|---|---|
| 7 | 6444.7118 | 15512.310 | 285.692 |
| 8 | 6506.5279 | 15364.935 | 433.067 |
| 9 | 6532.8824 | 15302.951 | 495.051 |
| 10 | 6598.9529 | 15149.735 | 648.267 |
| 11 | 6652.0925 | 15028.714 | 769.288 |
| 12 | 6666.8967 | 14995.342 | 802.660 |
| 13 | 6678.2764 | 14969.790 | 828.212 |
| 14 | 6717.0428 | 14883.395 | 914.607 |
| 15 | 6929.4672 | 14427.144 | 1370.858 |
| 16 | 7024.0500 | 14232.876 | 1565.126 |
| 17 | 7032.4128 | 14215.950 | 1582.052 |
| 18 | 7051.2937 | 14177.885 | 1620.117 |
| 19 | 7059.1079 | 14162.191 | 1635.811 |
| 20 | 7173.9380 | 13935.504 | 1862.498 |
| 21 | 7245.1665 | 13798.503 | 1999.499 |
| 22 | 7438.8981 | 13439.150 | 2358.852 |
| 23 | 7472.4383 | 13378.828 | 2419.174 |
| 24 | 7448.8712 | 13349.471 | 2448.531 |
| 25 | 7535.7739 | 13266.384 | 2531.618 |
| 26 | 7544.0439 | 13251.841 | 2546.161 |
| 27 | 7724.6281 | 12942.045 | 2855.957 |
| 28 | 7839.0500 | 12753.131 | 3044.871 |
| 29 | 7927.1172 | 12611.457 | 3186.545 |
| 30 | 7936.9946 | 12595.763 | 3202.239 |
| 31 | 7943.1805 | 12585.954 | 3212.048 |
| 32 | 8082.4576 | 12369.073 | 3428.929 |
| 33 | 8118.5495 | 12314.085 | 3483.917 |
| 34 | 8128.9077 | 12298.394 | 3499.608 |
| 35 | 8136.4061 | 12287.060 | 3510.942 |
| 36 | 8248.6812 | 12119.819 | 3678.183 |
| 37 | 8259.3795 | 12104.120 | 3693.882 |
| 38 | 8266.0788 | 12094.310 | 3703.692 |
| 39 | 8267.1166 | 12092.792 | 3705.210 |

### AⅠ.3.3 半导体激光器的受激发射波长范围[1]

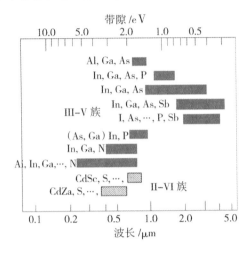

## 附录Ⅱ 标准光学谱线

### AⅡ.1 汞灯在可见光波长范围内的光学谱线[3]

| 颜色 | 波长/nm | 强度 | 颜色 | 波长/nm | 强度 |
|---|---|---|---|---|---|
| 紫 | 404.66 * | 强 | 黄 | 576.96 * | 强 |
| | 407.78 | 中等 | | 579.07 * | 强 |
| | 410.81 | 弱 | | 585.92 | 弱 |
| | 433.92 | 弱 | | 589.02 | 弱 |
| | 434.75 | 中等 | | | |
| | 435.84 * | 强 | | | |
| 蓝绿 | 491.60 * | 强 | 橙 | 607.26 | 弱 |
| | 496.03 | 中等 | | 612.33 | 弱 |
| | 496.03 | 中等 | 红 | 623.44 * | 中等 |
| 绿 | 535.41 | 弱 | 暗红 | 671.62 | 中等 |
| | 536.51 | 弱 | | 690.72 * | 中等 |
| | 546.07 * | 强 | | 708.19 | 弱 |
| | 567.59 | 弱 | | | |

注:标有"*"的光谱线比较强,常用来校准。

## AⅡ.2 氖灯的标准光学谱线[2]

| | 波长/nm | 波数/cm$^{-1}$ | 峰强 | 相对激光谱线的波数位移/cm$^{-1}$ | | | | |
|---|---|---|---|---|---|---|---|---|
| | | | | 488nm | 514.5nm | 632.8nm | 670.75nm | 784nm |
| 1 | 533.08 | 18758.9 | 25 | 1732.89 | 677.44 | −2956.13 | −3850.23 | −6003.81 |
| | 534.11 | 18722.7 | 20 | 1769.07 | 713.61 | −2919.95 | −3814.05 | −5967.63 |
| 2 | 540.06 | 18516.5 | 60 | 1975.34 | 919.88 | −2713.68 | −3607.78 | −5761.36 |
| 3 | 576.44 | 17347.9 | 80 | 3143.94 | 2088.49 | −1545.08 | −2439.17 | −4592.76 |
| 4 | 582.02 | 17181.5 | 40 | 3310.26 | 2254.81 | −1378.76 | −2272.86 | −4426.44 |
| 5 | 585.25 | 17086.7 | 500 | 3405.09 | 2349.63 | −1283.93 | −2178.03 | −4331.61 |
| | 587.28 | 17027.7 | 100 | 3464.15 | 2408.69 | −1224.87 | −2118.97 | −4272.55 |
| 7 | 588.19 | 17001.3 | 100 | 3490.49 | 2435.04 | −1198.53 | −2092.62 | −4246.21 |
| 8 | 590.25 | 16942.0 | 60 | 3549.83 | 2494.37 | −1139.19 | −2033.29 | −4186.87 |
| | 590.64 | 16930.8 | 60 | 3561.02 | 2505.56 | −1128.01 | −2022.10 | −4175.68 |
| 9 | 594.48 | 16821.4 | 100 | 3670.38 | 2614.92 | −1018.64 | −1912.74 | −4066.32 |
| 10 | 596.55 | 16763.1 | 100 | 3728.75 | 2673.29 | −960.27 | −1854.37 | −4007.95 |
| 11 | 597.46 | 16737.5 | 100 | 3754.28 | 2698.82 | −934.74 | −1828.84 | −3982.42 |
| | 597.55 | 16735.0 | 120 | 3756.80 | 2701.34 | −932.22 | −1826.32 | −3979.90 |
| 12 | 598.79 | 16700.3 | 80 | 3791.46 | 2736.00 | −897.56 | −1791.66 | −3945.24 |
| 13 | 602.99 | 16584.0 | 100 | 3907.78 | 2852.32 | −781.24 | −1675.34 | −3828.92 |
| 14 | 607.43 | 16462.8 | 100 | 4029.00 | 2973.54 | −660.02 | −1554.12 | −3707.70 |
| 15 | 614.31 | 16278.4 | 100 | 4213.38 | 3157.92 | −475.64 | −1369.74 | −3523.32 |
| 16 | 616.36 | 16224.3 | 120 | 4267.56 | 3212.06 | −421.50 | −1315.60 | −3469.18 |
| 17 | 618.21 | 16175.7 | 250 | 4316.07 | 3260.61 | −372.95 | −1267.05 | −3420.63 |
| 18 | 621.73 | 16084.2 | 150 | 4407.65 | 3352.19 | −281.37 | −1175.47 | −3329.05 |
| 19 | 626.65 | 15957.9 | 150 | 4533.93 | 3478.47 | −155.09 | −1049.19 | −3202.77 |
| 20 | 630.48 | 15860.9 | 60 | 4630.87 | 3515.41 | −58.15 | −952.25 | −3105.83 |
| 21 | 632.82 | 15802.3 | 7 | 4689.52 | 3634.06 | 0.50 | −893.60 | −3047.18 |
| 22 | 633.44 | 15786.8 | 100 | 4704.99 | 3649.53 | 15.97 | −878.13 | −3031.71 |
| 23 | 638.3 | 15666.6 | 120 | 4825.19 | 3769.73 | 136.17 | −757.93 | −2911.51 |
| 24 | 640.22 | 15619.6 | 200 | 4872.17 | 3816.72 | 183.15 | −710.95 | −2864.53 |
| 25 | 650.65 | 15369.2 | 150 | 5122.56 | 4067.10 | 433.54 | −460.56 | −2614.14 |
| 26 | 653.29 | 15307.1 | 60 | 5184.67 | 4129.21 | 495.64 | −398.45 | −2552.04 |
| 27 | 659.89 | 15154.0 | 150 | 5337.76 | 4282.31 | 648.74 | −245.36 | −2398.94 |
| 28 | 667.83 | 14973.9 | 90 | 5517.93 | 4462.48 | 828.91 | −65.19 | −2218.77 |
| 29 | 671.7 | 14887.6 | 20 | 5604.20 | 4548.75 | 915.18 | 21.09 | −2132.50 |
| 30 | 692.95 | 14431.1 | 100 | 6060.75 | 5005.29 | 1371.73 | 477.63 | −1675.95 |

续表

| | 波长/nm | 波数/cm$^{-1}$ | 峰强 | 相对激光谱线的波数位移/cm$^{-1}$ | | | | |
|---|---|---|---|---|---|---|---|---|
| | | | | 488nm | 514.5nm | 632.8nm | 670.75nm | 784nm |
| 31 | 702.41 | 14236.7 | 90 | 6255.10 | 5199.65 | 1566.08 | 671.98 | −1481.60 |
| | 703.24 | 14219.9 | 100 | 6271.91 | 5216.45 | 1582.88 | 688.79 | −1464.79 |
| 32 | 717.39 | 13939.4 | 100 | 6552.38 | 5496.93 | 1863.36 | 969.27 | −1184.32 |
| 33 | 724.52 | 13802.2 | 100 | 6689.56 | 5634.10 | 2000.64 | 1106.44 | −1047.14 |
| 34 | 747.24 | 13382.6 | 40 | 7109.22 | 6053.76 | 2420.20 | 1526.10 | −627.48 |
| 35 | 748.89 | 13353.1 | 90 | 7138.71 | 6083.25 | 2449.69 | 1555.59 | −597.99 |
| 36 | 753.58 | 13270.0 | 80 | 7221.81 | 6166.35 | ??? | 1638.69 | −514.89 |
| | 754.4 | 13255.6 | 80 | 7236.24 | 6180.78 | 2547.21 | 1653.12 | −500.47 |
| 37 | 772.46 | 12845.7 | 100 | 7546.15 | 6490.69 | 2857.13 | 1963.03 | −190.55 |
| 38 | 783.91 | 12756.6 | 300 | 7735.24 | 6679.78 | 3046.21 | 2152.12 | −1.46 |
| 39 | 792.71 | 12615.0 | 400 | 7676.85 | 6821.39 | 3187.83 | 2293.73 | 140.15 |
| 40 | 793.7 | 12599.2 | 700 | 7892.58 | 6837.13 | 3203.56 | 2309.47 | 155.88 |
| | 794.32 | 12589.4 | 2000 | 7902.42 | 6846.96 | 3213.40 | 2319.30 | 165.72 |
| 41 | 808.25 | 12372.4 | 2000 | 8119.39 | 7063.94 | 3430.37 | 2536.27 | 382.69 |
| 42 | 811.85 | 12317.5 | 1000 | 8174.26 | 7118.80 | 3485.23 | 2591.14 | 437.56 |
| 43 | 812.89 | 12301.8 | 600 | 8190.02 | 7134.56 | 3500.99 | 2606.90 | 453.31 |
| 44 | 813.64 | 12290.4 | 3000 | 8201.36 | 7145.90 | 3512.33 | 2618.24 | 464.65 |
| 45 | 825.94 | 12107.4 | 2500 | 8384.39 | 7328.93 | 3695.36 | 2801.27 | 647.69 |
| 46 | 826.61 | 12097.6 | 2500 | 8394.20 | 7338.74 | 3705.18 | 2811.08 | 657.50 |
| | 826.71 | 12096.1 | 800 | 8395.66 | 7340.21 | 3706.64 | 2812.54 | 658.96 |
| 47 | 830.03 | 12047.8 | 6000 | 8444.05 | 7388.59 | 3755.02 | 2860.93 | 707.34 |
| 48 | 836.57 | 11953.6 | 1500 | 8538.23 | 7482.77 | 3849.21 | 2955.11 | 801.53 |
| 49 | 837.76 | 11936.6 | 8000 | 8555.21 | 7499.75 | 3866.19 | 2972.09 | 818.51 |
| 50 | 841.72 | 11880.4 | 1000 | 8611.37 | 7555.91 | 3922.35 | 3028.25 | 874.67 |
| | 841.84 | 11878.7 | 4000 | 8613.06 | 7557.60 | 3924.04 | 3029.94 | 876.36 |
| 51 | 846.34 | 11815.6 | 1500 | 8676.22 | 7620.76 | 3987.20 | 3093.10 | 939.52 |
| 52 | 848.44 | 11786.3 | 800 | 8705.47 | 7650.01 | 4016.44 | 3122.35 | 968.76 |
| 53 | 849.54 | 11771.1 | 5000 | 8720.73 | 7665.27 | 4031.71 | 3137.61 | 984.03 |
| 54 | 854.47 | 11703.2 | 600 | 8788.64 | 7733.18 | 4099.62 | 3205.52 | 1051.94 |
| 55 | 857.14 | 11666.7 | 1000 | 8825.10 | 7769.64 | 4136.08 | 3241.98 | 1088.40 |
| 56 | 859.13 | 11639.7 | 4000 | 8852.12 | 7796.66 | 4163.10 | 3269.00 | 1115.42 |
| 57 | 863.46 | 11581.3 | 6000 | 8910.49 | 7855.03 | 4221.47 | 3327.37 | 1173.79 |
| 58 | 864.71 | 11564.6 | 3000 | 8927.23 | 7871.78 | 4238.21 | 3344.11 | 1190.53 |

续表

| | 波长/nm | 波数/cm$^{-1}$ | 峰强 | 相对激光谱线的波数位移/cm$^{-1}$ | | | | |
|---|---|---|---|---|---|---|---|---|
| | | | | 488nm | 514.5nm | 632.8nm | 670.75nm | 784nm |
| 59 | 865.44 | 11554.8 | 15000 | 8936.99 | 7881.53 | 4247.97 | 3353.87 | 1200.29 |
| | 865.55 | 11553.3 | 4000 | 8938.46 | 7883.00 | 4249.43 | 3355.34 | 1201.75 |
| 60 | 867.95 | 11521.4 | 5000 | 8970.40 | 7914.94 | 4281.38 | 3387.28 | 1233.70 |
| | 868.19 | 11518.2 | 5000 | 8973.59 | 7918.13 | 4284.57 | 3390.47 | 1236.89 |
| 61 | 870.41 | 11488.8 | 2000 | 9002.96 | 7947.51 | 4313.94 | 3419.85 | 1266.26 |
| 62 | 877.17 | 11400.3 | 4000 | 9091.50 | 8036.05 | 4402.48 | 3508.39 | 1354.80 |
| 63 | 878.06 | 11388.7 | 12000 | 9103.06 | 8047.60 | 4414.04 | 3519.94 | 1366.36 |
| | 878.38 | 11384.6 | 10000 | 9107.21 | 8051.75 | 4418.19 | 3524.09 | 1370.51 |
| 64 | 885.39 | 11294.5 | 7000 | 9197.35 | 8141.89 | 4508.32 | 3614.23 | 1460.64 |
| 65 | 886.53 | 11279.9 | 1000 | 9211.87 | 8156.41 | 4522.85 | 3628.75 | 1475.17 |
| | 886.57 | 11279.4 | 1000 | 9212.36 | 8156.92 | 4523.36 | 3629.26 | 1475.68 |
| 66 | 891.95 | 11211.4 | 3000 | 9280.41 | 8224.96 | 4591.39 | 3697.29 | 1543.71 |
| 67 | 898.86 | 11125.2 | 2000 | 9366.60 | 9311.14 | 4677.58 | 3783.48 | 1629.90 |
| 68 | 914.87 | 10930.5 | 6000 | 9561.29 | 8505.83 | 4872.27 | 3978.17 | 1824.59 |
| 69 | 920.18 | 10867.4 | 6000 | 9624.36 | 8568.91 | 4935.34 | 4041.25 | 1887.66 |
| 70 | 922.01 | 10845.9 | 4000 | 9645.93 | 8590.48 | 4956.91 | 4062.81 | 1909.23 |
| | 922.16 | 10844.1 | 2000 | 9647.70 | 8592.24 | 4958.68 | 4064.58 | 1911.00 |
| | 922.67 | 10838.1 | 2000 | 9653.69 | 8598.23 | 4964.67 | 4070.57 | 1916.99 |
| 71 | 927.55 | 10781.1 | 1000 | 9710.71 | 8655.26 | 5021.69 | 4127.59 | 1974.01 |
| 72 | 930.09 | 10751.6 | 6000 | 9740.16 | 8684.70 | 5051.13 | 4157.04 | 2003.45 |
| 73 | 931.06 | 10740.4 | 1500 | 9751.36 | 8695.90 | 5062.33 | 4168.24 | 2014.66 |
| 74 | 931.39 | 10736.6 | 3000 | 9755.16 | 8699.71 | 5066.14 | 4172.04 | 2018.46 |
| 75 | 932.65 | 10722.1 | 6000 | 9769.67 | 8714.21 | 5080.65 | 4186.55 | 2032.97 |
| 76 | 937.33 | 10668.6 | 2000 | 9823.20 | 8767.74 | 5134.18 | 4240.08 | 2086.50 |
| 77 | 942.54 | 10609.6 | 5000 | 9882.17 | 8826.72 | 5193.15 | 4299.06 | 2145.47 |
| 78 | 945.92 | 10571.7 | 3000 | 9920.08 | 8864.63 | 5231.06 | 4336.97 | 2183.38 |
| 79 | 948.67 | 10541.1 | 5000 | 9950.73 | 8895.27 | 5261.71 | 4367.61 | 2214.03 |
| 80 | 953.42 | 10488.6 | 5000 | 10003.25 | 8947.79 | 5314.22 | 4420.13 | 2266.55 |
| 81 | 954.74 | 10474.1 | 5000 | 10017.75 | 8962.29 | 5328.73 | 4434.63 | 2281.05 |
| 82 | 966.54 | 10346.2 | 1000 | 10145.62 | 9090.16 | 5456.60 | 4562.50 | 2408.92 |
| 83 | 1029.54 | 9713.1 | 800 | 10778.73 | 9723.27 | 6089.71 | 5195.61 | 3042.03 |
| 84 | 1056.24 | 9467.5 | 2000 | 11024.26 | 9968.80 | 6335.24 | 5441.14 | 3287.56 |
| 85 | 1079.81 | 9260.9 | 1500 | 11230.91 | 10175.46 | 6541.89 | 5647.80 | 3494.21 |
| 86 | 1084.45 | 9221.3 | 2000 | 11270.54 | 10215.08 | 6581.52 | 5687.42 | 3533.84 |

续表

| | 波长/nm | 波数/cm$^{-1}$ | 峰强 | 相对激光谱线的波数位移/cm$^{-1}$ | | | | |
|---|---|---|---|---|---|---|---|---|
| | | | | 488nm | 514.5nm | 632.8nm | 670.75nm | 784nm |
| 87 | 1114.3 | 8974.2 | 3000 | 11517.56 | 10462.10 | 6828.54 | 5934.44 | 3780.86 |
| 88 | 1117.75 | 8946.5 | 3500 | 11545.26 | 10489.80 | 6856.24 | 5962.14 | 3808.56 |
| 89 | 1139.04 | 8779.3 | 1600 | 11712.48 | 10657.02 | 7023.46 | 6129.36 | 3975.78 |
| 90 | 1140.91 | 8764.9 | 1100 | 11726.87 | 10671.41 | 7037.85 | 6143.75 | 3990.17 |
| | 1152.27 | 8678.5 | 3000 | 11813.28 | 10757.82 | 7124.26 | 6230.16 | 4076.58 |
| | 1152.5 | 8676.8 | 1500 | 11815.01 | 10759.56 | 7125.99 | 6231.89 | 4078.31 |
| 91 | 1153.63 | 8668.3 | 950 | 11823.51 | 10768.06 | 7134.49 | 6240.39 | 4086.81 |
| 92 | 1160.15 | 8619.6 | 500 | 11872.23 | 10816.77 | 7183.21 | 6289.11 | 4135.53 |
| | 1161.41 | 8610.2 | 1200 | 11881.58 | 10826.12 | 7192.56 | 6298.46 | 4144.88 |
| 93 | 1168.8 | 8555.8 | 300 | 11936.02 | 10880.56 | 7247.00 | 6352.90 | 4199.32 |
| 94 | 1176.68 | 8498.5 | 2000 | 11993.32 | 10937.86 | 7304.29 | 6410.20 | 4253.61 |
| 95 | 1178.9 | 8482.5 | 1500 | 12009.32 | 10953.86 | 7320.30 | 6426.20 | 4272.63 |

# 附录Ⅲ 拉曼张量

## AⅢ.1 拉曼张量及对称属性[4]

| 晶系 | 主轴取向 | 点群 | | 拉曼张量 | |
|---|---|---|---|---|---|
| | | 国际符号 | 熊夫利斯符号 | 不可约表示（密立根符号） | 不可约表示（贝特符号） |
| 单轴晶体 | | | | | |
| 三斜晶系 | | | | $\begin{pmatrix} a & d & e \\ d & b & f \\ e & f & c \end{pmatrix}$ | |
| | | 1 | $C_1$ | A | $\Gamma_1$ |
| | | $\bar{1}$ | $C_1$ | $A_g$ | $\Gamma_1^+$ |

续表

| 晶系 | 主轴取向 | 点群 国际符号 | 点群 熊夫利斯符号 | 拉曼张量 不可约表示（密立根符号） 不可约表示（贝特符号） |
|---|---|---|---|---|
| 单斜晶系 | | | | $\begin{pmatrix} a & d & 0 \\ d & b & 0 \\ 0 & 0 & c \end{pmatrix} \begin{pmatrix} 0 & 0 & e \\ 0 & 0 & f \\ e & f & 0 \end{pmatrix}$ |
| | $z \parallel C_2$ | 2 | $C_2$ | A  $\Gamma_1$   B  $\Gamma_2$ |
| | $z \perp \sigma_h$ | m | $C_{1h}$ | $A'$  $\Gamma_2$   $A''$  $\Gamma_2$ |
| | $z \parallel C_2$ | 2/m | $C_{2h}$ | $A_g$  $\Gamma_1^+$   $B_g$  $\Gamma_1^+$ |
| 正交晶系 | | | | $\begin{pmatrix} a & 0 & 0 \\ 0 & b & 0 \\ 0 & 0 & c \end{pmatrix} \begin{pmatrix} 0 & 0 & d \\ d & 0 & 0 \\ 0 & 0 & 0 \end{pmatrix} \begin{pmatrix} 0 & 0 & e \\ 0 & 0 & 0 \\ e & 0 & 0 \end{pmatrix} \begin{pmatrix} 0 & 0 & 0 \\ 0 & 0 & f \\ 0 & f & 0 \end{pmatrix}$ |
| | $x \parallel C_{\frac{x}{2}y} \parallel C_{\frac{y}{2}z} \parallel C_{\frac{z}{2}}$ | 222 | $C_2$ | A  $\Gamma_1$   $B_1$  $\Gamma_3$   $B_2$  $\Gamma_2$   $B_3$  $\Gamma_4$ |
| | $z \parallel C_{\frac{2}{2}}$ | mm2 | $C_{2v}$ | $A_1$  $\Gamma_1$   $A_2$  $\Gamma_3$   $B_1$  $\Gamma_2$   $B_2$  $\Gamma_4$ |
| | $z \parallel C_{\frac{2}{2}}$ | mmm | $D_{2h}$ | $A_g$  $\Gamma_1^+$   $B_{1g}$  $\Gamma_3^+$   $B_{2g}$  $\Gamma_2^+$   $B_3$  $\Gamma_4^+$ |

双轴晶体

| 晶系 | 主轴取向 | 点群 国际符号 | 点群 熊夫利斯符号 | 拉曼张量 |
|---|---|---|---|---|
| 三角晶系 | | | | $\begin{pmatrix} a & c & 0 \\ -c & a & 0 \\ 0 & 0 & b \end{pmatrix} \begin{pmatrix} d & e & f \\ e & -d & h \\ g & i & 0 \end{pmatrix} \begin{pmatrix} e & -d & -h \\ -d & -e & f \\ -i & g & 0 \end{pmatrix}$ |
| | $z \parallel C_3$ | 3 | $C_3$ | |
| | $z \parallel C_3$ | $\bar{3}$ | $C_3$ | A  $\Gamma_1$ |
| | | | | $A_g$  $\Gamma_1^+$ |
| | | | | E  $\Gamma_2 + \Gamma_3$ |
| | | | | $E_g$  $\Gamma_2^+ + \Gamma_3^+$ |
| | | | | $\begin{pmatrix} a & 0 & 0 \\ 0 & a & 0 \\ 0 & 0 & b \end{pmatrix} \begin{pmatrix} 0 & c & 0 \\ -c & 0 & 0 \\ 0 & 0 & 0 \end{pmatrix} \begin{pmatrix} 0 & d & 0 \\ d & 0 & e \\ 0 & f & 0 \end{pmatrix} \begin{pmatrix} d & 0 & -e \\ 0 & -d & 0 \\ -f & 0 & 0 \end{pmatrix}$ |
| | $z \parallel C_3$   $x \parallel C_2$ | 32 | $D_3$ | |
| | $z \parallel C_3$   $x \parallel C_2$ | $\bar{3}m$ | $D_{3d}$ | |
| | $z \parallel C_3$   $x \perp \sigma_v$ | $3m$ | $C_{3v}$ | |
| | | | | $A_1$  $\Gamma_1$     $A_2$  $\Gamma_2'$ |
| | | | | $A_{1g}$  $\Gamma_1^+$     $A_{2g}$  $\Gamma_2^+$ |
| | | | | E  $\Gamma_3$ |
| | | | | $E_g$  $\Gamma_3^+$ |

续表

| 晶系 | 主轴取向 | 点群 国际符号 | 点群 熊夫利斯符号 | 拉曼张量 不可约表示(密立根符号) / 不可约表示(贝特符号) |
|---|---|---|---|---|
| 四方晶系 | $z \parallel C_4$ <br> $z \parallel S_4$ <br> $z \parallel C_4$ | 4 <br> $\bar{4}$ <br> $4/m$ | $C_4$ <br> $S_4$ <br> $C_{4h}$ | $\begin{pmatrix} a & c & 0 \\ -c & a & 0 \\ 0 & 0 & b \end{pmatrix} \begin{pmatrix} d & e & 0 \\ e & -d & 0 \\ 0 & 0 & 0 \end{pmatrix} \begin{pmatrix} 0 & 0 & f \\ 0 & 0 & h \\ g & i & 0 \end{pmatrix} \begin{pmatrix} 0 & 0 & -h \\ 0 & 0 & f \\ -i & g & 0 \end{pmatrix}$ <br> A  $\Gamma_1$   B  $\Gamma_2$   E  $\Gamma_3+\Gamma_4$ <br> $A_g$  $\Gamma_1^+$   $B_g$  $\Gamma_2^+$   $E_g$  $\Gamma_3^+ + \Gamma_4^+$ <br><br> $\begin{pmatrix} a & 0 & 0 \\ 0 & a & 0 \\ 0 & 0 & b \end{pmatrix} \begin{pmatrix} 0 & c & 0 \\ -c & 0 & 0 \\ 0 & 0 & 0 \end{pmatrix} \begin{pmatrix} d & 0 & 0 \\ 0 & -d & 0 \\ 0 & 0 & 0 \end{pmatrix} \begin{pmatrix} 0 & e & 0 \\ e & 0 & 0 \\ 0 & 0 & 0 \end{pmatrix}$ |
| | $z \parallel C_4 \quad x \parallel \sigma_v$ <br> $x \parallel C_3 \quad x \parallel C_2'$ <br> $z \parallel S_4 \quad x \parallel C_2'$ <br> $z \parallel C_4 \quad x \parallel C_2'$ | $4mm$ <br> $422$ <br> $\bar{4}2m$ <br> $4/mmm$ | $C_{4h}$ <br> $D_4$ <br> $D_{2d}$ <br> $D_{4h}$ | $\begin{pmatrix} 0 & 0 & f \\ 0 & 0 & 0 \\ g & 0 & 0 \end{pmatrix} \begin{pmatrix} 0 & 0 & 0 \\ 0 & 0 & f \\ 0 & g & 0 \end{pmatrix}$ <br> $A_1$  $\Gamma_1$   $A_2$  $\Gamma_2$   $B_1$  $\Gamma_3$   $B_2$  $\Gamma_4$ <br> $A_{1g}$  $\Gamma_1^+$   $A_{2g}$  $\Gamma_2^+$   $B_{1g}$  $\Gamma_3^+$   $B_{2g}$  $\Gamma_4^+$ <br> E  $\Gamma_5$ <br> $E_g$  $\Gamma_5^+$ |
| 六角晶系 | $z \parallel C_6$ <br> $z \parallel C_3$ <br> $z \parallel C_6$ | 6 <br> $\bar{6}$ <br> $6/m$ | $C_6$ <br> $C_{3h}$ <br> $C_{6h}$ | $\begin{pmatrix} a & c & 0 \\ -c & a & 0 \\ 0 & 0 & b \end{pmatrix} \begin{pmatrix} 0 & 0 & d \\ 0 & 0 & f \\ e & g & 0 \end{pmatrix} \begin{pmatrix} 0 & 0 & -f \\ 0 & 0 & d \\ -g & e & 0 \end{pmatrix} \begin{pmatrix} i & h & 0 \\ h & -i & 0 \\ 0 & 0 & 0 \end{pmatrix}$ <br> $\begin{pmatrix} h & -i & 0 \\ -i & -h & 0 \\ 0 & 0 & 0 \end{pmatrix}$ <br> A  $\Gamma_1$   $E_1$  $\Gamma_5+\Gamma_6$   $E_2$  $\Gamma_2+\Gamma_3$ <br> $A^1$  $\Gamma_1$   $E^H$  $\Gamma_5+\Gamma_6$   $E^+$  $\Gamma_2+\Gamma_3$ <br> $A_g$  $\Gamma_1^+$   $E_{1g}$  $\Gamma_5^+ + \Gamma_6^+$   $E_{2g}$  $\Gamma_2^+ + \Gamma_3^+$ |

续表

| 晶系 | 主轴取向 | 点群 国际符号 | 点群 熊夫利斯符号 | 拉曼张量 不可约表示（密立根符号） 不可约表示（贝特符号） |
|---|---|---|---|---|
| | $z \parallel C_6 \quad x \parallel C_2^+$ $z \parallel C_6 \quad x \parallel \sigma_v$ $z \parallel C_3 \quad x \parallel C_2$ $z \parallel C_6 \quad x \parallel C_2^+$ | 622 $6mm$ $\bar{6}m2$ $6/mmm$ | $D_6$ $C_{6v}$ $D_{3h}$ $D_{6h}$ | $\begin{pmatrix} a & 0 & 0 \\ 0 & a & 0 \\ 0 & 0 & b \end{pmatrix} \begin{pmatrix} 0 & 0 & 0 \\ 0 & 0 & c \\ 0 & c & 0 \end{pmatrix} \begin{pmatrix} 0 & 0 & -c \\ 0 & 0 & 0 \\ -c & 0 & 0 \end{pmatrix} \begin{pmatrix} 0 & 0 & -d \\ -d & 0 & 0 \\ 0 & 0 & 0 \end{pmatrix}$ $\begin{pmatrix} d & 0 & 0 \\ 0 & -d & 0 \\ 0 & 0 & 0 \end{pmatrix}$ $\begin{array}{llllll} A_1 & \Gamma_1 & A_2 & \Gamma_2 & E_1 & \Gamma_5 \\ A_1^1 & \Gamma_1 & A_2^1 & \Gamma_2 & E^n & \Gamma_5 \\ A_{1g} & \Gamma_1^+ & A_{2g} & \Gamma_2^+ & E_{1g} & \Gamma_5^+ \end{array}$ $\begin{array}{ll} E_1 & \Gamma_6 \\ E^1 & \Gamma_6 \\ E_{2g} & \Gamma_6^+ \end{array}$ |
| | | 各项同性晶体 | | |
| 正方晶系 | $x \parallel C_2^x \, y \parallel C_2^y \, z$ $\parallel C_2^z$ $x \parallel C_2^x \, y \parallel C_2^y \, z$ $\parallel C_2^z$ | 23 $m3$ | $T$ $T_h$ | $\begin{pmatrix} a & 0 & 0 \\ 0 & a & 0 \\ 0 & 0 & a \end{pmatrix} \begin{pmatrix} b & 0 & 0 \\ 0 & b & 0 \\ 0 & 0 & -2b \end{pmatrix} \begin{pmatrix} -\sqrt{3}b & 0 & 0 \\ 0 & \sqrt{3}b & 0 \\ 0 & 0 & 0 \end{pmatrix}$ $\begin{pmatrix} 0 & 0 & 0 \\ 0 & 0 & c \\ 0 & d & 0 \end{pmatrix} \begin{pmatrix} 0 & 0 & c \\ 0 & 0 & 0 \\ d & 0 & 0 \end{pmatrix}$ $\begin{pmatrix} 0 & c & 0 \\ d & 0 & 0 \\ 0 & 0 & 0 \end{pmatrix}$ $\begin{array}{llll} A & \Gamma_1 & E & \Gamma_2 + \Gamma_3 \\ A_g & \Gamma_1^+ & E_g & \Gamma_2^+ + \Gamma_3^+ \end{array}$ $\begin{array}{ll} T & \Gamma_4 \\ T_g & \Gamma_4^+ \end{array}$ |

续表

| 晶系 | 主轴取向 | 点群 国际符号 | 点群 熊夫利斯符号 | 拉曼张量 不可约表示（密立根符号） 不可约表示（贝特符号） |
|---|---|---|---|---|
| | $x\|C_4^x\ y\|C_4^y\ z\|C_4^z$ | 432 | O | |
| | $x\|C_4^x\ y\|C_4^y\ z\|C_4^z$ | $\bar{4}3m$ | $T_d$ | |
| | $x\|C_4^x\ y\|C_4^y\ z\|C_4^z$ | $m3m$ | $O_h$ | |

$$\begin{pmatrix} a & 0 & 0 \\ 0 & a & 0 \\ 0 & 0 & a \end{pmatrix} \begin{pmatrix} b & 0 & 0 \\ 0 & b & 0 \\ 0 & 0 & -2b \end{pmatrix} \begin{pmatrix} -\sqrt{3}b & 0 & 0 \\ 0 & \sqrt{3}b & 0 \\ 0 & 0 & 0 \end{pmatrix}$$

$$\begin{pmatrix} 0 & 0 & 0 \\ 0 & 0 & c \\ 0 & d & 0 \end{pmatrix} \begin{pmatrix} 0 & 0 & c \\ 0 & 0 & 0 \\ d & 0 & 0 \end{pmatrix}$$

$$\begin{pmatrix} 0 & c & 0 \\ d & 0 & 0 \\ 0 & 0 & 0 \end{pmatrix}$$

$A_1\ \Gamma_1 \quad E\ \Gamma_3 \quad T_1\ \Gamma_4$

$A_{1g}\ \Gamma_1^+ \quad E_g\ \Gamma_3^+ \quad T_{1g}\ \Gamma_4^+$

$T_2\ \Gamma_5$

$T_{2g}\ \Gamma_5^+$

## AⅢ.2 拉曼张量的应用

### AⅢ.2.1 关于微分散射截面（DSCS）

DSCS 可以用公式 $d\sigma/d\Omega \approx |e_i^s x_{ij} e_j^i|^2$ 描述，其中 $e_i^s$ 和 $e_j^i$ 分别表示沿 $i$ 和 $j$ 方向的散射光和入射光的偏振方向，而 $x_{ij}$ 表示拉曼张量的 $i$ 和 $j$ 分量。这里 $i$ 和 $j$ 代表笛卡儿坐标系中的分量 $x$，$y$ 和 $z$。

在图 AⅢ.1 所示的直角散射配置下，DSCS 即 $d\sigma/d\Omega$，可表示为如下的拉曼张量

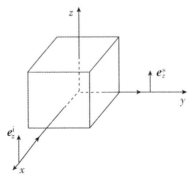

图 AⅢ.1　直角散射几何配置

1.对于典型的点阵

(1) 正交晶格 $D_2$

$$A(\Gamma_1): \begin{pmatrix}0\\0\\1\end{pmatrix}\begin{pmatrix}a & 0 & 0\\0 & b & 0\\0 & 0 & c\end{pmatrix}\begin{pmatrix}0\\0\\1\end{pmatrix}=(0,0,c)\cdot(0,0,1)=c\to\frac{d\sigma}{d\Omega}$$

$$B_2(\Gamma_2): \begin{pmatrix}0\\0\\1\end{pmatrix}\begin{pmatrix}& & f\\ & & \\ g & & \end{pmatrix}\begin{pmatrix}0\\0\\1\end{pmatrix}=(f,0,0)\cdot(0,0,1)=0$$

$$B_1(\Gamma_3): \begin{pmatrix}0\\0\\1\end{pmatrix}\begin{pmatrix}& d & \\ e & & \\ & & \end{pmatrix}\begin{pmatrix}0\\0\\1\end{pmatrix}=0$$

$$B_1(\Gamma_3): \begin{pmatrix}0\\1\\0\end{pmatrix}\begin{pmatrix}& d & \\ e & & \\ & & \end{pmatrix}\begin{pmatrix}1\\0\\0\end{pmatrix}=(0,e,0)\cdot(0,1,0)=e\to\frac{d\sigma}{d\Omega}\sim e^2$$

(2) 三角晶格 $D_{4h}$：金红石 $TiO_2$

$$\Lambda_{01}(\Gamma_{1g}): \begin{pmatrix}0\\0\\1\end{pmatrix}\begin{pmatrix}a & & \\ & a & \\ & & b\end{pmatrix}\begin{pmatrix}0\\0\\1\end{pmatrix}=(0,0,1)\cdot(0,0,b)=b\to\frac{d\sigma}{d\Omega}\sim b^2$$

$$E_g(\Gamma_5^+): \begin{pmatrix}0\\0\\1\end{pmatrix}\begin{pmatrix}& & f\\ & & \\ g & & \end{pmatrix}\begin{pmatrix}1\\0\\0\end{pmatrix}=(1,0,0)\cdot(f,0,0)=f\to\frac{d\sigma}{d\Omega}\sim f^2$$

$$A_{1g}(\Gamma_1): \begin{pmatrix}1\\0\\0\end{pmatrix}\begin{pmatrix}a & & \\ & a & \\ & & b\end{pmatrix}\begin{pmatrix}0\\0\\1\end{pmatrix}=(0,0,1)\cdot(a,0,0)=a\to\frac{d\sigma}{d\Omega}\sim a^2$$

$$B_{1g}(\Gamma_3^+): \begin{pmatrix}1\\0\\0\end{pmatrix}\begin{pmatrix}d & & \\ & -d & \\ & & 0\end{pmatrix}\begin{pmatrix}1\\0\\0\end{pmatrix}=(1,0,0)\cdot(d,0,0)=d\to\frac{d\sigma}{d\Omega}\sim d^2$$

$$B_{2g}(\Gamma_4^+): \begin{pmatrix}0\\1\\0\end{pmatrix}\begin{pmatrix}& e & \\ e & & \\ & & \end{pmatrix}\begin{pmatrix}1\\0\\0\end{pmatrix}=(0,1,0)\cdot(0,e,0)=e\to\frac{d\sigma}{d\Omega}\sim e^2$$

(3) 立方晶格 $O_h$：

① 金刚石结构的 Si（反演对称性）

$$A_1(\Gamma_1): \begin{pmatrix}1\\-1\\0\end{pmatrix}\begin{pmatrix}a & & \\ & a & \\ & & a\end{pmatrix}\begin{pmatrix}1\\1\\0\end{pmatrix}=0$$

$$E(\Gamma_3^+): \begin{pmatrix} 1 \\ -1 \\ 0 \end{pmatrix} \begin{pmatrix} -\sqrt{3}b & \\ & \sqrt{3}b \\ & & \end{pmatrix} \begin{pmatrix} 1 \\ 1 \\ 0 \end{pmatrix} = -\sqrt{3}b \to \frac{d\sigma}{d\Omega} \sim 3b^2$$

② 闪锌矿结构 ZnS，GaP，GaAs(无反演对称性)

$$A_1(\Gamma_1): \begin{pmatrix} 1 \\ 1 \\ 1 \end{pmatrix} \begin{pmatrix} a & & \\ & a & \\ & & a \end{pmatrix} \begin{pmatrix} 1 \\ 1 \\ 1 \end{pmatrix} = a \to \frac{d\sigma}{d\Omega} \sim a^2$$

$$T_2(\Gamma_5): \left. \begin{array}{l} \begin{pmatrix} 1 \\ 1 \\ 1 \end{pmatrix} \begin{pmatrix} & & \\ & & d \\ & d & \end{pmatrix} \begin{pmatrix} 1 \\ 1 \\ 1 \end{pmatrix} = \frac{1}{3}(d+d) \to \frac{4}{3}d^2 \\ \begin{pmatrix} 1 \\ 1 \\ 1 \end{pmatrix} \begin{pmatrix} & & d \\ & & \\ d & & \end{pmatrix} \begin{pmatrix} 1 \\ 1 \\ 1 \end{pmatrix} \to \frac{4}{3}d^2 \\ \begin{pmatrix} 1 \\ 1 \\ 1 \end{pmatrix} \begin{pmatrix} & d & \\ d & & \\ & & \end{pmatrix} \begin{pmatrix} 1 \\ 1 \\ 1 \end{pmatrix} \to \frac{4}{3}d^2 \end{array} \right\} \left. \frac{d\sigma}{d\Omega} \right|_{total} = \frac{4}{3}d^2$$

2. 对于典型的半导体[5]

|  | 散射截面 | 入射光偏振方向 | 散射光偏振方向 | 微分散射截面 |
|---|---|---|---|---|
| Si | [001] | (100) | (100) | $a^2 + 4b^2$ |
|  | [001] | (100) | (010) | $d^2$ |
|  | [001] | (110) | (110) | $3b^2$ |
|  | [001] | (110) | (110) | $a^2 + b^2 + d^2$ |
| GaP | [100] | (100) | (100) | $a^2 + 4b^2$ |
|  | [100] | (100) | (011) | $d^2$ |
|  | [111] | (111) | (111) | $a^2 + \frac{4}{3}d^2$ |
|  | [111] | (111) | (211) | $2b^2 + \frac{1}{3}d^2$ |
|  | [110] | (110) | (110) | $a^2 + b^2 + d^2$ |
|  | [110] | (110) | (110) | $b^2 + \frac{2}{3}d^2$ |

AⅢ.2.2　关于偏振选择定则

1. 闪锌矿结构

在闪锌矿结构中，只有 $G_5$ 光学声子是拉曼活性的。由于不同的声子的

偏移 $u$ 对应于拉曼张量中的不同组分,我们有

$$u /\!/ x \to (\Gamma_{5,x}) \begin{pmatrix} & & \\ & & d \\ & d & \end{pmatrix}$$

$$u /\!/ y \to (\Gamma_{5,y}) \begin{pmatrix} & & d \\ & & \\ d & & \end{pmatrix}$$

$$u /\!/ z \to (\Gamma_{5,z}) \begin{pmatrix} & d & \\ d & & \\ & & \end{pmatrix}$$

$$u /\!/ (x,y,0) \to \frac{1}{\sqrt{2}}(\Gamma_{5,x} + \Gamma_{5,y})$$

在如图 AⅢ.2(a)所示的背散射配置中如果我们选择

$$e^i = (0,1,0)$$
$$e^s = (0,0,1)$$

将只有偏移 $u /\!/ (x,y,0)$ 的 $\Gamma_{5,x}$ 能够对散射有贡献。而 LO 声子的偏移 $u$ 平行于波矢 $k$,即 $u /\!/ k$,因此在上述实验配置中只能观测到 LO 声子。

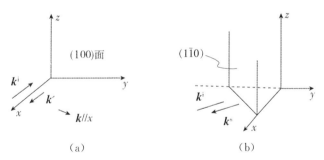

图 AⅢ.2 背散射几何配置

如图 AⅢ.2(b)所示的背散射配置中,如果我们令

$$e^i = (0,1,0)$$
$$e^s = (1,1,0)$$

只有偏移 $u /\!/ (x,y,0)$ 的 $\Gamma_{5,x}$ 和 $\Gamma_{5,y}$ 能对散射有贡献。由于 TO 声子是偏移 $u$ 垂直于波矢 $k$ 的,即对声子有 $u \perp k$。因此在上述配置中我们只能观测到 TO 声子的散射。

在如图 AⅢ.2(b)所示的背散射配置中,闪锌矿晶体的偏振选择定则可以如下列出:

| 晶面 | 入射光的偏振方向 | 散射光的偏振方向 | 拉曼张量的组分 |
|---|---|---|---|
| (100) | (0−1−1) | (0−1−1) | $a^2+b^2+d^2$(LO) |
| (100) | (011) | (01−1) | $3b^2$(禁戒) |
| (100) | (010) | (001) | $d^2$(LO) |
| (100) | (010) | (010) | $a^2+4b^2$(禁戒) |
| (1−10) | (110) | (110) | $a^2+b^2+d^2$(TO) |
| (1−10) | (001) | (001) | $a^2+4b^2$(禁戒) |
| (1−10) | (001) | (110) | $d^2$(TO) |
| (1−10) | (111) | (111) | $a^2\ \frac{4}{3}d^2\ \frac{4}{3}$(TO) |

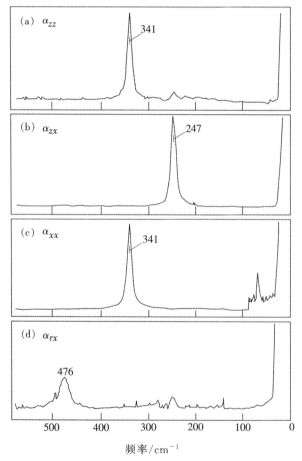

图 AⅢ.3. $MnF_2$晶体的拉曼光谱(a) $a_{zz}$分量展示了在 341$cm^{-1}$的 $A_{1g}$声子以及很弱的双声子带;(b) $a_{zx}$分量展示了在 247$cm^{-1}$的 $E_g$声子;(c) $a_{xx}$分量分别展示了分别在 341$cm^{-1}$和 61$cm^{-1}$的 $A_{1g}$和 $B_{1g}$声子;为了显示清楚地显示 $B_{1g}$声子,在图中把强度扩大了 10 倍;(d) $a_{yx}$展示了在 476$cm^{-1}$的 $B_{2g}$声子以及在更强的 $E_g$声子的泄漏峰[6]

2. 金红石结构

作为一个可以显示拉曼光谱中的偏振选择定则使用方法的例子，$MnF_2$ 的一阶拉曼光谱如图 AⅢ.3 所示。该图表明由群论预言的四个拉曼活性声子频率 $A_{1g}$, $B_{1g}$, $B_{2g}$ 和 $E_g$ 已在相应的几何配置中测得。

# 附录Ⅳ 晶体的组成、偏振和对称性结构

## AⅣ.1 晶体的组成、偏振和晶体结构

凝聚态物质都是由原子、离子或分子通过它们之间的相互作用组合而成的。由不同类型的相互作用形成的凝聚态物质具有不同的物理性质。由于构成物质的原子、离子和分子在几何空间中的不同排列，凝聚态物质可分为固体、液体以及液晶等等。固体又可以基于是否有长程序进一步分为晶体和无定形态。

由于原子核外电子的"电学"相互作用，凝聚态物质可通过原子或分子的成键而构成。这种键可以分为五种：离子键、共价键、金属键、氢键和范德瓦尔斯键，相应地形成具有不同结构和对称性的离子晶体、共价晶体、金属晶体、分子晶体和氢键晶体。和半导体相关的晶体主要有如下两类。

### AⅣ.1.1 离子晶体/极性晶体

离子晶体中的基本粒子是阳离子和阴离子。离子间的库仑作用使这些粒子构成了具有离子键的离子晶体，也称为极性晶体。$NaCl$, $MgO$, $CoCl$, $LiF$ 及 $FeO$ 等都是离子晶体。

离子晶体的晶体结构包括：$NaCl$ 型（面心立方）、$CsCl$ 型（简单立方）、闪锌矿型（面心立方，如 $ZnS$、$SiC$）、纤锌矿型（六角，如 $ZnS$、$ZnO$）、萤石型（面心立方，$LiO_2$）和金红石型（四方，如 $CdSe$、$GeO_2$）结构。

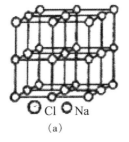

(a)

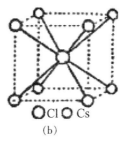

(b)

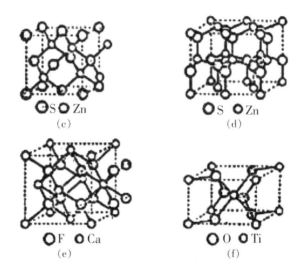

图 AIV.1 一些典型晶体结构的示意图:(a) NaCl 型;(b) CsCl 型;(c) 闪锌矿型($ZnS$);(d) 纤锌矿型($ZnS$);(e) 萤石型($CaF_2$)和(f) 金红石型($TiO_2$)[4]

### AIV.1.2 共价晶体/同极晶体

由共价键形成的晶体即所谓的共价晶体或称同极晶体。然而,当 A 和 B 是不同种类的原子时,形成的共价键常常含有离子键的成分,而晶体成为共价和离子结构的过渡形式。因此,纯共价键晶体只有金刚石,Si,Ge 和灰锡。

通常,人们用电离度 $f_i$ 来描述共价键中的离子性,进而用有效离子电荷来表示组分中的总有效离子电荷 $q^*$。共价晶体的晶体结构有:金刚石结构(四面体,如金刚石,Si)、闪锌矿结构、纤锌矿结构(如 ZnS, ZnO, HgS 和 CuCl)和硅酸盐结构(如石英晶体)。

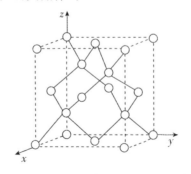

图 AIV.2 金刚石结构的示意图[7]

AIV.1.3 半导体典型的晶体结构

| 晶体 | 晶体结构 | 晶体 | 晶体结构 |
| --- | --- | --- | --- |
| 金刚石 | 金刚石 | PbSe | 闪锌矿(ZnS) |
| Si | 闪锌矿(ZnS) | PbTe | 闪锌矿(ZnS) |
| Ge | 金刚石 | AlN | 闪锌矿(ZnS) |
| InAs | 闪锌矿(ZnS) | GaN | 闪锌矿(ZnS) |
| InSb | 闪锌矿(ZnS) | InN | 闪锌矿(ZnS) |
| SiC | 闪锌矿(ZnS) | ZnO | 闪锌矿(ZnS) |
| InP | 闪锌矿(ZnS) | PbS | 闪锌矿(ZnS) |
| AlAs | 闪锌矿(ZnS) | $MgO_2$ | 金红石 |
| AlP | 闪锌矿(ZnS) | $MnF_2$ | 金红石 |
| AlSb | 闪锌矿(ZnS) | $MnO_2$ | 金红石 |
| GaP | 闪锌矿(ZnS) | $SnO_2$ | 金红石 |
| GaAs | 闪锌矿(ZnS) | $GeO_2$ | 金红石 |
| GaSb | 闪锌矿(ZnS) | $ZnO_2$ | 金红石 |
| CdTe | 闪锌矿(ZnS) | $MnO_2$ | 金红石 |
| CdS | 闪锌矿(ZnS) | | |

## AⅣ.2　晶系及其基矢、布拉维格子和点群对称性[7]

| 晶系 | 单胞的基矢 $a_1$, $a_2$, $a_3$ 的特征 | 布拉维格子 | | | | 点群 |
|---|---|---|---|---|---|---|
| 三斜晶系 | $a_1 \neq a_2 \neq a_3$<br>$a_1, a_2, a_3$ 的夹角两两不等 | $\alpha, \beta, \gamma \neq 90°$ | | | | $C_1$, $C_i$ |
| 单斜晶系 | $a_1 \neq a_2 \neq a_3$<br>$a_2 \perp a_1, a_3$ | 简单单斜<br>$\alpha \neq 90°$<br>$\beta, \gamma \neq 90°$ | 底心单斜<br>$\alpha \neq 90°$<br>$\beta, \gamma \neq 90°$ | | | $C_2$, $C_{1h}$, $C_{2h}$ |
| 正交晶系 | $a_1 \neq a_2 \neq a_3$<br>$a_1, a_2, a_3$ 互相垂直 | 简单正交<br>$a \neq b \neq c$ | 底心正交<br>$a \neq b \neq c$ | 体心正交<br>$a \neq b \neq c$ | 面心正交<br>$a \neq b \neq c$ | $D_2$, $C_{2v}$, $C_{2h}$ |
| 三角晶系 | $a_1 = a_2 = a_3$<br>$\alpha = \beta = \gamma$<br>$< 120°, \neq 90°$ | $\alpha = \beta = \gamma \neq 90°$ | | | | $C_3$, $C_{3i}$, $D_3$,<br>$D_{3v}$ $D_{3d}$ |
| 四方晶系 | $a_1 = a_2 \neq a_3$<br>$\alpha = \beta = \gamma = 90°$ | 简单四方<br>$a \neq c$ | 体心四方<br>$a \neq c$ | | | $C_4$, $C_{4h}$,<br>$D_4$, $C_{4h}$<br>$D_{4h}$, $S_4$, $D_{2d}$ |

续表

| 晶系 | 单胞的基矢 $a_1$, $a_2$, $a_3$ 的特征 | 布拉维格子 | | | 点群 |
|---|---|---|---|---|---|
| 六角晶系 | $a_1=a_2\neq a_3$ $a_3\perp a_1,a_2$ $a_1,a_2$, 夹角为120° | | | | $C_6,C_{6h}$, $D_6,C_{3h}$, $C_{6v},D_{3h},D_{6h}$ |
| 立方晶系 | $a_1=a_2=a_3$ $\alpha=\beta=\gamma=90°$ | 简单立方 (SC) | 体心立方 (BCC) | 面心立方 (FCC) | $T,T_h,T_d$, $O,O_h$ |

## 附录Ⅴ 普通晶体和典型半导体的布里渊区、振动模及其拉曼光谱

### AⅤ.1 立方晶系布里渊区及其对称点[4]

| 简单立方 | | 面心立方 | | 体心立方 | |
|---|---|---|---|---|---|
| 符号 | 坐标 | 符号 | 坐标 | 符号 | 坐标 |
| Γ | (0,0,0) | Γ | (0,0,0) | Γ | (0,0,0) |
| X | $\frac{\pi}{a}(0,1,0)$ | X | $\frac{2\pi}{a}(0,1,0)$ | H | $\frac{2\pi}{a}(0,1,0)$ |
| R | $\frac{\pi}{a}(1,1,1)$ | L | $\frac{2\pi}{a}\left(\frac{1}{2},\frac{1}{2},\frac{1}{2}\right)$ | P | $\frac{2\pi}{a}\left(\frac{1}{2},\frac{1}{2},\frac{1}{2}\right)$ |
| M | $\frac{\pi}{a}(1,1,0)$ | K | $\frac{2\pi}{a}\left(\frac{3}{4},\frac{3}{4},0\right)$ | N | $\frac{2\pi}{a}\left(\frac{1}{2},\frac{1}{2},0\right)$ |
| Δ | $\frac{\pi}{a}(0,a,0)$ | W | $\frac{2\pi}{a}\left(\frac{1}{2},1,0\right)$ | Δ | $\frac{2\pi}{a}(0,a,0)$ |
| Λ | $\frac{\pi}{a}(a,a,a)$ | U | $\frac{2\pi}{a}\left(\frac{1}{4},1,\frac{1}{4}\right)$ | Λ | $\frac{2\pi}{a}\left(\frac{a}{2},\frac{a}{2},\frac{a}{2}\right)$ |

续表

| | 简单立方 | | 面心立方 | | 体心立方 |
|---|---|---|---|---|---|
| $\Sigma$ | $\frac{\pi}{a}(a,a,0)$ | $\Delta$ | $\frac{2\pi}{a}(0,a,0)$ | $\Sigma$ | $\frac{2\pi}{a}\left(\frac{a}{2},\frac{a}{2},0\right)$ |
| T | $\frac{\pi}{a}(1,1,a)$ | $\Lambda$ | $\frac{2\pi}{a}\left(\frac{a}{2},\frac{a}{2},\frac{a}{2}\right)$ | | |
| E | $\frac{\pi}{a}(a,1,0)$ | $\Sigma$ | $\frac{2\pi}{a}\left(\frac{3}{4}a,\frac{3}{4}a,0\right)$ | | |
| S | $\frac{\pi}{a}(a,1,a)$ | Z | $\frac{2\pi}{a}\left(\frac{a}{2},1,0\right)$ | | |
| | | S | $\frac{2\pi}{a}\left(\frac{a}{4},1,\frac{a}{4}\right)$ | | |

注：$0<a<1$。

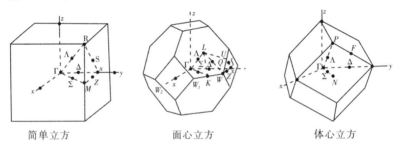

简单立方　　　面心立方　　　体心立方

图 AV.1　立方晶系的布里渊区示意图[4]

## AV.2　一些具体的振动模和对称性[8]

| 典型晶体 | 对称性分类 | | 振动模的对称性 | | | |
|---|---|---|---|---|---|---|
| | | | 声学 | 光学(拉曼活性) | 光学(拉曼非活性) | 其他晶体 |
| $NaNO_2$ | $mm2$ | $C_{2v}$ | $\Gamma_1+\Gamma_2+\Gamma_4$ | $3\Gamma_1+3\Gamma_2+\Gamma_3+2\Gamma_4$ | | |
| $CaWO_4$ | $4/m$ | $C_{4h}$ | $\Gamma_1^-+(\Gamma_3^-+\Gamma_4^-)^*$ | $2\Gamma_1^++5\Gamma_2^++5(\Gamma_3^++\Gamma_4^+)$ | $4\Gamma_1^-+3\Gamma_2^-+4(\Gamma_3^-+\Gamma_4^-)$ | $CaMoO_4$, $SrMoO_4$ |
| $BaTiO_3$ | $4mm$ | $C_{4v}$ | $\Gamma_1+\Gamma_5$ | $3\Gamma_1+\Gamma_3+4\Gamma_5$ | | |
| $SrTiO_3$ | $4/mmm$ | $D_{4h}$ | $\Gamma_2^-+\Gamma_5^-$ | $\Gamma_1^++2\Gamma_3^++\Gamma_4^++3\Gamma_5^+$ | $2\Gamma_2^++\Gamma_1^-+3\Gamma_2^-+\Gamma_4^-+5\Gamma_5^-$ | |

续表

| 典型晶体 | 对称性分类 | | 振动模的对称性 | | | |
|---|---|---|---|---|---|---|
| | | | 声学 | 光学(拉曼活性) | 光学(拉曼非活性) | 其他晶体 |
| TiO$_2$ | $4/mmm$ | $D_{4h}$ | $\Gamma_2^- + \Gamma_5^-$ | $\Gamma_1^+ + \Gamma_3^+ + \Gamma_4^+ + 3\Gamma_5^+$ | $\Gamma_2^+ + \Gamma_2^- + 2\Gamma_3^- + 3\Gamma_5^-$ | MnF$_2$, FeF$_2$, CoF$_2$ |
| SiO$_2$ $\alpha$-石英 | 32 | $D_3$ | $\Gamma_2 + \Gamma_3$ | $4\Gamma_1 + 8\Gamma_3$ | $4\Gamma_2$ | |
| Bi | $\bar{3}m$ | $D_{3d}$ | $\Gamma_2^- + \Gamma_3^-$ | $\Gamma_2^+ + \Gamma_3^+$ | | As, Sb |
| LiIO$_3$ | 6 | $C_6$ | $\Gamma_1 + (\Gamma_5 + \Gamma_6)$ | $4\Gamma_1 + 5(\Gamma_2 + \Gamma_3) + 4(\Gamma_5 + \Gamma_6)$ | $5\Gamma_4$ | |
| ZnS | $6mm$ | $C_{6v}$ | $\Gamma_1 + \Gamma_5$ | $\Gamma_1 + \Gamma_5 + 2\Gamma_6$ | $2\Gamma_3$ | ZnO, CdS, BeO |
| Zn | $6/mmm$ | $D_{6h}$ | $\Gamma_2^- + \Gamma_5^-$ | $\Gamma_6^+$ | $\Gamma_3^+$ | Be, Mg, Cd |
| ZnS | $43m$ | $T_d$ | $\Gamma_5$ | $\Gamma_5$ | | GaAs, GaP |
| CaTiO$_3$ | $m3m$ | $O_h$ | $\Gamma_4^-$ | | $3\Gamma_4^- + \Gamma_5^-$ | BaTiO$_3$, SrTiO$_3$ |
| CaF$_2$ | $m3m$ | $O_h$ | $\Gamma_4^-$ | $\Gamma_5^+$ | $\Gamma_4^-$ | SrF$_2$, BaF$_2$, AuAl$_2$ |
| 金刚石 | $m3m$ | $O_h$ | $\Gamma_4^-$ | $\Gamma_5^+$ | | Si, Ge |
| NaCl | $m3m$ | $O_h$ | $\Gamma_4^-$ | | $\Gamma_4^-$ | KBr, NaI |
| CsCl | $m3m$ | $O_h$ | $\Gamma_4^-$ | | $\Gamma_4^-$ | |

注:括号里两个模是简并的。

## AV.3 几个半导体晶体的结构、对称性和拉曼光谱

| 半导体 | 立方 | | | | 六角 | | | 四方 |
|---|---|---|---|---|---|---|---|---|
| | Si | 金刚石 | SiC | GaAs | GaN | ZnO | CdSe | TiO$_2$ |
| 点群 | $O_h$ | | | $T_d$ | $C_{6v}$ | | | $D_{4h}$ |
| 晶体结构 | 金刚石 | | 闪锌矿 | | 纤锌矿 | | | 金红石 |
| 晶格常数 $a$ | 5.431Å | 3.566Å | 4.36Å | 5.65Å | $a=3.186$Å $c=5.178$Å | $a=3.249$Å $c=5.207$Å | $a=4.30$Å $c=7.02$Å | $a=3.785$Å $c=9.514$Å |
| 布拉维格子 | 面心立方 | | | | 六角 | | | 体心四角 |
| 原胞中原子数 | 2 | | | | 4 | | | 6 |

续表

| 半导体 | 立方 | | | | 六角 | | | 四方 |
|---|---|---|---|---|---|---|---|---|
| | Si | 金刚石 | SiC | GaAs | GaN | ZnO | CdSe | $TiO_2$ |
| 拉曼模对称性 | $T_{2g}$ | | $T_2$ | | $2A_1+2E_1+2E_2$ | | | $B_{1g}+E_{1g}+A_g+B_{2g}$ |
| 振动模的拉曼频率/$cm^{-1}$ | LO+TO: $520^{(1)}$ | LO+TO: 1331 | TO: 796 LO: 972 | TO: 269 LO: 292 | $E_2(L)$: $144.0^{(2)}$ $A_{1T}$: 531.8 $E_{1T}$: 559.9 $E_2(H)$: 567.6 $A_{1L}$: 734.0 $E_{1L}$: 741.0 | $E_2(L)$: 101 $A_{1T}$: 380 $E_{1T}$: 413 $E_2(H)$: 444 $A_{1L}$: 579 $E_{1L}$: 591 | $E_2(L)$: 34.0 $A_{1T}$: 169.1 $E_{1T}$: 174.0 $E_2(H)$: 177.6 $A_{1L}$: 213.0 $E_{1L}$: 213.9 | $B_{1g}$: 143 $E_g$: 450 $A_{1g}$: 612 $B_{2g}$: 826 |
| 拉曼光谱图 | 图 AV.2(a)和(b) | 图 AV.3(a)和(b) | 图 AV.4 | 图 AV.5 | 图 AV.6 | 图 AV.7(a)和(b) | 图 AV.8 | 图 AV.9(a)和(b) |

注:(1) 两个模相加表示这两个模是简并的。

(2) $A_1$,$E_1$ 是极性光学振动模,$E_2$ 是非极性光学振动模。

下标"1"表明该振动模所对应不可约表示对应于垂直主轴的 $C_3$ 轴是对称的。$A_1$ 模的偏振方向平行于晶轴,$E_1$ 模的偏振方向在垂直于晶轴的平面上。

下标"1"后面的下标"T"和"L"分别表示横光学(TO)模和纵光学(LO)模,$E_2$ 模有低频和高频之分,分别用括号里的"L"和"H"加以区分。

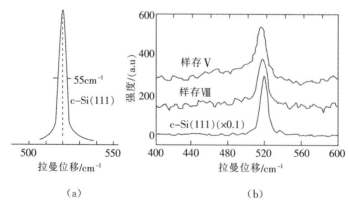

图 AV.2 (a) 体材 Si[9] 和 (b) 纳米 Si[10] 的拉曼光谱。纳米 Si 是沉积在 LiF 上,样品 V 和 VIII 中其颗粒尺寸分别为 4.95nm 和 7.03nm

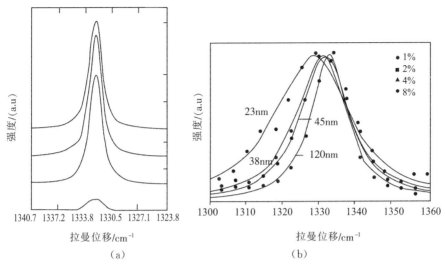

图 AV.3 （a）体材金刚石[11]和（b）颗粒尺寸分别为 23nm、38nm、45nm 和 120nm 的纳米金刚石的拉曼光谱（实线的数据是由微晶模型拟合得到的）[12]

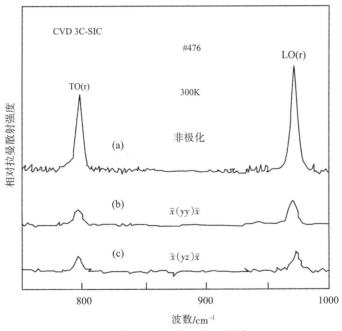

图 AV.4 SiC 的拉曼光谱[13]

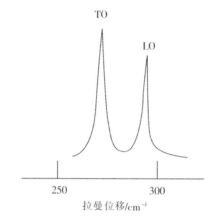

图 AV.5 拉曼光谱[14]

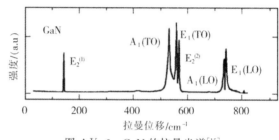

图 AV.6 GaN 的拉曼光谱[15]

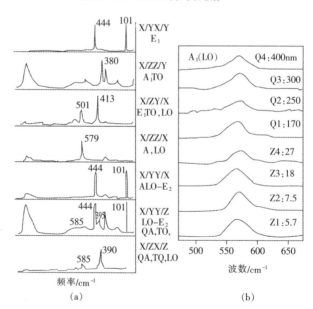

图 AV.7 (a) ZnO 体材[16]和(b) 纳米 ZnO 的拉曼光谱[17]

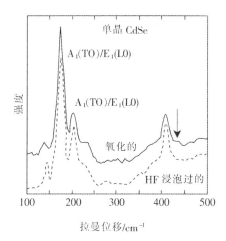

图 AV.8 氧化并用 HF 清洁的单晶 CdSe(0001)面上的拉曼光谱[18]

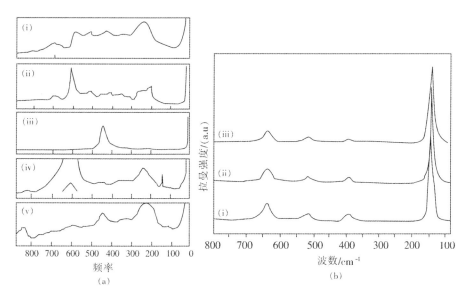

图 AV.9 (a)具有金红石相的体材 $TiO_2$[6]和(b)具有锐钛矿相的纳米 $TiO_2$[20]的拉曼光谱。在图(b)中,样品(i)是体材而样品(ii)和(iii)的尺寸分别为 30nm 和 12nm

# 附录Ⅵ　常用物理参数、物理常量和单位

## AⅥ.1　元素周期表

| 族 #<br>周期 | 1 | 2 | 3 | 4 | 5 | 6 | 7 | 8 | 9 | 10 | 11 | 12 | 13 | 14 | 15 | 16 | 17 | 18 |
|---|---|---|---|---|---|---|---|---|---|---|---|---|---|---|---|---|---|---|
| 1 | 1 H | | | | | | | | | | | | | | | | | 2 He |
| 2 | 3 Li | 4 Be | | | | | | | | | | | 5 B | 6 C | 7 N | 8 O | 9 F | 10 Ne |
| 3 | 11 Na | 12 Mg | | | | | | | | | | | 13 Al | 14 Si | 15 P | 16 S | 17 Cl | 18 Ar |
| 4 | 19 K | 20 Ca | 21 Sc | 22 Ti | 23 V | 24 Cr | 25 Mn | 26 Fe | 27 Co | 28 Ni | 29 Cu | 30 Zn | 31 Ga | 32 Ge | 33 As | 34 Se | 35 Br | 36 Kr |
| 5 | 37 Rb | 38 Sr | 39 Y | 40 Zr | 41 Nb | 42 Mo | 43 Tc | 44 Ru | 45 Rh | 46 Pd | 47 Ag | 48 Cd | 49 In | 50 Sn | 51 Sb | 52 Te | 53 I | 54 Xe |
| 6 | 55 Cs | 56 Ba | * | 72 Hf | 73 Ta | 74 W | 75 Re | 76 Os | 77 Ir | 78 Pt | 79 Au | 80 Hg | 81 Tl | 82 Pb | 83 Bi | 84 Po | 85 At | 86 Rn |
| 7 | 87 Fr | 88 Ra | ** | 104 Rf | 105 Db | 106 Sg | 107 Bh | 108 Hs | 109 Mt | 110 Ds | 111 Rg | 112 Cn | 113 Uut | 114 Uuq | 115 Uup | 116 Uuh | 117 Uus | 118 Uuo |
| | * | 镧系 | 57 La | 58 Ce | 59 Pr | 60 Nd | 61 Pm | 62 Sm | 63 Eu | 64 Gd | 65 Tb | 66 Dy | 67 Ho | 68 Er | 69 Tm | 70 Yb | 71 Lu | |
| | ** | 锕系 | 89 Ac | 90 Th | 91 Pa | 92 U | 93 Np | 94 Pu | 95 Am | 96 Cm | 97 Bk | 98 Cf | 99 Es | 100 Fm | 101 Md | 102 No | 103 Lr | |

## AⅥ.2 原子的电子结构[20]

| 元素 | | K | L | | M | | | N | | 基态 | 电离能/eV |
|---|---|---|---|---|---|---|---|---|---|---|---|
| | | 1.0<br>1s | 2.0<br>2s | 2.1<br>2p | 3.0<br>3s | 3.1<br>3p | 3.2<br>3d | 4.0<br>4s | 4.1<br>4p | | |
| H | 1 | 1 | — | — | — | — | — | — | — | $^2S_{1/2}$ | 13.599 |
| He | 2 | 2 | — | — | — | — | — | — | — | $^1S_0$ | 24.581 |
| Li | 3 | 2 | 1 | — | — | — | — | — | — | $^2S_{1/2}$ | 5.390 |
| Be | 4 | 2 | 2 | — | — | — | — | — | — | $^1S_0$ | 9.320 |
| B | 5 | 2 | 3 | 1 | — | — | — | — | — | $^2P_{1/2}$ | 8.296 |
| C | 6 | 2 | 4 | 2 | — | — | — | — | — | $^3P_0$ | 11.256 |
| N | 7 | 2 | 5 | 3 | — | — | — | — | — | $^4S_{3/2}$ | 14.545 |
| O | 8 | 2 | 6 | 4 | — | — | — | — | — | $^3P_2$ | 13.614 |
| F | 9 | 2 | 7 | 5 | — | — | — | — | — | $^3P_{3/2}$ | 17.418 |
| Ne | 10 | 2 | 8 | 6 | — | — | — | — | — | $^1S_0$ | 21.559 |
| Na | 11 | Ne 的组态 | | | 1 | — | — | — | — | $^2S_{1/2}$ | 5.138 |
| Mg | 12 | | | | 2 | — | — | — | — | $^1S_0$ | 7.644 |
| Al | 13 | | | | 2 | 1 | — | — | — | $^2P_{1/2}$ | 5.984 |
| Si | 14 | | | | 2 | 2 | — | — | — | $^3P_0$ | 8.149 |
| P | 15 | | | | 2 | 3 | — | — | — | $^4S_{3/2}$ | 10.484 |
| S | 16 | | | | 2 | 4 | — | — | — | $^3P_2$ | 10.357 |
| Cl | 17 | | | | 2 | 5 | — | — | — | $^3P_{3/2}$ | 13.01 |
| Ar | 18 | | | | 2 | 6 | — | — | — | $^1S_0$ | 15.755 |
| K | 19 | Ar 的组态 | | | | | — | 1 | — | $^2S_{1/2}$ | 4.339 |
| C | 20 | | | | | | — | 2 | — | $^1S_0$ | 6.111 |
| Sc | 21 | | | | | | 1 | 2 | — | $^2D_{3/2}$ | 6.538 |
| Ti | 22 | | | | | | 2 | 2 | — | $^3F_2$ | 6.818 |
| V | 23 | | | | | | 3 | 2 | — | $^4F_{3/2}$ | 6.743 |
| Cr | 24 | | | | | | 5 | 1 | — | $^7S_3$ | 6.764 |
| Mn | 25 | | | | | | 5 | 2 | — | $^6S_{5/2}$ | 7.432 |

续表

| 元素 | | K $1.0$ $1s$ | L $2.0$ $2s$ | L $2.1$ $2p$ | M $3.0$ $3s$ | M $3.1$ $3p$ | M $3.2$ $3d$ | N $4.0$ $4s$ | N $4.1$ $4p$ | 基态 | 电离能/eV |
|---|---|---|---|---|---|---|---|---|---|---|---|
| Fe | 26 | \multicolumn{6}{c}{Ar 的组态} | | | 6 | 2 | — | $^5D_4$ | 7.868 |
| Co | 27 | | | | | | 7 | 2 | — | $^4F_{9/2}$ | 7.862 |
| Ni | 28 | | | | | | 8 | 2 | — | $^3F_4$ | 7.633 |
| Cu | 29 | | | | | | 10 | 1 | — | $^2S_{1/2}$ | 7.724 |
| Zn | 30 | | | | | | 10 | 2 | — | $^1S_0$ | 9.391 |
| Ga | 31 | | | | | | 10 | 2 | 1 | $^2P_{1/2}$ | 6.00 |
| Ge | 32 | | | | | | 10 | 2 | 2 | $^3P_0$ | 7.88 |
| As | 33 | | | | | | 10 | 2 | 3 | $^4S_{3/2}$ | 9.81 |
| Se | 34 | | | | | | 10 | 2 | 4 | $^3P_2$ | 9.75 |
| Br | 35 | | | | | | 10 | 2 | 5 | $^2P_{3/2}$ | 11.84 |
| Kr | 36 | | | | | | 10 | 2 | 6 | $^1S_0$ | 13.996 |

| 元素 | | 内层组态 | N $4.2$ $4d$ | N $4.3$ $4f$ | O $5.0$ $5s$ | O $5.1$ $5p$ | O $5.2$ $5d$ | P $6.0$ $6s$ | 基态 | 电离能/eV |
|---|---|---|---|---|---|---|---|---|---|---|
| Rb | 37 | Kr 的组态 | — | — | 1 | — | — | — | $^2S_{1/2}$ | 4.176 |
| Sr | 38 | Kr 的组态 | — | — | 2 | — | — | — | $^1S_0$ | 5.692 |
| Y | 39 | Kr 的组态 | 1 | — | 2 | — | — | — | $^2D_{3/2}$ | 6.377 |
| Zr | 40 | Kr 的组态 | 2 | — | 2 | — | — | — | $^3F_2$ | 6.835 |
| Nb | 41 | Kr 的组态 | 4 | — | 1 | — | — | — | $^6D_{1/2}$ | 6.881 |
| Mo | 42 | Kr 的组态 | 5 | — | 1 | — | — | — | $^7S_3$ | 7.10 |
| Tc | 43 | Kr 的组态 | 6 | — | 1 | — | — | — | $^6S_{5/2}$ | 7.228 |
| Rn | 44 | Kr 的组态 | 7 | — | 1 | — | — | — | $^5F_5$ | 7.365 |
| Rh | 45 | Kr 的组态 | 8 | — | 1 | — | — | — | $^4F_{9/2}$ | 7.461 |
| Pd | 46 | Kr 的组态 | 10 | — | — | — | — | — | $^1S_0$ | 8.334 |
| Ag | 47 | Pd 的组态 | — | — | 1 | — | — | — | $^2S_{1/2}$ | 7.574 |

续表

| 元素 | | 内层组态 | N | | O | | | P | 基态 | 电离能/eV |
|---|---|---|---|---|---|---|---|---|---|---|
| | | | 4.2 4d | 4.3 4f | 5.0 5s | 5.1 5p | 5.2 5d | 6.0 6s | | |
| Cd | 48 | Pd 的组态 | | — | 2 | — | — | — | $^1S_0$ | 8.991 |
| In | 49 | | | — | 2 | 1 | — | — | $^2P_{1/2}$ | 5.785 |
| Sn | 50 | | | — | 2 | 2 | — | — | $^3P_0$ | 7.342 |
| Sb | 51 | | | — | 2 | 3 | — | — | $^4S_{3/2}$ | 8.637 |
| Te | 52 | | | — | 2 | 4 | — | — | $^3P_2$ | 9.01 |
| I | 53 | | | — | 2 | 5 | — | — | $^2P_{3/2}$ | 10.454 |
| Xe | 54 | | | — | 2 | 6 | — | — | $^1S_0$ | 12.127 |
| Cs | 55 | 从 1s 到 4d 层共含 46 个电子 | | — | | | — | 1 | $^2S_{1/2}$ | 3.893 |
| Ba | 56 | | | — | | | — | 2 | $^1S_0$ | 5.210 |
| La | 57 | | | — | 5s 和 5p 共含 8 个 电子 | | 1 | 2 | $^2D_{3/2}$ | 5.61 |
| Ce | 58 | | | 2 | | | — | 2 | $^3H_4$ | 6.54 |
| Pr | 59 | | | 3 | | | — | 2 | $^4I_{9/2}$ | 5.48 |
| Nd | 60 | | | 4 | | | — | 2 | $^5I_4$ | 5.51 |
| Pm | 61 | | | 5 | | | — | 2 | $^6H_{5/2}$ | 5.55 |
| Sm | 62 | | | 6 | | | — | 2 | $^7F_0$ | 5.63 |
| Eu | 63 | | | 7 | | | — | 2 | $^8S_{7/2}$ | 5.67 |
| Gd | 64 | | | 7 | | | 1 | 2 | $^9D_2$ | 6.16 |
| Tb | 65 | | | 9 | | | — | 2 | $^6H_{15/2}$ | 6.74 |
| Dy | 66 | | | 10 | | | — | 2 | $^5I_3$ | 6.82 |
| Ho | 67 | | | 11 | | | — | 2 | $^4I_{15/2}$ | 6.02 |
| Er | 68 | | | 12 | | | — | 2 | $^3H_6$ | 6.10 |
| Tm | 69 | | | 13 | | | — | 2 | $^2F_{7/2}$ | 6.18 |
| Yb | 70 | | | 14 | | | — | 2 | $^1S_0$ | 6.22 |
| Lu | 71 | | | 14 | | | 1 | 2 | $^2D_{3/2}$ | 6.15 |

续表

| 元素 | | 内层组态 | O | | P | | | Q | 基态 | 电离能/eV |
|---|---|---|---|---|---|---|---|---|---|---|
| | | | 5.2 5d | 5.3 5f | 6.0 6s | 6.1 6p | 6.2 6d | 7.0 7s | | |
| Hf | 72 | 从1s到5p层共含68个电子 | 2 | — | 2 | — | — | — | $^3F_2$ | 7.0 |
| Ta | 73 | | 3 | — | 2 | — | — | — | $^4F_{3/2}$ | 7.88 |
| W | 74 | | 4 | — | 2 | — | — | — | $^5D_0$ | 7.98 |
| Re | 75 | | 5 | — | 2 | — | — | — | $^6S_{5/2}$ | 7.87 |
| O | 76 | | 6 | — | 2 | — | — | — | $^5D_4$ | 8.7 |
| Ir | 77 | | 7 | — | 2 | — | — | — | $^4F_{9/2}$ | 9.2 |
| Pt | 78 | | 8 | — | 2 | — | — | — | $^3D_3$ | 8.88 |
| Au | 79 | 从1s到5d层共含78个电子 | | | 1 | — | — | — | $^2S_{1/2}$ | 9.223 |
| Hg | 80 | | | | 2 | — | — | — | $^1S_0$ | 10.434 |
| Tl | 81 | | | | 2 | 1 | — | — | $^2P_{1/2}$ | 6.106 |
| Pb | 82 | | | | 2 | 2 | — | — | $^3P_0$ | 7.415 |
| B | 83 | | | | 2 | 3 | — | — | $^4S_{3/2}$ | 7.287 |
| Po | 84 | | | | 2 | 4 | — | — | $^3P_2$ | 8.43 |
| At | 85 | | | | 2 | 5 | — | — | $^2P_{3/2}$ | 9.5 |
| Rn | 86 | | | | 2 | 6 | — | — | $^1S_0$ | 10.745 |
| Fr | 87 | 从1s到5d层共含78个电子 | | | 2 | 6 | — | 1 | $^2S_{1/2}$ | 4.0 |
| Ra | 88 | | | | 2 | 6 | — | 2 | $^1S_0$ | 5.277 |
| Ac | 89 | | | | 2 | 6 | 1 | 2 | $^2D_{3/2}$ | 6.9 |
| Th | 90 | | | | 2 | 6 | 2 | 2 | $^3F_2$ | 6.1 |
| Pa | 91 | | | 2 | 2 | 6 | 1 | 2 | $^4K_{11/2}$ | 5.7 |
| U | 92 | | | 3 | 2 | 6 | 1 | 2 | $^5L_6$ | 6.08 |
| Np | 93 | | | 4 | 2 | 6 | 1 | 2 | $^6L_{11/2}$ | 5.8 |
| Pu | 94 | | | 5 | 2 | 6 | 1 | 2 | $^7F_0$ | 5.8 |
| Am | 95 | | | 6 | 2 | 6 | 1 | 2 | $^8S_{7/2}$ | 6.05 |
| Cm | 96 | | | 7 | 2 | 6 | 1 | 2 | $^9D_2$ | |

注:(1)该表格来自布洛欣采夫的《量子力学原理:下册》,人民教育出版社。

(2) 表中的 K，L，M，N，O，P，Q 表示诸不同主量子数的电子壳层。表中的基态亦用大写字母 S，P，D，F 来标记，等效于电子的总轨道角动量 $L=0,1,2,3$ 等等。字母右下角为总角动量 $J$（轨道＋自旋）。在字母左上角为电子态的多重性 $2s+1$，其中 $s$ 是总自旋（为 1/2 的整数倍），所以基态可以表示为 $^{2s+1}L_J$。比如，Li 对应的电子占据情况为 $(1s)^2 2s$，因此 总的轨道角动量 $L=0$，总角动量 1/2（外层-电子自旋），总自旋 $s=1/2$，因此 Li 的基态表示为 $^2S_{1/2}$。

## AⅥ.3　常用物理常数和光学玻璃性能参数

### AⅥ.3.1　物理常数

| | |
|---|---|
| 电子电荷（$e$） | $1.60217634\times10^{-19}$ C |
| 自由电子静止质量（$m_e$） | $9.1093837015\times10^{-31}$ kg |
| 真空中的光速（$c$） | $2.99792458\times10^{8}$ m·s$^{-1}$ |
| 普朗克常量（$h$） | $6.62607015\times10^{-34}$ J·s |
| 约化普朗克常量（$\hbar$） | $1.054571817\times10^{-34}$ J·s |
| 玻尔兹曼常量（$k$） | $1.380649\times10^{-23}$ J/K $=8.617333\times10^{-5}$ eV·K$^{-1}$ |
| 质子质量/电子质量 | 1836.15267343 |
| 精细结构常数倒数（$1/\alpha$） | 137.035999 |
| 玻尔半径（$a_0$） | $0.5291772109\times10^{-10}$ m |
| 里德伯常数（$R$） | $1.0973731568\times10^{7}$ m$^{-1}$ |
| 真空磁导率（$\mu_0$） | $1.2566370621\times10^{-6}$ N·A$^{-2}$（$4\pi\times10^{-7}$） |
| 真空介电常数（$\varepsilon$） | $8.854187128\times10^{-12}$ A·s/(V·m)［或 F·m$^{-1}$］ |
| 阿伏伽德罗常数（$N_A$） | $6.02214076\times10^{23}$ mol$^{-1}$ |
| 水的冰点 | 273.16 K |
| 液氮温度（1atm） | 77.348 K |
| 液氦温度（1atm） | 4.216 K |
| 室温时（300K）$k_B T$ 的值 | 25.85 meV |
| 可见光的波长范围 | 紫(400nm (3eV))～红(800nm (1.55eV)) |

### AⅥ.3.2　常用单位换算

波长 $\lambda(\mu m)=1.2398/$能量 $E$ (eV)

波数 $\nu$（1cm 内波的周期数）$=1/\lambda$ (cm)

$1J = 1kg\cdot m^2\cdot s^2 = 1N\cdot m = 10^7 erg = 6.25\times10^{18}$ eV

$1F = 1s/\Omega = 1A\cdot s\cdot V^{-1} = 1C^2/J = 1A^2\cdot s\cdot W^{-1} = 1C\cdot V^{-1}$

$1H = 1\Omega\cdot s$

$1C = 1A\cdot s = 6.2414\times10^{18} e$

$1\text{Å} = 10^{-4} \mu m = 10^{-8}$ cm $= 10^{-10}$ m

$1 dyn = 980.665^{-1} gf = 10^{-5} N$

$1 dyn/mm^2 = 10^{-4} bar$

$1 kbar = 0.1 GPa = 10^8 Pa = 10^8 N \cdot m^{-2} = 10.1972 kgf \cdot mm^{-2}$

$1 PSI = 0.07031 kgf \cdot cm^{-2} = 6894.76 N \cdot m^{-2} = 6.89476 \times 10^{-2} bar$

$1 kgf = 9.80665 N = 9.80665 \times 10^5 dyn$

能量单位 eV 的转换：

| 相应的物理量 | 转换公式 | 0.1eV | 1.0eV |
| --- | --- | --- | --- |
| 自由电子波长 $\lambda_e$ | $h^2/2m\lambda_e^2 = E$ | 3.88nm | 1.23nm |
| 电子速度 $v$ | $mv^2/1 = E$ | $1.88 \times 10^7$ cm/s | $5.93 \times 10^7$ cm/s |
| 温度 $T$ | $kT = E$ | $1.16 \times 10^3$ K | $1.16 \times 10^4$ K |
| 电磁波波长 $\lambda$ | $hc/\lambda = E$ | 12.4μm | 1.24μm |
| 电磁波频率 $\nu$ | $h\nu = E$ | $2.42 \times 10^{13}$ Hz | $2.42 \times 10^{14}$ Hz |
| 磁场 $H$ | $ehH/2\pi mc = E$ | $8.64 \times 10^7$ Gs | $8.64 \times 10^8$ Gs |

### AⅥ.3.3 光学玻璃的性能参数

**表 AⅥ.1** 熔融石英、石英晶体、冕牌玻璃、火石玻璃的折射率 $n$ 及其 60°角棱镜的色散[21]

| $\lambda$/nm | 材料 | $n$ | $dn/d\lambda$ /$10^{-4}$ · nm$^{-1}$ | $do/d\lambda$ /$10^{-4}$ · rad · nm$^{-1}$ | 线色散($F=50$cm) $dl/d\lambda$ (mm/nm) | 线色散($F=50$cm) $d\lambda/dl$ (nm/mm) |
| --- | --- | --- | --- | --- | --- | --- |
| 200 | 熔融石英 | 1.55 | 13 | 21 | 1.0 | 1.0 |
|  | 石英晶体 | 1.65 | 16 | 28 | 1.4 | 0.7 |
| 300 | 熔融石英 | 1.49 | 2.8 | 4.3 | 0.21 | 4.6 |
|  | 石英晶体 | 1.58 | 3.2 | 5.3 | 0.26 | 3.8 |
| 400 | 熔融石英 | 1.47 | 1.1 | 1.6 | 0.08 | 12.5 |
|  | 冕牌玻璃 | 1.53 | 1.3 | 2.03 | 0.10 | 10.0 |
|  | 火石玻璃 | 1.76 | 5.1 | 10.6 | 0.53 | 1.9 |
| 600 | 冕牌玻璃 | 1.52 | 0.36 | 0.54 | 0.03 | 37 |
|  | 火石玻璃 | 1.72 | 1.0 | 2.0 | 0.10 | 10 |

注：石英晶体的数据是对正常光而言的，冕牌玻璃和火石玻璃的数据是对 UBK7 和 SF1 玻璃而言的。

表 AⅥ.2  常用的棱镜材料[21]

| 材料 | 透射区 /mm | 适用的波长范围/mm |
|---|---|---|
| 玻璃 | 0.4~3 | 0.4~0.8 |
| 特殊玻璃 | 0.3~3 | 0.3~0.8 |
| 石英 | 0.2~3.5 | 0.2~2.7 |
| LiF | 0.12~6 | 0.7~5.5 |
| $CaF_2$ | 0.12~9 | 5~9 |
| NaCl 晶体 | 0.2~17(在 3.2 和 7.1 有吸收) | 3~16 |
| KCl 晶体 | 0.2~21 | 8~16 |
| KBr 晶体 | 0.21~28 | 15~28 |
| TlBrI | 0.5~40 | 24~40 |

# 参 考 文 献

[1] 刘颂豪,李淳飞. 光子学技术与应用. 广州:广东科技出版社,2006.

[2] Technical literature of Spex 1403, Spex Industries, Inc, Metuchen, N. J., USA, 1982.

[3] 贾玉润,王公治,凌佩玲. 大学物理实验. 上海:复旦大学出版社,1987.

[4] 张光寅,蓝国祥,王玉芳. 晶格振动光谱学. 北京:高等教育出版社,2001.

[5] B. A. Weinstein and M. Cardona, Solid State Commu. **10**(1972)961.

[6] S. P. S. Porto, P. A. Fleury and T. C. Damen, Phys Rev, **154**(1967) 522.

[7] 宗祥福,翁渝民. 材料物理基础. 上海:复旦大学出版社,2001.

[8] W Hayes, R London. Scattering of Lights in Crystals. New York:John Wiley and Sons,1978.

[9] S. Vepiek, et al, J. Phys. C: Solid State Phys., **14** (1981) 295-308.

[10] M. Ehbrecht, B. Kohn, F. Huisken, M. A. Laguna and V. Paillard, Phys. Rev. B, **56**(1997)6958-6964.

[11] S.A. Solin and A. K. Ramdas, Phys. Rev. B, **1**(1970)1687.

[12] Z. Sun, J. R. Shi, B. K. Tay and S. P. Lau, Diamond and Related Materials, **9**(2000) 1979-1983.

[13] Z. C. Feng, A. J. Mascarenhas, W. J. Choyke and J. A Powell, JAP, **64**(88)3176.

[14] A. Mooradian and G.B. Wright, Solid State Commu., **4**(1966) 431.

[15] V. Yu. Davydov, et al, Phys, Rev B, **58** (1998) 12899.

[16] C. A. Arguello, D. L. Rousseau, and S. P. S. Porto, Phys Rev, **181** (1969)1351.

[17] S. L. Zhang, Y. Zhang, Z. Fu, S. N. Wu, M. Gao, M. Liu, J. Chen, L. Niu, J. Z. Jiang, Y. Ling, Q. Wang and H. Chen, Appl. Phys. Lett., **89**(2006) 243108.

[18] D. P. Masson, D. J. Lockwood, and M. J. Graham, J. Appl. Phys. **82** (1997)1632.

[19] Hyun Chul Choi, Young Mee Jung, Seung Bin Kim, Vibrational Spectroscopy **37**（2005）33.

[20] 布洛欣采夫. 量子力学原理:下册. 叶蕴理,金星南,译. 北京:人民教育出版社,1959.

[21] 吕斯骅,朱印康. 现代物理实验技术(I). 北京:高等教育出版社,1991.